丛 书 主 编：马克平 刘 冰

丛 书 编 委 （按姓氏拼音排序，标＊为
常 务 编 委）：

　　　　陈 彬＊ 段士民 方 腾 冯虎元

　　　　何祖霞 林秦文 刘 博＊ 宋 鼎

　　　　吴玉虎 肖 翠＊ 徐远杰 严岳鸿

　　　　尹林克 于胜祥 张凤秋 张金龙

　　　　张 力 张淑梅 赵利清 郑宝江

　　　　周 繇

本 册 主 编：张凤秋 敖 宇 关 超

审 图 号：GS 京（2023）1039

FIELD GUIDE TO
WILD PLANTS OF CHINA

中国常见植物
野外识别手册

Liaoning
辽宁册

商务印书馆
The Commercial Press
创于1897

图书在版编目(CIP)数据

中国常见植物野外识别手册.辽宁册/马克平,刘冰主编;张凤秋,敖宇,关超本册主编.—北京:商务印书馆,2023

ISBN 978-7-100-22221-1

Ⅰ.①中… Ⅱ.①马…②刘…③张…④敖…⑤关… Ⅲ.①植物—识别—中国—手册②植物—识别—辽宁—手册 Ⅳ.①Q949-62

中国国家版本馆 CIP 数据核字(2023)第 052038 号

中国常见植物野外识别手册.辽宁册
主编 马克平 刘冰
本册主编 张凤秋 敖宇 关超

商 务 印 书 馆 出 版
(北京王府井大街36号 邮政编码100710)
商 务 印 书 馆 发 行
南京爱德印刷有限公司印刷
ISBN 978-7-100-22221-1

2023年9月第1版 开本787×1092 1/32
2023年9月第1次印刷 印张14¼

定价:88.00元

序 Foreword

　　历经四代人之不懈努力，浸汇三百余位学者毕生心血，述及植物三万余种，卷及126册的巨著《中国植物志》已落笔付印。然当今已不是"腹中贮书一万卷，不肯低头在草莽"的时代，如何将中国植物学的知识普及芸芸众生，如何用中国植物学知识造福社会民众，如何保护当前环境中岌岌可危的濒危物种，将是后《中国植物志》时代的一项伟大工程。念及国人每每旅及欧美，常携一图文并茂的 *Field Guide*（《野外工作手册》），甚是方便；而国人及外宾畅游华夏，却只能搬一块大部头的 *Flora*（《植物志》），实乃吾辈之遗憾。由中国科学院植物研究所马克平所长主持编撰的这套《中国常见植物野外识别手册》丛书的问世，当是填补空白之举，令人眼前一亮，颇觉欢喜，欣然为序。

　　丛书的作者主要是全国各地中青年植物分类学骨干，既受过系统的专业训练，又熟悉当下的新技术和时尚。由他们编写的植物识别手册已兼具严谨和活泼的特色，再经过植物分类学专家的审订，益添其精准之长。这套丛书可与《中国植物志》《中国高等植物图鉴》《中国高等植物》等学术专著相得益彰，满足普通植物学爱好者及植物学研究专家不同层次的需求。更可喜的是，这种老中青三代植物学家精诚合作的工作方式，亦让我辈看到了中国植物学发展新的希望。

　　"一花独放不是春，百花齐放春满园。"相信本系列丛书的出版，定能唤起更多的植物分类学工作者对科学传播、环保宣传事业的关注；能够指导民众遍地识花，感受植物世界之魅力独具。

　　谨此为序，祝其有成。

王文采

2009年3月31日

前言 Preface

自然界丰富多彩，充满神奇。植物如同一个个可爱的精灵，遍布世界的各个角落：或在茫茫的戈壁滩上，或在漫漫的海岸线边，或在高高的山峰，或在深深的峡谷，或形成广袤的草地，或构筑茂密的丛林。这些精灵一天到晚忙碌着，成全了世界的五彩缤纷，也为人类制造赖以生存的氧气并满足人们衣食住行中林林总总的需求。中国是世界上植物种类最多的国家之一。全世界已知的30多万种高等植物中，中国拥有十分之一的物种。当前，随着人类经济社会的发展，人与环境的矛盾日益突出：一方面，人类社会在不断地向植物世界索要更多的资源并破坏其栖息环境，致使许多植物濒临灭绝；另一方面，又希望植物资源能可持续地长久利用，有更多的森林和绿地为人类提供良好的居住环境和新鲜的空气。

如何让更多的人认识、了解和分享植物世界的妙趣，从而激发他们合理利用和有效保护植物的热情？近年来，在科技部和中国科学院的支持下，我们组织全国20多家标本馆建设了中国数字植物标本馆（Chinese Virtual Herbarium，CVH）、中国自然植物标本馆（Chinese Field Herbarium，CFH）等植物信息共享平台，收集整理了包括超过1000万张植物彩色照片和近20套植物志书的数字化植物资料并实现了网络共享。这些平台虽然给植物学研究者和爱好者提供了方便，却无法顾及野外考察、实习和旅游的便利性和实用性，可谓美中不足。这次我们邀请全国各地的植物分类学专家，特别是青年学者，编撰一套常见植物野外识别手册的口袋书，每册包括具有区系代表性的地区、生境或类群中的500~700种常见植物，是这方面的一次尝试。

记得1994年我第一次去美国时见到*Peterson Field Guide*（《野外工作手册》），立刻被这种小巧玲珑且图文并茂的形式所吸引。近年来，一直想组织编写一套适于植物分类爱好者、初学者的口袋书。《中国植物志》等志书专业性非常强，《中国高等植物图鉴》等虽然有大量的图版，但仍然很专业。而且这些专业书籍都是多卷册的大部头，不适于非专业人士使用。有鉴于此，我们力求做一套专业性的科普丛书。专业性主要体现在丛书的文字、内容、照片的科学性，要求作者是专业人员，且内容经过权威性专家审定；普及性即考虑到爱好者的接受能力，注意文字内容的通俗性，以精彩的照片"图说"为主。由此，丛书的编排方式摈弃了传统的学院式排列及检索方式，采用人们易于接受的形式，诸如：按照植物的生活型、叶形叶序、花色等植物性状进行分类；在选择地区或生境类型时，除考虑区系代表性外，还特别重视游人多的自然景点或学生野外实习基地。植物收录范围主要包括某一地区或生境常见、重要或有特色的野生植物种类。植物中文名主要参考《中国植物志》；拉丁学名以"中国生物物种名录"（http://www.sp2000.org.cn/）为主要依据；英文名主要参考美国农业部网站（http://www.usda.gov）和《新编拉汉英种子植物名称》。同时，为了方便外国朋友学习中文名称的发音，特别标注了汉语拼音。

本丛书自2007年初开始筹划，2009年和2013年在高等教育出版社出版了山东册和古田山册，受到读者的好评。2013年9月与商务印书馆教科文中心主任刘雁等协商，达成共识，决定改由商务印书馆出版。感谢商务印书馆的大力支持和耐心细致的工作。特别感谢王文采院士欣然作序热情推荐本丛书；感谢第一届编委会专家对于丛书整体框架的把握。为了适应新的编写任务要求，组建年富力强的编委队伍，新的编委会尽量邀请有志于科学普及工作的第一线植物分类学者进入编委会，为本丛书做出重要贡献的刘冰副研究员作为共同主编。感谢各分册作者辛苦的野外考察和通宵达旦的案头工作；感谢刘冰、肖翠、刘博、严岳鸿、陈彬、刘夙、李敏和孙英宝等诸位年轻朋友的热情和奉献。同时非常感谢科技部平台项目的资助；感谢读者通过亚马逊（http://www.amazon.cn）和豆瓣读书（http://book.douban.com）等对本书的充分肯定和改进建议。

尽管因时间仓促，疏漏之处在所难免，但我们还是衷心希望本丛书的出版能够推动中国植物科学的普及，让人们能够更好地认识、利用和保护祖国大地上的一草一木。

马克平 于北京香山
2022年8月31日

本册简介 Introduction to this book

辽宁，寓意为辽河流域永远安宁。辽宁省简称辽，位于我国东北南部，介于东经118°53′～125°46′、北纬38°43′～43°26′之间，南临渤海、黄海，海岸线长2100多公里，东南隔鸭绿江与朝鲜相望，东北西三面与吉林、内蒙古、河北等省区接壤。辽宁省省会是沈阳市，全省总面积14.8万平方千米，辖沈阳、大连、鞍山、抚顺、本溪、丹东、锦州、营口、阜新、辽阳、盘锦、铁岭、朝阳、葫芦岛14个地级市。

辽宁省地形概貌大体是"六山一水三分田"，山地丘陵多分列于东西两侧，辽东和辽西平均海拔分别为800米和500米，中部为平均海拔200米的辽河平原，辽西渤海沿岸为狭长的海滨平原，称"辽西走廊"，整体上呈马蹄形向渤海倾斜。东部山脉主要有清原摩离红山，本溪摩天岭、龙岗山，桓仁老秃顶子、花脖子山，宽甸四方顶子，凤城凤凰山，鞍山千朵莲花山和旅顺老铁山等，其中最高的是花脖子山，海拔1336米。西部山脉主要有努鲁儿虎山、松岭和医巫闾山。辽宁省境内的大小河流有300余条，流域面积较大的河流主要有辽河、浑河、大小凌河、太子河、绕阳河以及中朝界河鸭绿江，辽河是省内第一大河流，全长1390千米，境内大部分河流自东、西、北三个方向汇入海洋。

辽宁省地处欧亚大陆东岸、中纬度地区，属于温带大陆性季风气候区。境内雨热同季，日照丰富，冬长夏短，四季分明。全省年日照数2100～2600小时，年平均气温7～11℃，年积温多在3400～3800℃，无霜期为130～200天，年平均降水量在600～1100毫米之间。全省森林植被，东部山区属于温带针阔叶混交林，西北部属于温带森林草原，大部分地区属于暖温带落叶阔叶林。植物区系成分可分长白植物区系、华北植物区系和蒙古植物区系。全省森林覆盖率为31.84%，土壤主要是棕色森林土，省花是天女木兰。

辽宁省有野生维管植物160科795属2097种，大多分布在东西部山区，中部平原地区分布着一些农田杂草和栽培植物，河流水域和沿海湿地分布着一些水生植物和耐盐碱植物。本书收录了有代表性的植物121科451属694种，约占辽宁省维管植物总数的1/3，精心筛选图片1700张，所选择的植物除了常见的种类之外，还考虑到各市的地区特色植物、各植物区系的代表植物以及各种地貌的代表植物，愿本书能够为保护辽宁省野生植物的多样性，指导广大植物爱好者认识、了解和掌握本省丰富的植物资源起到积极的作用。

底图制作：单章建

下面介绍辽宁省一些重要的野生植物观赏地：

1. 仙人洞国家级自然保护区：位于大连市庄河市，主要保护对象为赤松林、栎林，地处长白山余脉的千山山脉，为长白、华北两大植物区系过渡地带。

2. 老秃顶子国家级自然保护区：位于本溪市桓仁县，由最高峰老秃顶子放射延伸，形成三条河流，分别注入浑江、太子河。老秃顶子海拔1367.3米，素有"辽宁屋脊"之称。

3. 白石砬子国家级自然保护区：位于丹东市宽甸县，属于千山山脉，以主峰四方顶子为中心，向四方辐射延伸，主峰海拔1270米，主要保护对象为原生型红松阔叶混交林。

4. 医巫闾山国家级自然保护区：位于辽宁西部，北镇和义县交界处，主要保护对象是东亚地区特有的天然油松林和华北植物区系现存较完整的天然针阔叶混交林。

5. 辽河口国家级自然保护区：位于盘锦市大洼区和辽河口生态经济区，地处辽东湾入海口，苇海奔腾，由大量碱蓬和盐地碱蓬构成的红海滩形成独特的景观。

6. 努鲁儿虎山国家级自然保护区：位于朝阳市朝阳县，地处努鲁儿虎山山脉中段南麓，主要保护对象是天然蒙古栎阔叶混交林生态系统。

7. 海棠山国家级自然保护区：位于阜新市阜新蒙古族自治县，是辽西保存较好的森林生态类型最完整、生物多样性最丰富的天然林区。

8. 大黑山国家级自然保护区：位于朝阳市北票市，地处努鲁儿虎山山脉北段东南坡，素有"辽西绿岛"之称，保护区内分布着众多天然植被，有针叶林、阔叶林、灌草丛、草甸等。

9. 虹螺山国家级自然保护区：位于葫芦岛市连山区，是辽西走廊第一名山，地处华北植物区系，并具有蒙古植物区系和长白植物区系交会地带的植物分布特征。

10. 青龙河国家级自然保护区：位于朝阳市凌源市，水源充足，是重要的水源供养林，拥有很多仅分布于辽宁省的华北植物区系特色植物。

11. 白狼山国家级自然保护区：位于葫芦岛市建昌县，这里是红山文化的发源地之一，呈东北西南走向，以暖温带天然阔叶林、侧柏林生态系统为主要保护对象。

12. 章古台国家级自然保护区：位于阜新市彰武县，主要保护对象为沙地自然生态系统和樟子松人工防护林，是集沙地、草原、森林、湿地等生态系统为一体的综合性自然保护区。

此外，还有丹东凤城的凤凰山、白云山，鞍山的千山，辽阳的大黑山、核伙沟，抚顺的三块石、岗山、大伙房水库，铁岭的莲花湖，本溪的关门山等景区，都是探索植物奥秘、观赏野生植物的好去处。

本书正文部分详细介绍的种后一般附带1~2个相似种，这里所指的相似是形态相似，主要是花的形态相似，而并非亲缘关系的相近。另外，本书采用了最新的植物分类系统，一些科的名称发生了变化，因此同时标注了新的科名和传统的科名。

作为科普读物，本书读者群主要为植物爱好者、植物摄影爱好者、户外生态旅游者及与生物科学相关的高校学生，本书可以为您在东北地区（包括辽宁、吉林、黑龙江、内蒙古）野外识别植物提供参考。愿本书能够成为野外工作者和户外旅游者的好伙伴，愿辽宁省美丽的植物能与美丽的风光一样吸引您驻足观赏，也恳请读者朋友对本书提出宝贵意见。

使用说明 How to use this book

本书的检索系统采用目录树形式的逐级查找方法。先按照植物的生活型分为三大类：木本、藤本和草本。

木本植物按叶形的不同分为三类：叶较窄或较小的为针状或鳞片状叶，叶较宽阔的分为单叶和复叶。藤本植物不再作下级区分。草本植物首先按花色分为七类，由于蕨类植物没有花的结构，禾草状植物没有明显的花色区分，列于最后。每种花色之下按花的对称形式分为辐射对称和两侧对称*。辐射对称之下按花瓣数目再分为二至六；两侧对称之下分为蝶形、唇形、有距、兰形及其他形状；花小而多，不容易区分对称形式的单列，分为穗状花序类和头状花序两类。

正文页面内容介绍和形态学术语图解请见后页。

---

* 注：为方便读者理解和检索，本书采用了"辐射对称"与"两侧对称"这种在学术上并不严谨的说法。

花白色

辐射对称

两侧对称

小而多

花紫色（含紫红色、淡紫色、粉红色或蓝色）

辐射对称

两侧对称

小而多

乔木和灌木（人高1.7米）
Tree and shrub (The man is 1.7 m tall)

草本和禾草状草本（书高18厘米）
Herb and grass-like herb (The book is 18 cm tall)

植株高度比例 Scale of plant height

上半页所介绍种的生活型、花特征的描述
Description of habit and flower features of the species placed in the upper half of the page

上半页所介绍种的图例
Legend for the species placed in the upper half of the page

叶、花、果期(空白处表示落叶)
Growing, flowering and fruiting seasons (Blank indicates deciduous)

在中国的地理分布
Distribution in China

属名 Genus name

科名 Family name

别名 Chinese local name

中文名 Chinese name

拼音 Pinyin

学名(拉丁名) Scientific name

英文名 Common name

主要形态特征的描述
Description of main features

在辽宁的分布
Distribution in Liaoning

生境
Habitat

在形态上相似的种
(并非在亲缘关系上相近)
Similar species in appearance, sometimes unrelated

识别要点
(识别一个种或区分几个种的关键特征)
Distinctive features
(Key characters to identify or distinguish species)

相似种的叶、花、果期
Growing, flowering and fruiting seasons of the similar species

页码 Page number

草本植物 花紫色 辐射对称 花被六

紫苞鸢尾 紫石蒲 鸢尾科 鸢尾属
Iris ruthenica
Ever Blooming Iris | zǐbāoyuānwěi

多年生草本；叶条形，基部带红，有3~5条纵脉②。花茎肝细，有2~3枚茎生叶；花被片边缘红紫色①；披针形或宽披针形，内包含有1朵花，花蓝紫色。外花被裂片倒披针形，有白色及深紫色的斑纹①。内花被裂片直立，狭倒披针形，花柱分枝扁平，顶端裂片狭三角形，子房披纺锤形。

——产朝阳、葫芦岛、锦州、铁岭、沈阳、丹东、大连。生于向阳草地及向阳山坡。

相似种：**银根鸢尾**【*Iris tigridia*，鸢尾科 鸢尾属】多年生草本，根茎肉质，叶深绿色，果期伸长。花茎细，具片黄绿色，膜质，内包含1朵花③；花蓝紫色，外花被裂片倒披针形，有髯端毛及白色的斑纹，中脉上有黄色须毛状的附属物④，内花被裂片顶端微凹，产朝阳、锦州、阜新、沈阳、铁岭、大连。生于沙质草原、灌丛及干山坡上。

紫苞鸢尾苞片边缘带紫红色，外花被裂片暗紫色；根银鸢尾苞片黄绿色，外花被裂片中脉上有黄色须毛状的附属物。

1 2 3 4 5 6 7 8 9 10 11 12

马蔺 尖瓣马蔺 鸢尾科 鸢尾属
Iris lactea
Chinese Iris | mǎlìn

多年生草本；根状茎粗壮，大型，斜伸，叶基生，坚韧，条形①。花茎光滑，高3~10cm②，苞片3~5，狭长圆状披针形；花莲色、淡蓝色或蓝紫色①，外花被裂片倒披针形，先端尖，中部有黄色条纹，内花被裂片披针形，较小别直立。蒴果长椭圆柱状。

——全省广泛分布。生于干燥沙质草地、路边、山坡草地。

相似种：**野鸢尾**【*Iris dichotoma*，鸢尾科 鸢尾属】多年生草本；叶在花茎基部五生，剑形，顶端多弯曲镰刀形，暗绿带状地茎，花茎上部二歧状分枝，花蓝紫色，有棕褐色的斑纹④，花柱分枝扁平，花瓣状，产朝阳、葫芦岛、锦州、阜新、铁岭、沈阳、丹东、大连。生于向阳草地、干山坡，固定砂丘及沙质地。

马蔺叶条生，叶在花茎基部不分枝；野鸢尾叶剑形，剑形，茎在上部二歧状分枝。

1 2 3 4 5 6 7 8 9 10 11 12

花辐射对称，花瓣二

花辐射对称，花瓣三

花辐射对称，花瓣四

花辐射对称，花瓣五

花辐射对称，花瓣六*

花两侧对称，蝶形

花两侧对称，唇形

花两侧对称，有距

花两侧对称，兰形或其他形状

花辐射对称，花瓣多数

植株禾草状，花序特化为小穗

花小，或无花被，或花被不明显

花小而多，组成穗状花序

花小而多，组成头状花序

* 注：花瓣分离时为花瓣六，花瓣合生时为花冠裂片六，花瓣缺时为萼片六或萼裂片六，正文中不再区分，一律为"花瓣六"；其他数目者亦相同。

花的大小比例(短线为1厘米)
Scale of flower size (The band is 1 cm long)

下半页所介绍种的生活型、花特征的描述
Description of habit and flower features of the species placed in the lower half of the page

下半页所介绍种的图例
Legend for the species placed in the lower half of the page

上半页所介绍种的图片
Pictures of the species placed in the upper half of the page

图片序号对应左侧文字介绍中的①②③...
The numbers of pictures correspond to ①, ②, ③, etc. in the descriptions on the left

下半页所介绍种的图片
Pictures of the species placed in the lower half of the page

草本植物 花紫色 辐射对称 花瓣六

术语图解 Illustration of terminology

叶 Leaf

中脉 midrib
侧脉 lateral vein
叶片 blade
叶柄 petiole
托叶 stipule
茎 stem

禾草状植物的叶 Leaf of Grass-like Herb

杆 culm
叶片 blade
叶舌 ligule
叶鞘 sheath

叶形 Leaf Shapes

针状
acerose

条形
linear

披针形
lanceolate

倒披针形
oblanceolate

卵形
ovate

倒卵形
obovate

鳞片状
scale-like

椭圆形
elliptic

圆形
rounded

箭形
sagittate

心形
cordate

肾形
reniform

叶缘 Leaf Margins

全缘
entire

锯齿
serrate

重锯齿
biserrate

圆齿
crenate

波状
undulate

刺状锯齿
spiny-serrate

叶的分裂方式 Leaf Segmentation

不裂
entire

羽状分裂
pinnatifid

大头羽状分裂
lyrate

二回羽状分裂
bipinnatifid

掌状分裂
palmatifid

鸟足状分裂
pedate

单叶和复叶 Simple Leaf and Compound Leaves

单叶
simple leaf

奇数羽状复叶
odd-pinnately
compound leaf

偶数羽状复叶
even-pinnately
compound leaf

二回羽状复叶
bipinnately
compound leaf

掌状复叶
palmately
compound leaf

单身复叶
unifoliate
compound leaf

叶序 Leaf Arrangement

互生
alternate

螺旋状着生
spirally arranged

对生
opposite

轮生
whorled

簇生
fasciculate

基生
basal

12

花 Flower

花瓣 petal
花药 anther
花丝 filament
柱头 stigma
萼片 sepal
花柱 style
子房 ovary
花托 receptacle
花梗/花柄 pedicel

花梗/花柄 pedicel
花托 receptacle

萼片 sepal 〉统称 花萼 calyx
花瓣 petal 〉统称 花冠 corolla 〉花被 perianth
花丝 filament 雄蕊 stamen 〉统称 雄蕊群 androecium
花药 anther
子房 ovary
花柱 style 雌蕊 pistil 〉统称 雌蕊群 gynoecium
柱头 stigma

花 flower

花序 Inflorescences

总状花序 raceme

穗状花序 spike

伞形花序 umbel

伞房花序 corymb

柔荑花序 catkin

头状花序 head

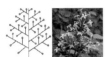
圆锥花序/复总状花序 panicle

复穗状花序 compound spike

复伞形花序 compound umbel

隐头花序 hypanthodium

蝎尾状聚伞花序 cincinnus

镰状聚伞花序 drepanium

二歧聚伞花序 dichasium

多歧聚伞花序 polychasium

轮状聚伞花序/轮伞花序 verticillaster

果实 Fruits

浆果
berry

核果
drupe

梨果
pome

荚果
legume

蓇葖果
follicle

蒴果
capsule

长角果，短角果
silique, silicle

瘦果
achene

翅果
samara

坚果
nut

聚合果
aggregate fruit

聚花果/复花果
multiple fruit

13

红松 果松 松科 松属

Pinus koraiensis

Chinese Pinenut | hóngsōng

常绿乔木；树皮灰褐色或灰色，纵裂成不规则的长方形鳞状块片；树冠圆锥形。冬芽淡红褐色。针叶5针一束①，深绿色，边缘具细锯齿。雄球花椭圆形圆柱形，红黄色②，雌球花绿褐色，圆柱状卵圆形。球果圆锥状卵圆形、圆锥状长卵形或卵状矩圆形①。

产本溪、丹东、抚顺。生于气候温暖、湿润的棕色森林土地带。

相似种：油松【*Pinus tabuliformis*，松科 松属】常绿乔木；树皮灰褐色或红褐色；枝平展或向下斜展，老树树冠平顶。针叶2针一束。雄球花圆柱形，在新枝下部聚生成穗状③。球果卵形或圆卵形④，长4~9厘米，有短梗，熟时淡黄色或淡褐黄色。产辽西及大连、鞍山、本溪、抚顺、铁岭、沈阳；生于山地干燥的沙质地。

红松针叶5针一束，球果长9~14厘米；油松针叶2针一束，球果长4~9厘米。

1 2 3 4 5 6 7 8 9 10 11 12

1 2 3 4 5 6 7 8 9 10 11 12

赤松 日本赤松 松科 松属

Pinus densiflora

Japanese Red Pine | chìsōng

常绿乔木；树皮橘红色①，裂成不规则的鳞片状块片脱落，树干上部树皮红褐色；枝平展形成伞状树冠。针叶2针一束。雄球花淡红黄色，圆筒形②；雌球花淡红紫色，单生或2~3个聚生。球果成熟时暗黄褐色或淡褐黄色，种鳞张开，圆形或卵状圆锥形；种鳞薄，鳞盾扁菱形，通常扁平。

产丹东、鞍山、本溪、抚顺、大连。生于向阳干燥山坡和裸露岩石或石缝中。

相似种：樟子松【*Pinus sylvestris* var. *mongolica*，松科 松属】常绿乔木；针叶2针一束，硬直，常扭曲。雄球花圆柱状卵圆形，聚生于新枝下部③。当年生小球果长约1厘米，下垂④。全省各地栽培数量不等；生于向阳山坡、干旱的沙地及砾石沙土地区。

赤松树皮橘红色，当年生小球果直立；樟子松树皮灰褐色，当年生小球果下垂。

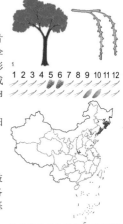

1 2 3 4 5 6 7 8 9 10 11 12

1 2 3 4 5 6 7 8 9 10 11 12

黄花落叶松　黄花松　松科 落叶松属

Larix olgensis

Olga Bay Larch　|　huánghuāluòyèsōng

落叶乔木；树皮灰色，纵裂成长鳞片状剥离，剥落后呈酱紫红色；枝平展或斜展，树冠塔形①；当年生长枝淡红褐色或淡褐色。叶倒披针状条形，先端钝或微尖②。球果成熟前淡红紫色或紫红色②，熟时淡褐色，长卵圆形，种鳞微张开；中部种鳞广卵形，常呈四方状；苞鳞暗紫褐色，矩圆状卵形或卵状椭圆形。

产东部山区。生于水沟、阴湿的山坡和岩石上。

相似种：华北落叶松【*Larix gmelinii* var. *principis-rupprechtii***，松科 落叶松属】**落叶乔木；叶片在长枝上螺旋状散生，在短枝上呈簇生状③，倒披针状窄条形，扁平。苞鳞暗紫色，先端圆截形，中肋延长成尾状尖头，仅球果基部苞鳞的先端露出④。产朝阳、锦州、葫芦岛；生于阳坡、阴坡及沟谷边。

黄花落叶松种鳞成熟前红色，成熟后不张开；华北落叶松种鳞成熟前绿色，成熟后张开。

臭冷杉　华北冷杉　松科 冷杉属

Abies nephrolepis

Khingan Fir　|　chòulěngshān

常绿乔木；树冠圆锥形或圆柱形；幼树皮通常光滑，老则呈灰色。冬芽圆球形①，有树脂。叶排成两列，叶条形，上面光绿色，下面有2条白色气孔带①，营养枝上的叶先端有凹缺或两裂。球果卵状圆柱形或圆柱形，熟时紫褐色或紫黑色②。

产丹东、本溪等地。生于阴湿缓山坡及排水良好的平坦地。

相似种：红皮云杉【*Picea koraiensis***，松科 云杉属】**常绿乔木；树皮灰褐色或淡红褐色。叶四棱状条形，先端急尖，横切面四棱形，四面有气孔线④；球果卵状圆柱形或长状圆柱形，成熟前绿色③，熟时绿黄褐色至褐色。种子灰黑褐色，倒卵圆形。产丹东、本溪；生于河岸、沟谷、溪流旁及向阳山坡。

臭冷杉球果直立，紫黑色，生于叶腋；红皮云杉球果下垂，绿色，生于枝顶。

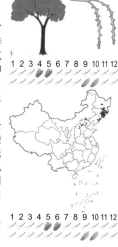

侧柏 扁柏　柏科 侧柏属

Platycladus orientalis

Oriental Arborvitae ｜ cèbǎi

常绿乔木；树皮浅灰褐色；幼树树冠卵状尖塔形，老树树冠则为广圆形。叶鳞形，先端微钝①。雄球花黄色，卵圆形；雌球花近球形，蓝绿色，被白粉①。球果近卵圆形，成熟前近肉质，蓝绿色，被白粉，成熟后木质化，开裂，红褐色②。种子卵圆形或近椭圆形，顶端微尖。

产葫芦岛、锦州、朝阳。生于平地或悬崖峭壁及干燥贫瘠的山地上。

相似种：圆柏【*Juniperus chinensis*，柏科 刺柏属】常绿乔木；叶为刺叶及鳞叶③，刺叶生于幼树之上，老龄树则全为鳞叶，壮龄树兼有刺叶与鳞叶；鳞叶三叶轮生，刺叶三叶交互轮生，有两条白粉带。雄球花黄色，椭圆形③。球果近圆球形，熟时被白粉④。全省广泛栽培；生于中性土、钙质土及微酸性土上。

侧柏叶只有鳞叶，种鳞木质，成熟时张开；圆柏叶二型，种鳞肉质，成熟时不张开。

杜松 柏科 刺柏属

Juniperus rigida

Needle Juniper ｜ dùsōng

常绿灌木或小乔木；枝条直展，形成塔形或圆柱形的树冠①，枝皮褐灰色，纵裂；小枝下垂，幼枝三棱形，无毛。叶三叶轮生，条状刺形②，质厚，坚硬，上部渐窄，先端锐尖，上面凹下成深槽，槽内有一条窄白粉带②，下面有明显的纵脊，横切面呈内凹的"V"状三角形。雄球花椭圆状或近球状③，长2～3毫米，药隔三角状宽卵形，先端尖，背面有纵脊。球果圆球形④，成熟前紫褐色，熟时淡褐黑色或蓝黑色，常被白粉。

产铁岭、抚顺、本溪、鞍山、营口、丹东。生于阳面沙质山坡及砾石砾地和岩缝间。

杜松为常绿小乔木，树冠塔形，枝皮褐灰色，小枝下垂，叶三轮生，具一条白粉带，雄球花近球形，球果圆球形，被白粉。

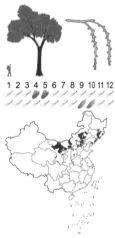

钻天柳　化妆柳　杨柳科 钻天柳属

Chosenia arbutifolia

Korean Willow　|　zuāntiānliǔ

落叶乔木；树冠圆柱形①；树皮褐灰色；小枝无毛，有白粉。叶长圆状披针形至披针形，先端渐尖，基部楔形，两面无毛，上面灰绿色，下面苍白色，常有白粉②。花序先叶开放，雄花序开放时下垂③，雄蕊5，短于苞片，着生于苞片基部；花药球形，黄色；苞片倒卵形，不脱落，外面无毛，边缘有长缘毛，无腺体；雌花序直立，轴无毛；子房近卵状长圆形，有短柄，花柱2，柱头2裂。蒴果稀疏排列在果序轴上④。

产铁岭、丹东、本溪。生于林区河流两岸排水良好的碎石沙土上。

钻天柳为落叶乔木，树皮褐灰色，叶片披针形，雄花序下垂，雌花序直立，蒴果2瓣裂，稀疏排列在果序上。

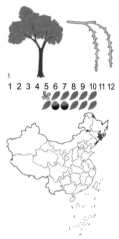

1 2 3 4 5 6 7 8 9 10 11 12

山杨　响叶杨　杨柳科 杨属

Populus davidiana

David Poplar　|　shānyáng

落叶乔木；树冠圆形。叶三角状卵圆形或近圆形，长宽近相等，萌发时呈红色①，萌蘖枝叶大，三角状卵圆形，叶背有柔毛。花序轴有疏毛或密毛；苞片棕褐色，掌状条裂，边缘有密长毛；雄蕊5～12，花药紫红色②；柱头2深裂，带红色。蒴果卵状圆锥形，有短柄，2瓣裂。

产山区各市县。生于林中向阳的采伐迹地和火烧迹地及山坡、荒地、林中空地。

相似种：小叶杨【*Populus simonii*，杨柳科 杨属】乔木；叶菱状卵形，中部以上较宽，先端突急尖或渐尖，基部楔形，边缘平整③。雌花序长2.5～6厘米；苞片淡绿色，裂片褐色④。果序长达15厘米；蒴果小，2瓣裂，无毛。产东西部山区；生于湿润的山谷、河岸。

山杨叶三角状圆形，长宽近相等，芽卵形；小叶杨叶菱状卵形，中部以上较宽，芽细长。

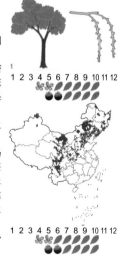

1 2 3 4 5 6 7 8 9 10 11 12

1 2 3 4 5 6 7 8 9 10 11 12

旱柳 柳树 杨柳科 柳属

Salix matsudana

Corkscrew Willow ｜ hànliǔ

落叶乔木；树皮暗灰黑色，有裂沟；枝细长。叶披针形①，先端长渐尖，基部窄圆形或楔形；叶柄短，上有长柔毛；托叶披针形或缺。花与叶同时开放；雄花序圆柱形，雄蕊2，花丝基部有长毛，花药卵形、黄色②；苞片卵形，黄绿色，先端钝，基部多少有短柔毛；有3~5小叶生于短花序梗上。

产沈阳、大连、鞍山、抚顺、本溪、丹东、营口、阜新、铁岭。生于水分充足的水边、池塘畔、河岸及村庄附近。

相似种：崖柳【*Salix floderusii***，杨柳科 柳属】**落叶乔木；小枝较粗。叶长椭圆形，下面被绢质白茸毛，微有光泽，近全缘③。花先叶开放；花药黄色；苞片卵状长椭圆形，褐色，两面有长毛④。蒴果卵状圆锥形，有绢毛。产铁岭、锦州、沈阳、本溪、鞍山；生于沼泽或较湿润山坡。

旱柳叶披针形，无毛，苞片黄绿色；崖柳叶长椭圆形，有白茸毛，苞片褐色。

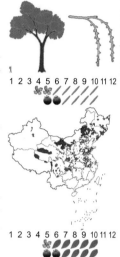

杞柳 杨柳科 柳属

Salix integra

Japanese Blooming Willow ｜ qǐliǔ

灌木；树皮灰绿色；小枝淡黄色或淡红色，无毛，有光泽。叶近对生或对生，萌蘖枝叶有时3叶轮生，椭圆状长圆形；幼叶红褐色①；成叶上面暗绿色，下面苍白色，中脉褐色，两面无毛。花先叶开放，雄蕊2，花丝合生②；苞片倒卵形，褐色至近黑色，被柔毛。蒴果长2~3毫米，有毛。

产阜新、锦州、大连、鞍山、丹东、沈阳、抚顺、铁岭、营口。生于山地河边、湿草地。

相似种：尖叶紫柳【*Salix koriyanagi***，杨柳科 柳属】**灌木；枝细长，红褐色或紫红色。叶对生，稀互生，倒披针形，先端渐尖或急尖，基部楔形④。花序先叶开放，细圆柱形，无梗，对生，稀互生；花药圆球形，紫红色③。产沈阳、锦州、鞍山；生于山地河边、湿草地。

杞柳叶椭圆状长圆形，幼叶红褐色，花药黄色；尖叶紫柳叶倒披针形，幼叶绿色，花药紫红色。

黑桦 棘皮桦 桦木科 桦木属

Betula dahurica

Dahurian Birch | hēihuà

　　落叶乔木；树皮黑褐色，剥裂①；小枝红褐色。叶厚纸质，通常为长卵形，边缘具不规则的锐尖重锯齿。序序单生，直立或微下垂；果苞基部宽楔形，上部三裂②；小坚果宽椭圆形。

　　产抚顺、本溪、丹东、鞍山、朝阳、锦州。生于向阳干燥山坡或丘陵山脊处。

　　相似种：白桦【*Betula platyphylla*，桦木科 桦木属】乔木；树皮灰白色③，成层剥裂。叶三角状卵形，叶柄细瘦无毛。果序单生，下垂。产丹东、本溪、抚顺、铁岭；生于向阳或半阴的山坡、湿地。

　　坚桦【*Betula chinensis*，桦木科 桦木属】灌木或小乔木④；树皮黑灰色，不剥裂；小枝被长柔毛。叶厚纸质。果序近球形。产抚顺、本溪、丹东、鞍山、大连；生于山脊、干旱山坡或岩石上。

　　黑桦树皮黑褐色，剥裂；白桦树皮灰白色，成层剥裂；坚桦常为灌木，其余二者为乔木。

辽东桤木 赤杨 桦木科 桤木属

Alnus hirsuta

Manchurian Alder | liáodōngqīmù

　　落叶乔木；树皮灰褐色，枝条暗灰色①，具棱，小枝褐色，密被灰色短柔毛，芽具柄，具2枚疏被长柔毛的芽鳞。叶近圆形②，顶端圆，基部圆形或宽楔形，边缘具波状缺刻，缺刻间具不规则的粗锯齿，上面暗褐色，疏被长柔毛，下面淡绿色或粉绿色，有时脉腋间具簇生的髯毛；叶柄密被短柔毛。果序2～8枚呈总状或圆锥状排列，近球形或矩圆形③，序梗极短，几无梗④；果苞木质，顶端微圆，具5枚浅裂片。

　　产营口、鞍山、丹东、大连。生于山坡林中或河岸边湿地。

　　辽东桤木为落叶乔木，叶近圆形，果序2～8枚呈总状或圆锥状排列，近球形或矩圆形，几无梗。

鹅耳枥 穗子榆 桦木科 鹅耳枥属

Carpinus turczaninowii

Turczaninow's Hornbeam | é'ěrlì

落叶乔木；树皮暗灰褐色，粗糙，浅纵裂；枝细瘦，灰棕色②。叶卵形、宽卵形、卵状椭圆形或卵菱形，顶端锐尖或渐尖，基部近圆形或宽楔形，边缘具重锯齿①，叶脉腋间具髯毛，侧脉8～12对；叶柄疏被短柔毛。雄花序为柔荑花序③。果序梗、序轴均被短柔毛；果苞变异较大，半矩圆形至卵形，疏被短柔毛，中裂片内侧边缘全缘或疏生不明显的小齿，外侧边缘具不规则的缺刻状粗锯齿；小坚果宽卵形④。

产丹东、大连、朝阳、葫芦岛。生于山坡或山谷林中，山顶及贫瘠山坡。

鹅耳枥为落叶乔木，叶卵形，边缘具重锯齿，雄花序为柔荑花序，果序松散，果苞半宽卵形。

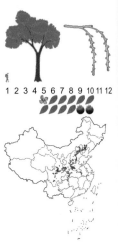

榛 平榛 桦木科 榛属

Corylus heterophylla

Siberian Hazelnut | zhēn

落叶灌木或小乔木；树皮灰色；枝条暗灰色，无毛，小枝黄褐色，密被短柔毛，兼被疏生的长柔毛。叶宽倒卵形，顶端凹缺或截形，侧脉3～5对。雄花序单生①。果单生或2～6枚簇生成头状；果苞钟状②，密被短柔毛，兼有疏生的长柔毛，密生刺状腺体，较果大但不超过果的两倍，上部浅裂，裂片三角形，边缘全缘。

产全省山区各地。生于向阳较干燥的山坡、岗地、林缘、路旁及灌丛中。

相似种：毛榛【*Corylus mandshurica*，桦木科榛属】灌木；雌花苞鳞密被白色短柔毛③。果单生或2～6枚簇生；果苞管状，在坚果上部缢缩，较果长2～3倍④，外面密被黄色刚毛兼有白色短柔毛。产抚顺、本溪、丹东、朝阳、葫芦岛；生于山坡针阔叶混交林、林缘、沟谷及灌丛中。

榛果苞钟状，较果长但不超过果的两倍；毛榛果苞管状，在坚果上部缢缩，较果长2～3倍。

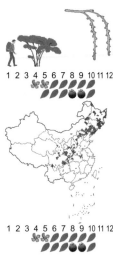

虎榛子　胡荆子 棱榆　桦木科 虎榛子属

Ostryopsis davidiana

Hazel-hornbeam ｜ hǔzhēnzi

灌木①；树皮浅灰色；枝条灰褐色，密生皮孔；小枝褐色，具条棱。叶卵形或椭圆状卵形②，顶端渐尖或锐尖，基部心形、斜心形或圆形，边缘具重锯齿，中部以上具浅裂；叶柄密被短柔毛；雄花序单生于小枝的叶腋③，倾斜至下垂，短圆柱形，花序梗不明显，苞鳞宽卵形，外面疏被短柔毛。果4枚着生于当年生小枝顶端；果梗短②；果苞厚纸质，下半部紧包果实，上半部延伸成管状，外面密被短柔毛，成熟后一侧开裂④。

产朝阳、锦州、葫芦岛等地。生于向阳较干燥的山坡、岗地及灌丛中。

虎榛子为灌木，叶卵形或椭圆状卵形，边缘具重锯齿，花序顶生于当年枝上，花4～7朵簇生，果序头状。

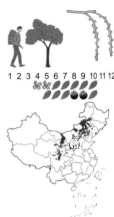

蒙古栎　柞栎　壳斗科 栎属

Quercus mongolica

Mongolian Oak ｜ měnggǔlì

落叶乔木；叶片倒卵形至长倒卵形，基部窄圆形或耳形，叶缘7～10对钝齿或粗齿①。雄花序生于新枝下部，雌花序生于新枝上端叶腋，有花4～5朵。壳斗杯形，包着坚果1/3～1/2②；壳斗外壁小苞片三角状卵形，呈半球形瘤状突起，密被灰白色短茸毛，伸出口部边缘，呈流苏状；坚果卵形。

产铁岭、沈阳、抚顺、本溪、鞍山、丹东。生于向阳干燥山坡及杂木林中。

相似种：槲树【*Quercus dentata*，壳斗科 栎属】落叶乔木；叶革质，基部耳形，叶缘为波状齿，叶背面密被灰褐色星状茸毛③。雄花序生于新枝叶腋，壳斗杯形，包着坚果1/3～1/2，小苞片革质，窄披针形，反曲或直立，红棕色④。全省广泛分布；生于向阳干燥山坡及杂木林中。

蒙古栎叶背面光滑，壳斗外壁小苞片呈瘤状突起；槲树叶背面密被茸毛，壳斗鳞片线状披针形。

栗 板栗 壳斗科 栗属
Castanea mollissima
Chinese Chestnut ｜lì

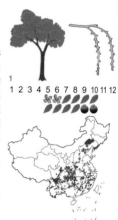

落叶乔木①；小枝灰褐色。叶椭圆至长圆形②，顶端短至渐尖，基部近截平或圆，或两侧稍向内弯而呈耳垂状，常一侧偏斜而不对称，新生的基部常狭楔尖且两侧对称，叶背被星芒状伏贴茸毛或因毛脱落变为几无毛。雄花序轴被сий；花3～5朵聚生成簇；雌花1～5朵发育结实③，花柱下部被毛。成熟壳斗外有锐刺④，锐刺有长有短，有疏有密。

在丹东、大连、营口等地普遍栽培。有的逸为野生。

栗为落叶乔木，叶长圆形，叶背常有茸毛，雄花序长，花3～5朵聚生成簇，成熟壳斗外有锐刺。

黑弹树 小叶朴 大麻科/榆科 朴属
Celtis bungeana
Bunge's Hackberry ｜hēidànshù

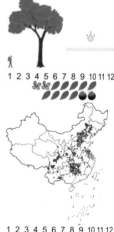

落叶乔木；树皮灰色或暗灰色②。叶厚纸质，狭卵形、长圆形、卵状椭圆形至卵形①，基部宽楔形至近圆形，稍偏斜至几乎不偏斜，先端尖至渐尖，中部以上疏具不规则浅齿，有时一侧近全缘，无毛；叶柄淡黄色，上面有沟槽，萌发枝上的叶形变异较大，先端可具尾尖且有糙毛。果单生叶腋，成熟时蓝黑色①，近球形。

产省内山区各地。生于路旁、灌丛及林边。

相似种：大叶朴【*Celtis koraiensis*，大麻科/榆科 朴属】落叶乔木；叶椭圆形至倒卵状椭圆形③，基部稍不对称，宽楔形至近圆形或微心形，先端具尾状长尖④，长尖常由平截状先端伸出，边缘具粗锯齿。果近球形，成熟时橙黄色至深褐色。产丹东、大连、鞍山、营口、锦州；生于向阳山坡及沟谷林中。

黑弹树叶较小，先端尖至渐尖，果成熟时蓝黑色；大叶朴叶较大，由平截状先端伸出尾状长尖，果成熟时橙黄色至暗褐色。

春榆 栓皮春榆 榆科 榆属

Ulmus davidiana var. *japonica*

Japanese Elm | chūnyú

落叶乔木；小枝褐色，有白色短柔毛。叶片互生，倒卵状椭圆形或广倒卵形②，边缘有重锯齿，表面绿色，背面色淡，脉腋有簇毛。花簇生，淡红色①；花丝比萼长，淡红色，花药紫红色。翅果扁平，椭圆状倒卵形，柱头面被毛。

产丹东、本溪、抚顺。生于杂木林或混交林中及山麓、河谷。

相似种：大果榆【*Ulmus macrocarpa*，榆科 榆属】落叶乔木或灌木；叶宽倒卵形，厚革质，大小变异很大，两面粗糙③。翅果宽倒卵状圆形，基部多少偏斜或近对称④，顶端凹或圆，两面及边缘密被长糙毛。种子位于翅果的中部，不接近缺口，成熟后黄白色。产全省各地；生于山坡、谷地、台地及岩缝中。

春榆叶面光滑，种子位于翅果的中上部，接近缺口；大果榆叶面粗糙，种子位于翅果的中部，不接近缺口。

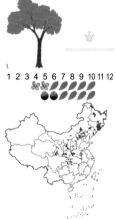

榆树 白榆 榆科 榆属

Ulmus pumila

Siberian Elm | yúshù

落叶乔木；树皮暗灰色，不规则深纵裂。叶椭圆状卵形或长卵形①，先端渐尖或长渐尖，基部偏斜或近对称，一侧楔形至圆，另一侧圆至半心脏形，叶面平滑无毛，叶背幼时有短柔毛，边缘具重锯齿或单锯齿。花先叶开放，在去年生枝的叶腋呈簇生状（②左上）。翅果近圆形，果核部分位于翅果的中部，初淡绿色，后白黄色。

产全省各地。生于路边、宅旁、灌丛向阳湿润肥沃土壤上。

相似种：刺榆【*Hemiptelea davidii*，榆科 刺榆属】小乔木；小枝灰褐色或紫褐色，具粗而硬的棘刺③。小坚果黄绿色，斜卵圆形，两侧扁，在背侧具窄翅，翅端渐狭呈喙状，果梗纤细④。产阜新、葫芦岛、沈阳、鞍山、大连、辽阳；生于向阳山坡、路旁及村落附近。

榆树小枝无刺，果两侧有翅；刺榆小枝具粗而硬的棘刺，果为一侧有翅的小坚果。

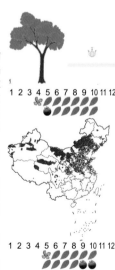

槲寄生 冬青 檀香科/桑寄生科 槲寄生属

Viscum coloratum

Colored Mistletoe | húiìshēng

灌木①；茎、枝均近圆柱状，二歧或三歧分枝，节稍膨大。叶对生，厚革质或革质，长椭圆形至椭圆状披针形②，顶端圆形或圆钝，基部渐狭；叶柄短。雌雄异株；花序顶生或腋生于茎叉状分枝处；雄花序聚伞状，通常具花3朵。果球形，具宿存花柱，成熟时淡黄色或橙红色②。

产沈阳、鞍山、本溪、营口、铁岭、抚顺、锦州。寄生于杨属、桦属、柳属、椴属等阔叶树上。

相似种:北桑寄生【*Loranthus tanakae*，桑寄生科 桑寄生属】落叶灌木；全株无毛；一年生枝条暗紫色，茎常呈二歧分枝③。叶对生，倒卵形或椭圆形。穗状花序，顶生，花两性。果球形，橙黄色④，果皮平滑。产朝阳；寄生于栎属、榆属、李属、桦属等植物上。

槲寄生为常绿灌木，树枝绿色，成熟时淡黄色或橙红色；北桑寄生为落叶灌木，枝条暗紫色，果实成熟时为橙黄色。

蒙桑 刺叶桑 桑科 桑属

Morus mongolica

Mongolian Mulberry | měngsāng

落叶乔木；树皮灰褐色，纵裂；小枝暗红色，老枝灰黑色；冬芽卵圆形，灰褐色。叶长椭圆状卵形，先端尾尖，基部心形，边缘具三角形单锯齿，稀为重锯齿，齿尖有长刺芒①，两面无毛。雄花花被暗黄色，花药2室，雌花花被片外面上部疏被柔毛。聚花果成熟时红色至紫黑色②。

产朝阳、葫芦岛、锦州、鞍山、大连。生于向阳山坡、山谷、路旁及林缘。

相似种:桑【*Morus alba*，桑科 桑属】落叶乔木；叶卵形或广卵形，先端急尖、渐尖或圆钝，基部圆形至浅心形，边缘锯齿粗钝④。花单性，腋生或生于芽鳞腋内，与叶同时生出，雄花序下垂，淡绿色③。聚花果卵状椭圆形，成熟时红色或暗紫色④。产全省各地；生于山坡疏林中。

蒙桑叶基部心形，边缘锯齿三角形，齿尖有长刺芒；桑叶基部圆形至浅心形，边缘锯齿粗钝，无刺芒。

一叶萩　叶底珠　叶下珠科/大戟科　白饭树属

Flueggea suffruticosa

Suffrutescent Bushweeds | yīyèqiū

落叶灌木；多分枝。叶片纸质，椭圆形或长椭圆形，全缘或有不整齐的波状齿或细锯齿；托叶卵状披针形，宿存。花小，雌雄异株，簇生于叶腋①；雄花：3～18朵簇生，萼片通常5，雄蕊5；雌花：萼片5，花盘盘状，花柱3。蒴果三棱状扁球形②，有网纹，3瓣裂。

产沈阳、丹东、抚顺、鞍山、大连、铁岭、葫芦岛、朝阳。生于干燥山坡、林缘、沟边及灌丛。

相似种：中国沙棘【*Hippophae rhamnoides* subsp. *sinensis***，胡颓子科　沙棘属】**灌木；棘刺较多，粗壮；嫩枝褐绿色，密被银白而带褐色的鳞片，老枝灰黑色③。单叶近对生，狭披针形或矩圆状披针形，上面绿色，下面银白色或淡白色④。果实圆球形，橙黄色或橘红色④。产朝阳；生于山坡、沟谷、沙丘、多砾石或沙质的土壤上。

一叶萩叶背无鳞片，蒴果绿色；中国沙棘叶背银白色被鳞片，浆果橘红色。

酸枣　山枣　棘　鼠李科　枣属

Ziziphus jujuba var. *spinosa*

Spine Jujube | suānzǎo

落叶灌木或小乔木；树皮灰褐色①，有纵裂；幼枝绿色，枝上有直和弯曲的刺。单叶互生，椭圆形或卵状披针形②，先端钝，基部圆形，稍偏斜，边缘具细锯齿，3主脉出自叶片基部。小花黄绿色③，2～3朵簇生于叶腋；萼片5，卵状三角形；花瓣5片，与萼互生；雄蕊5枚，与花瓣对生；花盘10浅裂，子房埋于花盘中，柱头2裂。核果近球形或广卵形，熟时暗红褐色④。

产大连、锦州、营口、朝阳、葫芦岛、阜新。生于向阳干燥山坡、丘陵或岗地。

酸枣为落叶灌木或小乔木，叶椭圆形，小花黄绿色，2～3朵簇生于叶腋，核果近球形，熟时暗红褐色。

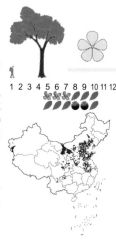

小叶鼠李 大绿 鼠李科 鼠李属

Rhamnus parvifolia

Little-leaf Buckthorn | xiǎoyèshǔlǐ

　　落叶灌木；叶对生或近对生，或在短枝上簇生，菱状倒卵形，边缘具圆齿状细锯齿。花单性，雌雄异株，黄绿色，有花瓣，通常数个簇生于短枝上①。核果倒卵状球形②。

　　产沈阳、朝阳、锦州、葫芦岛。生于石质山地向阳山坡或山脊上。

　　相似种：乌苏里鼠李【*Rhamnus ussuriensis*，鼠李科 鼠李属】叶狭椭圆形③，稍偏斜，边缘具钝或圆齿状锯齿，齿端常有紫红色腺体。产本溪、丹东、抚顺、大连、铁岭、沈阳；生于河边、山地林中或山坡灌丛。**锐齿鼠李**【*Rhamnus arguta*，鼠李科 鼠李属】叶卵状心形或卵圆形，边缘具密锐锯齿④。产铁岭、沈阳、抚顺、锦州、朝阳、葫芦岛、辽阳；生于土质贫瘠的山脊及山坡。

　　小叶鼠李叶较小，菱状倒卵形；乌苏里鼠李叶较大，狭椭圆形；锐齿鼠李叶卵状心形，边缘具密锐锯齿。

茶条槭 茶条 无患子科/槭科 槭属

Acer tataricum subsp. *ginnala*

Amur Maple | chátiáoqì

　　落叶灌木或小乔木；叶纸质，长圆卵形或长圆椭圆形，常有较深的3~5裂①；中央裂片锐尖或狭长锐尖，侧裂片通常钝尖，向前伸展，各裂片的边缘均具不整齐的钝尖锯齿。伞房花序，具多数的花；花梗细瘦；花杂性，雄花与两性花同株；萼片5，卵形，黄绿色③；花瓣5，长圆卵形，白色，长于萼片；雄蕊8，与花瓣近等长，花药黄色。果实黄绿色或黄褐色②；翅连同小坚果中段较宽或两侧近于平行④。

　　产抚顺、本溪、丹东、铁岭、大连、营口。生于山坡、路旁及灌丛中。

　　茶条槭为落叶灌木或小乔木，叶有较深的3~5裂，雄花与两性花同株，花黄绿色，花瓣5，翅果张开呈锐角或直角。

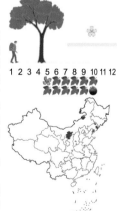

卫矛 鬼箭羽 卫矛科 卫矛属

Euonymus alatus

Burningbush | wèimáo

落叶灌木；树皮灰白色，枝绿色，小枝常具2~4列宽阔木栓翅①，稀无翅。叶卵状椭圆形、窄长椭圆形，偶为倒卵形，边缘具细锯齿。聚伞花序有花1~3朵；花白绿色，4数；萼片半圆形；花瓣近圆形。蒴果1~4深裂，裂瓣椭圆状。种皮褐色或浅棕色，假种皮橙红色②。

产丹东、本溪、抚顺、铁岭、鞍山、大连。生于阔叶林及针阔叶混交林下、林缘、沟谷及路旁。

相似种：白杜【*Euonymus maackii*，卫矛科 卫矛属】小乔木；叶卵状椭圆形、卵圆形或窄椭圆形；叶柄通常细长。花4数，淡白绿色或黄绿色③。蒴果倒圆心状，4浅裂。成熟后假种皮橙红色，全包种子④。产沈阳、抚顺、鞍山、大连、阜新、朝阳、葫芦岛；生于山坡林缘、路旁、河边及灌丛。

卫矛小枝常具2~4列宽阔木栓翅，叶柄短；白杜小枝无翅，叶柄细长，常为叶片的1/4~1/3。

1 2 3 4 5 6 7 8 9 10 11 12

雪柳 木樨科 雪柳属

Fontanesia philliraeoides var. fortunei

Syrian-privet | xuěliǔ

落叶灌木或小乔木；叶片纸质，披针形或狭卵形。圆锥花序顶生或腋生，花两性或杂性同株；苞片锥形，花萼微小，杯状，深裂，裂片卵形；雄蕊花丝伸出或不伸出花冠外①，花药长圆形，柱头2叉。果黄棕色，扁平，先端微凹，花柱宿存②。

产本溪、丹东、大连、鞍山。省内各地有栽培，生于水沟及溪边或林中。

相似种：三桠乌药【*Lindera obtusiloba*，樟科 山胡椒属】落叶乔木或灌木；叶互生，近圆形至扁圆形，先端急尖，全缘或明显3裂③，基部近圆形或心形。花序在腋生混合芽，总苞片4，长椭圆形，内有花5朵；花被片6，黄色（③左上）；核果成熟时红色，后变紫黑色④。产大连、丹东、鞍山；生于杂木林中、林缘。

雪柳叶披针形，不裂，无花被，翅果绿色；三桠乌药叶近圆形，全缘或明显3裂，花被片6，核果紫黑色。

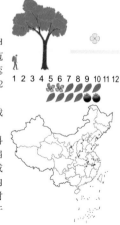

1 2 3 4 5 6 7 8 9 10 11 12

紫丁香 华北紫丁香 木樨科 丁香属

Syringa oblata

Broadleaf Lilac ┃ zǐdīngxiāng

1 2 3 4 5 6 7 8 9 10 11 12

落叶灌木或小乔木；叶片革质或厚纸质，卵圆形至肾形，宽常大于长。圆锥花序直立，由侧芽抽生，近球形或长圆形；花冠紫色①，花冠管圆柱形，裂片呈直角开展，卵圆形、椭圆形至倒卵圆形，先端内弯，略呈兜状或不内弯；花药黄色。果倒卵状椭圆形，先端长渐尖，光滑②。

产本溪、丹东、营口、朝阳、锦州、阜新。生于山坡丛林、山沟溪边及山谷路旁。

相似种：小叶巧玲花【*Syringa pubescens* subsp. *microphylla***，木樨科 丁香属】**灌木；小枝及花序轴近圆柱形，连同花梗、花萼呈紫色。叶片卵形、椭圆状卵形、菱状卵形或卵圆形。花冠紫色，盛开时外面呈淡紫红色，内带白色；花冠管细弱③，近圆柱形。果长椭圆形，先端锐尖，皮孔明显④。产鞍山，全省各地有栽培；生于山坡灌丛及岩石上。

1 2 3 4 5 6 7 8 9 10 11 12

紫丁香叶大，花冠筒大，果实表面光滑；小叶巧玲花叶小，花冠筒细弱，果实表面有皮孔。

辽东水蜡树 木樨科 女贞属

Ligustrum obtusifolium subsp. *suave*

Pleasant Border Privet ┃ liáodōngshuǐlàshù

1 2 3 4 5 6 7 8 9 10 11 12

落叶多分枝灌木；叶片纸质，披针状长椭圆形、长椭圆形、长圆形或倒卵状长椭圆形①，先端钝或锐尖，基部均为楔形或宽楔形，两面无毛，侧脉在上面微凹入，下面略凸起，近叶缘处不明显网结。圆锥花序着生于小枝顶端②，花序轴、花梗、花萼均被微柔毛或短柔毛；花萼截形或萼齿呈浅三角形；花冠管长3.5～6毫米，裂片狭卵形至披针形，白色③。果近球形或宽椭圆形，成熟时蓝黑色④。

产丹东、大连，全省各地有栽培。生于山坡、山沟石缝、山涧林下、水沟旁。

辽东水蜡树为落叶灌木，叶片披针状长椭圆形，圆锥花序着生于小枝顶端，花冠白色，果蓝黑色。

暴马丁香　白丁香　木樨科　丁香属

Syringa reticulata subsp. *amurensis*

Amur Lilac ｜ bàomǎdīngxiāng

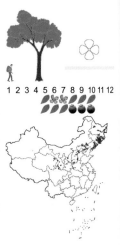

1 2 3 4 5 6 7 8 9 10 11 12

落叶小乔木或大乔木；树皮灰紫褐色，具细裂纹；枝灰褐色，无毛，疏生皮孔。叶片厚纸质，宽卵形、卵形至椭圆状卵形②，或为长圆状披针形，先端短尾尖至尾尖渐尖或锐尖；叶柄无毛。圆锥花序由1到多对着生于同一枝条上的侧芽抽生③；花序轴具皮孔；花萼齿钝、凸尖或截平；花冠白色①，呈辐状，花冠裂片卵形，先端锐尖；花丝与花冠裂片近等长，花药黄色。果长椭圆形，先端常钝④，光滑或具细小皮孔。

产丹东、本溪、抚顺、鞍山、大连、锦州、朝阳。生于山地河岸及河谷灌丛中。

暴马丁香为落叶乔木，叶片宽卵形，大型圆锥花序，花小，呈辐状，花冠白色，蒴果长椭圆形，先端钝。

灯台树　　山茱萸科　山茱萸属

Cornus controversa

Giant Dogwood ｜ dēngtáishù

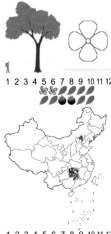

1 2 3 4 5 6 7 8 9 10 11 12

落叶乔木；二年生枝有半月形的叶痕和圆形皮孔。叶互生，阔卵形、阔椭圆状卵形或披针状椭圆形。伞房状聚伞花序，顶生，总花梗淡黄绿色；花小，白色①；花萼裂片4，三角形；花瓣4，长圆披针形；雄蕊4，着生于花盘外侧，与花瓣互生。核果球形，成熟时紫红色至蓝黑色②。

产本溪、丹东、抚顺、辽阳、大连。生于阴坡、半阴坡土壤肥沃湿润的杂木林中。

相似种：红瑞木【*Cornus alba*，山茱萸科　山茱萸属】落叶灌木；叶对生，椭圆形。伞房状聚伞花序顶生，花小，白色或淡黄白色③，花瓣4，雄蕊4。核果长圆形，微扁，成熟时乳白色或蓝白色，花柱宿存④；核棱形，侧扁，两端稍尖，呈喙状。产本溪、丹东、沈阳；生于杂木林、针阔叶混交林中。

1 2 3 4 5 6 7 8 9 10 11 12

灯台树为乔木，树皮暗灰色，叶互生，核果成熟时紫红色至蓝黑色；红瑞木为灌木，树皮紫红色，叶对生，核果成熟时乳白色或蓝白色。

木本植物 单叶

太平花　京山梅花　绣球科/虎耳草科　山梅花属
Philadelphus pekinensis

Beijing Mock-orange　｜　tàipínghuā

落叶灌木；叶卵形、椭圆形或卵状披针形②。总状花序有花5～9朵；花序轴绿色；花梗无毛；花萼黄绿色，外面无毛，裂片卵形，先端急尖，花冠盘状，花瓣白色，倒卵形①。蒴果近球形或倒圆锥形。

产锦州、葫芦岛、朝阳、大连。生于山坡杂木林或灌丛中。

相似种：东北山梅花【*Philadelphus schrenkii*，绣球科/虎耳草科　山梅花属】落叶灌木；叶卵形或椭圆状卵形。总状花序有花5～9朵；花梗被毛，花瓣白色③。产丹东、本溪、鞍山；生于山坡或林缘。**千山山梅花**【*Philadelphus tsianschanensis*，绣球科/虎耳草科　山梅花属】落叶灌木；叶广卵形或卵状椭圆形。总状花序有花9～14朵；花梗被长柔毛，花瓣白色④。产鞍山、丹东；生于山地阔叶林下。

太平花花梗无毛；东北山梅花花梗被疏毛，总状花序有花5～9朵；千山山梅花花梗被长柔毛，总状花序有花9～14朵。

连翘　黄花杆　木樨科　连翘属
Forsythia suspensa

Weeping Forsythia　｜　liánqiáo

落叶灌木；小枝略呈四棱形，疏生皮孔，节间中空，节部具实心髓。叶通常为单叶，或3裂至3出复叶，叶缘除基部外具锐锯齿或粗锯齿②。花先于叶开放；花萼绿色，与花冠管近等长；花冠黄色，裂片倒卵形或长圆形①。果卵球形、卵状椭圆形或长椭圆形，先端喙状渐尖②，表面疏生皮孔。

全省广泛栽培。生于山坡灌丛、林下或草丛中，或山谷、山沟疏林中。

相似种：东北连翘【*Forsythia mandschurica*，木樨科　连翘属】落叶灌木；小枝开展，略呈四棱形，疏生白色皮孔，节间具片状髓。叶片纸质，宽卵形、椭圆形或近圆形，叶缘具锯齿③或牙齿状锯齿，上面绿色，无毛，下面淡绿色，疏被柔毛。花单生于叶腋，花冠黄色④。产丹东，全省广泛栽培。

连翘小枝节间中空，萌蘖枝叶通常3裂至3出复叶；东北连翘小枝节间具片状髓，萌蘖枝叶为单叶，不裂。

大花溲疏 华北溲疏 绣球科/虎耳草科 溲疏属

Deutzia grandiflora

Large-flower Pride-of-Rochester　dàhuāsōushū

落叶灌木；老枝表皮片状脱落。叶纸质，卵状菱形或椭圆状卵形①，叶背面灰白色，密生6~12辐线星状毛。聚伞花序，具花1~3朵；花萼筒浅杯状；花瓣白色，长圆形或倒卵状长圆形②；花丝先端2齿，齿平展或下弯成钩状，花药卵状长圆形，花柱3~4。蒴果半球形，宿存萼裂片外弯。

产锦州、营口、葫芦岛、朝阳。生于山坡、灌丛及岩缝中。

相似种：钩齿溲疏【*Deutzia baroniana*，绣球科/虎耳草科　溲疏属】落叶灌木；叶纸质，卵状菱形或卵状椭圆形，边缘具不整齐或大小相间的锯齿④，叶背面淡绿色，散生5~7辐线星状毛。聚伞花序，具2~3朵花或花单生；花蕾长圆形，花瓣白色③。产鞍山、本溪、丹东、大连、锦州、葫芦岛、朝阳；生于灌丛、山坡、岩石缝。

大花溲疏叶背面灰白色，密生6~12辐线星状毛；钩齿溲疏叶背面淡绿色，散生5~7辐线星状毛。

东北溲疏 绣球科/虎耳草科 溲疏属

Deutzia parviflora var. *amurensis*

Amur Pride-of-Rochester　dōngběisōushū

落叶灌木；叶对生，叶卵状椭圆形或长圆形，基部近圆形或广楔形，先端渐尖，边缘具不规则细锯齿，上面绿色，散生5~6辐线星状毛，沿中脉为单毛，下面色淡，有星状毛，沿叶脉为单毛。伞房花序常有花15~20朵①，花序轴及花柄密被星状毛，花萼裂片5，花瓣5，白色；花丝锥形或顶端具不明显的齿牙；花柱常3裂。蒴果扁球形，有星状毛②。

产丹东、本溪、抚顺、大连、锦州、朝阳、葫芦岛。生于山坡、树林、林缘及灌丛中。

相似种：光萼溲疏【*Deutzia glabrata*，绣球科/虎耳草科　溲疏属】落叶灌木；叶薄纸质，卵状披针形，无毛。伞房花序有花5~30朵，花序轴及果实无毛；花瓣白色，花丝钻形③，基部宽扁。蒴果球形，无毛④。产丹东、本溪、抚顺、鞍山、大连、锦州；生于山地岩石间或陡山坡林下。

东北溲疏叶背面和果实有星状毛，花丝有齿；光萼溲疏叶及果实无毛，花丝无齿。

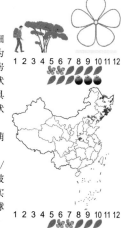

齿叶白鹃梅　榆叶白鹃梅　蔷薇科 白鹃梅属
Exochorda serratifolia
Serrate-leaf Pearlbrush　|　chǐyèbáijuānméi

落叶灌木①；叶片椭圆形或长圆倒卵形，中部以上有锐锯齿，下面全缘，羽状网脉，侧脉微呈弧形；叶柄无毛，不具托叶。总状花序，有花4～7朵②，花梗长约5毫米，萼筒浅钟状，无毛；萼片三角状卵形，先端急尖，全缘，无毛；花瓣长圆形至倒卵形，先端微凹，基部有长爪，白色③；雄蕊25枚，着生在花盘边缘，花丝极短；心皮5，花柱分离。蒴果倒圆锥形，具脊棱④，5室，无毛。

产朝阳、锦州、铁岭、鞍山。生于山坡、河边及灌丛中。

齿叶白鹃梅为落叶灌木，叶片椭圆形，无托叶，总状花序，花白色，蒴果具脊棱，5室。

牛叠肚　山楂叶悬钩子　蔷薇科 悬钩子属
Rubus crataegifolius
Hawthorn-leaf Raspberry　|　niúdiédǔ

落叶直立灌木；单叶，卵形至长卵形，边缘3～5掌状分裂①，基部具掌状5脉；表面无毛，叶背面疏生柔毛和小皮刺。花数朵簇生，呈短总状花序，常顶生②；花萼外面有柔毛，至果期近于无毛；萼片卵状三角形或卵形，顶端渐尖；花瓣椭圆形或长圆形，白色④，几与萼片等长。果实近球形，暗红色，有光泽③。

产全省大部分地区。生于向阳山坡灌丛中或林缘。

牛叠肚为落叶灌木，单叶，掌状分裂，花数朵呈短总状花序，白色，常顶生，果实近球形，暗红色，有光泽。

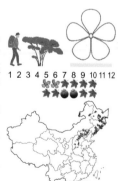

三裂绣线菊

三桠绣线菊 蔷薇科 绣线菊属

Spiraea trilobata

Asian Meadowsweet | sānlièxiùxiànjú

落叶灌木；叶片近圆形，先端钝。伞形花序具总梗，有花15～30朵；花萼筒钟状，萼片三角形，先端急尖，内面具稀疏短柔毛；花瓣宽倒卵形，白色，雄蕊比花瓣短①；子房被短柔毛，花柱比雄蕊短。蓇葖果开张②，花柱顶生倾斜，具直立萼片。

产朝阳、葫芦岛、锦州、大连。生于多岩石向阳坡地或灌丛中。

相似种：绣线菊【*Spiraea salicifolia*，蔷薇科 绣线菊属】直立灌木；叶片长圆披针形，边缘密生锐锯齿。花序为金字塔形的圆锥花序，花朵密集，花瓣粉红色，雄蕊50枚，约长于花瓣2倍④。蓇葖果直立③，花柱顶生，倾斜开展，常具反折萼片。产丹东、本溪、抚顺；生于河岸、湿草地、河谷及林缘沼泽。

三裂绣线菊叶片近圆形，花白色，雄蕊比花瓣短；绣线菊叶片长圆披针形，雄蕊约长于花瓣2倍，花粉红色。

土庄绣线菊

柔毛绣线菊 蔷薇科 绣线菊属

Spiraea pubescens

Pubescent Spirea | tǔzhuāngxiùxiànjú

落叶灌木；叶片菱状卵形至椭圆形，先端急尖，基部宽楔形。伞形花序具总梗，有花15～20朵①；苞片线形；萼筒钟状，萼片卵状三角形，先端急尖；花瓣卵形、宽倒卵形或近圆形，先端圆钝或微凹，白色，雄蕊25～30枚，约与花瓣等长②；花柱短于雄蕊。蓇葖果开张，多数具直立萼片。

产丹东、本溪、抚顺、大连、鞍山、沈阳。生于干燥多岩石山坡、杂木林内、林缘及灌丛中。

相似种：华北绣线菊【*Spiraea fritschiana*，蔷薇科 绣线菊属】落叶灌木；叶片卵形至长圆形，边缘有不整齐重锯齿或单锯齿。复伞房花序顶生，多花③，无毛；花瓣卵形，白色，在芽中呈粉红色，雄蕊长于花瓣④。蓇葖果几直立。产锦州、葫芦岛、朝阳、鞍山、营口；生于山坡林下、林缘、山谷及多砾石地。

土庄绣线菊为伞形花序，雄蕊约与花瓣等长；华北绣线菊为复伞房花序，雄蕊长于花瓣。

玉铃花　山棒子　安息香科 安息香属
Styrax obassia

Fragrant Snowbell　|　yùlínghuā

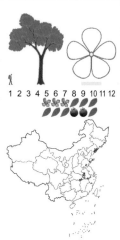

落叶乔木或灌木；树皮灰褐色①。叶纸质，生于小枝最上部的互生，宽椭圆形或近圆形②。花白色③或粉红色，芳香；总状花序顶生或腋生，下部的花常生于叶腋，有花10～20朵，基部常2～3分枝；花梗常稍向下弯；小苞片线形，早落；花萼杯状，萼齿三角形或披针形；花冠裂片膜质，椭圆形，雄蕊较花冠裂片短，花丝扁平；花柱与花冠裂片近等长。果实卵形或近卵形，顶端具短尖头④；种子长圆形，暗褐色。

产本溪、丹东、鞍山。生于阔叶林或针阔叶混交林中。

玉铃花为落叶乔木或灌木，叶不裂，总状花序，花白色或粉红色，芳香，果实绿色，卵形或近卵形。

小米空木　小野珠兰　蔷薇科 小米空木属
Stephanandra incisa

Laceshrub　|　xiǎomǐkōngmù

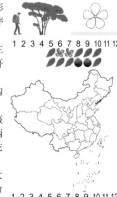

落叶灌木；小枝弯曲，幼时红褐色。叶片卵形至三角状卵形；叶柄被柔毛。顶生疏松的圆锥花序①，具花多朵，总花梗与花梗均被柔毛；苞片小，披针形；萼筒浅杯状，内外两面微被柔毛；萼片三角形至长圆形；花瓣倒卵形，先端钝，白色②。蓇葖果近球形，具直立或开展的宿存萼片。

产丹东、本溪、鞍山、大连。生于山坡或沟边。

相似种：风箱果【*Physocarpus amurensis*，蔷薇科 风箱果属】灌木；叶片三角卵形至宽卵形；叶柄微被柔毛或近于无毛；托叶线状披针形，早落。花序伞形总状③，苞片披针形，早落；花萼筒杯状；萼片三角形；花瓣白色③，花药紫色。蓇葖果膨大④，卵形，熟时沿背腹两缝开裂。全省有栽培，为优良观赏花木。

小米空木为圆锥花序，蓇葖果不膨大；风箱果为伞形花序，蓇葖果膨大。

山楂 山里红 蔷薇科 山楂属

Crataegus pinnatifida

Chinese Haw | shānzhā

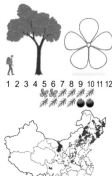

落叶乔木①；小枝上有刺，有时无刺。叶片宽卵形或三角状卵形，通常两侧各有3～5羽状深裂；托叶镰形，边缘有锯齿。伞房花序具多花②，苞片膜质，线状披针形，萼筒钟状；萼片三角卵形至披针形，先端渐尖，全缘；总花梗和花梗均被或密或疏的柔毛；花瓣倒卵形或近圆形，白色；雄蕊20枚，短于花瓣，花药粉红色③。果实近球形或梨形，深红色，有浅色斑点④。

产省内山区各市县。生于山坡杂木林缘、灌丛和干山坡沙质地。

山楂为落叶乔木，叶片羽状深裂，伞房花序，花白色，果实近球形，深红色，有浅色斑点，花萼宿存。

山荆子 山丁子 蔷薇科 苹果属

Malus baccata

Siberian Crabapple | shānjīngzi

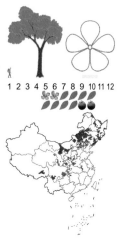

落叶乔木②；叶片椭圆形或卵形③，边缘有细锐锯齿；托叶膜质，披针形。伞形花序，具花4～6朵，无总梗；花梗细长无毛；苞片膜质，线状披针形；萼筒外面无毛；萼片披针形，先端渐尖，全缘，外面无毛，内面被茸毛，萼片长于萼筒；花瓣倒卵形，先端圆钝，基部有短爪，白色；雄蕊15～20枚，长短不齐，约等于花瓣一半的长度；花柱5或4，基部有长柔毛，较雄蕊长④。果实近球形，红色或黄色①，萼片脱落。

产省内山区各市县。生于山坡杂木中、山谷灌丛间及亚高山草地上。

山荆子为落叶乔木，叶片椭圆形或卵形，伞形花序，具花4～6朵，花白色，萼片完全脱落，果实近球形。

稠李 臭李子 蔷薇科 稠李属

Padus avium

European Bird Cherry | chóulǐ

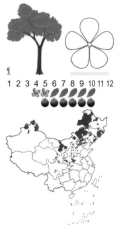

1 2 3 4 5 6 7 8 9 10 11 12

落叶乔木；树皮粗糙而多斑纹，小枝红褐色或带黄褐色。叶片椭圆形、长圆形或长圆倒卵形，叶柄顶端两侧各具1腺体。总状花序具有多花，基部通常有2~3枚叶，叶片与枝生叶同形，通常较小；萼筒钟状，比萼片稍长；萼片三角状卵形；花瓣白色①。核果卵球形，光滑，成熟后红褐色至黑色②。

产丹东、本溪、沈阳、鞍山、大连、朝阳。生于山地杂木林中、河边、沟谷及路旁低湿处。

相似种：斑叶稠李【*Padus maackii*，蔷薇科 稠李属】落叶乔木；叶片椭圆形，上面深绿色，仅沿叶脉被短柔毛，下面淡绿色，沿中脉被短柔毛，被紫褐色腺体。总状花序具有多花，稠密③，基部通常无叶片。核果近球形④，紫褐色，无毛。产丹东、本溪；生于阳坡疏林中、林缘、溪边及路旁。

稠李叶背无毛，花序基部有2~3枚叶片；斑叶稠李叶沿中脉被短柔毛，花序基部无叶片。

秋子梨 花盖梨 蔷薇科 梨属

Pyrus ussuriensis

Chinese Pear | qiūzǐlí

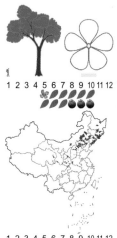

1 2 3 4 5 6 7 8 9 10 11 12

落叶乔木；叶片卵形至宽卵形，托叶线状披针形。伞房花序密集，有花5~7朵①，苞片膜质；萼筒外面无毛或微具茸毛；萼片三角披针形，先端渐尖，边缘有腺齿，外面无毛，内面密被茸毛；花瓣倒卵形或广卵形，白色；雄蕊20枚，短于花瓣，花药紫色。果实近球形，黄色，萼片宿存②。

产丹东、本溪、抚顺、铁岭、沈阳、营口、鞍山、葫芦岛。生于山坡林缘或林中。

相似种：水榆花楸【*Sorbus alnifolia*，蔷薇科 花楸属】落叶乔木；叶片卵形④，边缘有不整齐的尖锐重锯齿。复伞房花序具花6~25朵；萼筒钟状，萼片三角形；花白色③。果实椭圆形或卵形，红色或黄色，萼片脱落后果实先端残留圆斑。产本溪、抚顺、丹东、鞍山、大连、营口、锦州；生于山坡、山沟或山顶混交林或灌丛中。

秋子梨叶缘锯齿刺芒状，果实较大，萼片宿存；水榆花楸叶缘有重锯齿，果实小，萼片脱落。

紫椴 阿穆尔椴 锦葵科/椴科 椴属

Tilia amurensis

Amur Liden | zǐduàn

1 2 3 4 5 6 7 8 9 10 11 12

落叶乔木；树皮暗灰色①。叶阔卵形或卵圆形，先端急尖或渐尖，基部心形②，脉腋内有毛丛，边缘有锯齿。聚伞花序，有花3～20朵；苞片狭带形，两面均无毛，下半部或下部1/3与花序柄合生；萼片阔披针形，外面有星状柔毛；花瓣白色②。果实卵圆形，被星状茸毛，有棱或有不明显的棱。

产丹东、本溪、抚顺、铁岭。生于针阔叶混交林、阔叶林、杂木林、山坡及林缘。

相似种：蒙椴【*Tilia mongolica*，锦葵科/椴科椴属】落叶乔木；叶阔卵形或圆形，常出现3裂，基部微心形或斜截形，边缘有粗锯齿，齿尖突出③。聚伞花序，有花6～12朵，花萼披针形；退化雄蕊瓣状，稍窄小④。果实倒卵形，有棱，或不明显。产锦州、朝阳、葫芦岛；生于向阳山坡或岩石间中。

1 2 3 4 5 6 7 8 9 10 11 12

紫椴叶较小，边缘有细锯齿，果实卵圆形；蒙椴叶稍大，边缘有粗锯齿，齿尖突出，果实倒卵形。

牛奶子 剪子果 胡颓子科 胡颓子属

Elaeagnus umbellata

Autumn Olive | niúnǎizi

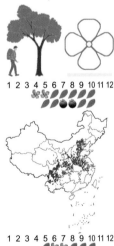

1 2 3 4 5 6 7 8 9 10 11 12

落叶灌木；具长刺；芽银白色或褐色至锈色。叶纸质或膜质，卵状椭圆形，全缘或皱卷至波状①；叶柄白色。花较叶先开放，黄白色②，芳香，花簇生于新枝基部；花梗白色；萼筒圆筒状漏斗形，裂片卵状三角形，顶端钝尖；花柱直立，柱头侧生。果实近球形或卵圆形，成熟时红色（②左下）。

产大连、葫芦岛、丹东、本溪。生于向阳的林缘、灌丛中、荒坡上及沟边。

相似种：小花扁担杆【*Grewia biloba* var. *parviflora*，锦葵科/椴科扁担杆属】落叶灌木；嫩枝被粗毛。叶薄革质，椭圆形或倒卵状椭圆形，先端锐尖，基部楔形或钝，边缘有细锯齿。聚伞花序腋生，多花，花瓣很小③。果实红色，有2～4颗分核④。产大连、锦州；生于山坡、林缘及灌丛中。

1 2 3 4 5 6 7 8 9 10 11 12

牛奶子叶柄白色，花梗白色，果实具1核；小花扁担杆叶柄和花梗绿色，果有2～4颗分核。

海州常山　后庭花　唇形科/马鞭草科 大青属

Clerodendrum trichotomum

Harlequin Glorybower　|　hǎizhōuchángshān

落叶灌木或小乔木；叶片纸质，卵形、卵状椭圆形或三角状卵形，顶端渐尖①。伞房状聚伞花序顶生或腋生，通常二歧分枝，疏散，末次分枝着花3朵，苞片叶状，椭圆形，早落；花萼蕾时绿白色，后紫红色②，基部合生，中部略膨大；花香，花冠白色或带粉红色。核果近球形，成熟时外果皮蓝紫色②。

产大连、丹东。生于林缘、山坡灌丛中。

相似种：白檀【*Symplocos tanakana***，山矾科 山矾属】**落叶灌木或小乔木；叶薄纸质，阔倒卵形、椭圆状倒卵形或卵形①。圆锥花序通常有柔毛；苞片早落，通常条形，有褐色腺点；花萼筒褐色；花冠白色③，5深裂。核果熟时蓝色，稍偏斜④。产本溪、丹东、鞍山、营口、大连；生于山坡、路边、疏林及灌丛间。

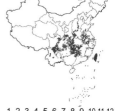

海州常山叶顶端渐尖，伞房状聚伞花序，花冠白色或带粉红色；白檀叶先端急尖，圆锥花序，花冠白色。

照山白　照白杜鹃　杜鹃花科 杜鹃花属

Rhododendron micranthum

Small-flower Rhododendron　|　zhàoshānbái

常绿灌木；茎灰棕褐色，幼枝被鳞片及细柔毛。叶近革质，倒披针形至披针形①，上面深绿色，有光泽，下面黄绿色，被淡棕色或深棕色的鳞片；花冠钟状，外面被鳞片，花白色，花裂片5①；雄蕊10枚，花丝无毛；子房5～6室，密被鳞片，花柱与雄蕊等长或较短。蒴果长圆形，被疏鳞片②。

产丹东、本溪、鞍山、大连、营口、朝阳、葫芦岛、锦州。生于山坡、灌丛、山谷及岩石上。

相似种：红果越橘【*Vaccinium koreanum***，杜鹃花科 越橘属】**落叶灌木；叶片纸质，椭圆形或卵形，顶端锐尖或渐尖③，幼时两面被白色疏柔毛。浆果1～3个生于去年生枝顶叶腋，果成熟时红色，长圆形，具5条棱④，无毛；宿存花萼片5齿，基部连合。产丹东；生于林下石壁及山脊石砾缝隙中。

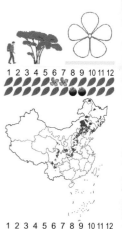

照山白枝条被黄色鳞片，蒴果黄色；红果越橘幼枝被白色疏柔毛，浆果成熟时红色。

木本植物 单叶

鸡树条 天目琼花 五福花科/忍冬科 荚蒾属
Viburnum opulus subsp. *calvescens*
Sargent's European Cranberry | jīshùtiáo

落叶灌木；叶对生，阔卵形至卵圆形，先端3中裂①，侧裂片微外展，有掌状3出脉，边缘有不整齐的牙齿，通常枝上部叶不分裂或微裂，椭圆形或长圆状披针形；叶柄粗壮，托叶小，钻形。复伞形花序生于枝梢的顶端，紧密多花②，常由6～8出小伞形花序组成，外围有不育的白色辐状花，中央为可育花③，杯状，5裂，雄蕊5，花药紫色。核果球形，鲜红色④，核扁圆形。

产铁岭、抚顺、本溪、丹东、鞍山、营口、大连、锦州、沈阳。生于林缘、林内、灌丛、山坡及路旁。

鸡树条为落叶灌木，叶对生，顶生聚伞花序常多花，外围具不育白色辐状花，核果鲜红色。

1 2 3 4 5 6 7 8 9 10 11 12

元宝槭 平基槭 无患子科/槭科 槭属
Acer truncatum
Purple Blow Maple | yuánbǎoqì

落叶乔木①；树皮灰褐色或深褐色，深纵裂；小枝无毛，当年生枝绿色②，多年生枝灰褐色，具皮孔。叶纸质，常5裂，先端锐尖或尾状锐尖，边缘全缘，基部截形。花杂性，雄花与两性花同株，常成无毛的伞房花序；萼片5，黄绿色，长圆形；花瓣5，淡黄色或淡白色③，长圆倒卵形；雄蕊8，花药黄色；花梗细瘦。翅果淡黄色或淡褐色，常成下垂的伞房果序；小坚果压扁状，翅长圆形，翅与小坚果近等长④。

产抚顺、沈阳、辽阳、丹东、大连、朝阳、锦州、阜新。生于针阔叶混交林及杂木林内或林缘及灌丛中。

元宝槭为落叶乔木，叶纸质，常5裂，基部截形，伞房花序，花瓣5，多为淡黄色，小坚果压扁状，有翅。

1 2 3 4 5 6 7 8 9 10 11 12

紫花槭 假色槭 无患子科/槭科 槭属

Acer pseudosieboldianum

Korean Paple | zǐhuāqì

1 2 3 4 5 6 7 8 9 10 11 12

落叶乔木；单叶对生，叶片圆形，掌状9～11裂①，裂片披针状长椭圆形，叶柄细瘦，嫩时密被茸毛。伞房花序具花10～16朵，后于叶开放；萼片5，紫色，长圆形；花瓣5，卵形，黄色；雄蕊8，花丝紫色，花药黄色；子房长，柱头2裂。翅果褐色，果梗红褐色，小坚果凸出呈长卵圆形②，开展近90度，翅脉整齐。

产丹东、本溪、抚顺、沈阳、营口、锦州。生于阔叶林、针阔叶混交林及林缘。

相似种：青楷槭【 *Acer tegmentosum*，无患子科/槭科 槭属**】**落叶乔木；树皮光滑，灰绿色；小枝光滑。叶近于圆形或卵形，通常5裂，裂片间的凹缺通常钝尖③；叶柄无毛。花黄绿色，雄蕊与两性花同株，花瓣5，倒卵形。翅果无毛，黄褐色；小坚果微扁平④；果梗细瘦，绿色。产抚顺、丹东、本溪；生于疏林中。

1 2 3 4 5 6 7 8 9 10 11 12

紫花槭叶掌状9～11裂，叶柄有毛，果梗红褐色；青楷槭叶7～3裂，叶柄无毛，果梗绿色。

辽椴 糠椴 锦葵科/椴科 椴属

Tilia mandshurica

Manchurian Liden | liáoduàn

1 2 3 4 5 6 7 8 9 10 11 12

落叶乔木；树皮暗灰色①。叶卵圆形，上面无毛，下面密被灰色星状茸毛②，侧脉5～7对，边缘有三角形锯齿。聚伞花序，有花6～12朵③；花柄有毛；苞片窄长圆形或窄倒披针形，上面无毛，下面有星状柔毛，先端圆，基部钝，下半部1/3～1/2与花序柄合生，基部有柄；萼片外面有星状柔毛，内面有长丝毛；退化雄蕊花瓣状，稍短小；子房有星状茸毛，花柱无毛。果实球形④，有5条不明显的棱。

产丹东、本溪、抚顺、大连、鞍山、朝阳、锦州、葫芦岛。生于柞木林、杂木林、山坡、林缘及沟谷。

辽椴为高大乔木，叶卵圆形，下面密被灰色星状茸毛，花序梗贴生大苞片，花瓣黄色，果实球形。

1 2 3 4 5 6 7 8 9 10 11 12

东北扁核木 东北蕤核　蔷薇科 扁核木属

Prinsepia sinensis

Cherry Prinsepia ｜ dōngběibiǎnhémù

落叶小灌木；皮呈片状剥落；小枝红褐色，有枝刺。叶互生，叶片卵状披针形或披针形①；托叶小，披针形。花1～4朵，簇生于叶腋；花梗无毛；花萼筒钟状，萼片短三角状卵形；花瓣黄色①，倒卵形，先端圆钝，基部有短爪；花柱侧生，柱头头状。核果近球形或长圆形，熟时红紫色，光滑无毛②。

产丹东、本溪、抚顺。生于杂木林中或阴山坡的林间，或山坡开阔处以及河岸旁。

相似种：榆叶梅【*Amygdalus triloba*，蔷薇科桃属】灌木，稀小乔木；枝条开展，小枝紫褐色。托叶线形，早落；叶宽椭圆形至倒卵形④，先端3裂，边缘有不等的粗重锯齿。花先叶开放，近无梗，单瓣至重瓣，紫红色③。核果红色，近球形，有毛④。产朝阳、葫芦岛、锦州；生于山地阳坡。

东北扁核木有枝刺，花瓣黄色，花梗长；榆叶梅无枝刺，花红紫色，近无梗。

1 2 3 4 5 6 7 8 9 10 11 12

1 2 3 4 5 6 7 8 9 10 11 12

山杏 西伯利亚杏　蔷薇科 杏属

Armeniaca sibirica

Siberian Apricot ｜ shānxìng

落叶灌木或小乔木①；叶片卵形或近圆形。花单生，先于叶开放；花萼紫红色，筒钟形，萼片先端尖，花后反折；花瓣近圆形或倒卵形，白色或粉红色；雄蕊几与花瓣等长。果实扁球形②，黄色或橘红色，有时具红晕，被短柔毛；果肉较薄而干燥，成熟时沿腹缝线开裂。核表面较平滑。

产锦州、阜新、朝阳、葫芦岛、沈阳、大连。生于干燥向阳山坡、丘陵草原或固定沙丘上。

相似种：山桃【*Amygdalus davidiana*，蔷薇科桃属】小乔木；小枝细长，光滑。叶片披针形。花梗极短；花萼无毛；花瓣近圆形，粉红色③。果实近球形，果肉成熟时不开裂④。核球形或近球形，两侧不压扁，表面具纵、横沟纹和孔穴。产朝阳、全省各地广泛栽培；生于向阳山坡林缘、路边及河岸旁。

山杏果肉成熟时开裂，核扁球形，表面平滑；山桃果肉成熟时不开裂，核球形或近球形，表面具纹和孔穴。

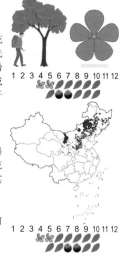

1 2 3 4 5 6 7 8 9 10 11 12

1 2 3 4 5 6 7 8 9 10 11 12

毛樱桃　山樱桃　蔷薇科 樱属

Cerasus tomentosa

Nanking Cherry　|　máoyīngtao

　　落叶灌木；叶片卵状椭圆形或倒卵状椭圆形，两面均密被茸毛，边缘有急尖或粗锐锯齿。花单生或2朵簇生①，花与叶同放；萼筒管状，萼片三角卵形，先端圆钝或急尖，内外两面被短柔毛或无毛；花瓣白色或粉红色，倒卵形，先端圆钝；子房全部被毛或仅顶端或基部被毛。核果近球形，红色②。

　　产丹东、本溪、大连、鞍山、沈阳、锦州。生于山坡林中、林缘、灌丛中及草地上。

　　相似种：欧李【*Cerasus humilis*，蔷薇科 樱属】灌木；叶片倒卵状长椭圆形或倒卵状披针形，中部以上最宽。花单生或2～3朵簇生，花瓣白色或粉红色③，长圆形或倒卵形。核果成熟后近球形④，红色或紫红色。产辽西及铁岭、沈阳、鞍山、营口、大连；生于阳坡沙地、山地灌丛及半固定沙丘上。

　　毛樱桃叶两面均密被茸毛，中部最宽，果实小；欧李叶无毛，叶片中部以上最宽，果实较大。

迎红杜鹃　尖叶杜鹃　杜鹃花科 杜鹃花属

Rhododendron mucronulatum

Korean Rhododendron　|　yínghóngdùjuān

　　落叶灌木；叶片质薄，椭圆形或椭圆状披针形，顶端锐尖、渐尖或钝，边缘全缘或有细圆齿。花序腋生、顶生或假顶生，先叶开放，伞形着生；花梗疏生鳞片；花萼5裂，被鳞片，无毛或疏生刚毛；花冠宽漏斗状，淡红紫色①，外面被短柔毛；雄蕊10，花柱光滑，长于花冠。蒴果长圆形②。

　　产丹东、本溪、鞍山、抚顺、大连、葫芦岛。生于山地灌丛中、干燥石质山坡及岩石上。

　　相似种：大字杜鹃【*Rhododendron schlippenbachii*，杜鹃花科 杜鹃花属】落叶灌木；叶纸质，常5枚集生枝顶③，倒卵形或阔倒卵形。花瓣阔倒卵形，上方3枚具红棕色斑点④。产丹东、本溪、辽阳、鞍山、营口、大连；生于干燥多石的山坡上或阴山坡阔叶林下及灌丛中。

　　迎红杜鹃叶互生，花淡红紫色，无斑点；大字杜鹃叶5枚集生枝顶，呈"大"字形，花瓣粉红色，有斑点。

地椒 五脉百里香 唇形科 百里香属

Thymus quinquecostatus

Five-ribbed Thyme | dìjiāo

落叶半灌木；花枝多数，直立或上升①。叶长圆状椭圆形或长圆状披针形，全缘④，边外卷，沿边缘下1/2处或仅在基部具长缘毛，近革质，侧脉2～3对，粗，在下面突起，上面明显，腺点小且多而密，明显；苞叶同形。花序头状或稍伸长成长圆状的头状花序③；花萼管状钟形，上面无毛，上唇稍长于下唇或近等长②，上唇的齿披针形，花冠筒比花萼短。

产锦州、营口、大连、阜新、葫芦岛、朝阳。生于多石山地及向阳的干旱山坡上。

地椒为落叶半灌木，植株矮小，无刺，长圆状头状花序，花萼管状钟形，花冠筒比花萼短。

枸杞 地骨 茄科 枸杞属

Lycium chinense

Chinese Desert-thorn | gǒuqǐ

多分枝灌木；枝条细弱②，弓状弯曲或俯垂，小枝顶端锐尖，呈棘刺状。叶纸质，栽培者质稍厚，单叶互生或2～4枚簇生，卵形至卵状披针形①，顶端急尖，基部楔形。花在长枝上单生或双生于叶腋，花萼通常3中裂或4～5齿裂；花冠漏斗状，淡紫色③，筒部向上骤然扩大，5深裂，裂片卵形；雄蕊较花冠稍短，花丝在近基部处密生一圈茸毛并交织成椭圆状的毛丛，花柱稍伸出雄蕊之上，柱头绿色。浆果红色，卵状④。

产沈阳、鞍山、大连、阜新、锦州、葫芦岛、朝阳，全省各地有栽培。

枸杞为多分枝灌木，枝条细弱，有棘刺，花单生或双生于叶腋，花冠淡紫色，浆果红色，卵状。

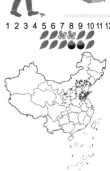

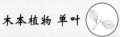

锦带花 连萼锦带花   忍冬科 锦带花属

Weigela florida

Crimson Weigela | jǐndàihuā

落叶灌木①；幼枝稍四方形。叶矩圆形、椭圆形至倒卵状椭圆形②，顶端渐尖，基部阔楔形至圆形，边缘有锯齿，上面疏生短柔毛，脉上毛较密，下面密生短柔毛或茸毛，具短柄至无柄。花单生或成聚伞花序生于侧生短枝的叶腋或枝顶；萼筒长圆柱形，萼齿不等长，深达萼檐中部；花冠紫红色或玫瑰红色③，裂片不整齐，开展，内面浅红色。果实顶部有短柄状喙，疏生柔毛④。

产丹东、本溪、鞍山、大连、锦州。生于山地灌丛中或岩石上。

锦带花为落叶灌木，叶矩圆形，具短柄，花单生或成聚伞花序，花冠紫红色或玫瑰红色，果实顶部有短柄状喙。

1 2 3 4 5 6 7 8 9 10 11 12

雀儿舌头 黑钩叶   叶下珠科/大戟科 雀舌木属

Leptopus chinensis

Chinese Maidenbush | quèrshétou

落叶直立灌木①；叶片椭圆形或披针形，叶面深绿色，叶背浅绿色②。花小，雌雄同株；雄花：花梗丝状，萼片卵形，浅绿色，膜质，具有脉纹；花瓣白色，匙形，膜质；花盘腺体5，分离，顶端2深裂；雄蕊离生，花丝丝状，花药卵圆形③；雌花：花瓣倒卵形，萼片与雄花的相同；花盘环状，10裂至中部，裂片长圆形；子房近球形，3室，每室有胚珠2颗，花柱3，2深裂（③左上）。蒴果圆球形或扁球形，萼片宿存④。

产葫芦岛、朝阳、大连。生于山地灌丛、林缘、路旁、岩崖及石缝中。

雀儿舌头为小灌木，叶片椭圆形或披针形，叶背浅绿色，雌雄同株，花簇生于叶腋，蒴果圆球形或扁球形。

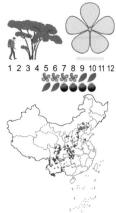

1 2 3 4 5 6 7 8 9 10 11 12

细叶小檗　三颗针　小檗科　小檗属
Berberis poiretii

Poiret's Barberry　｜　xìyèxiǎobò

落叶灌木；茎刺阙如或单一。叶倒披针形至狭倒披针形，先端渐尖或急尖，全缘，近无柄②。穗状总状花序，具8～15朵花，常下垂，花黄色①，苞片条形，小苞片2，披针形，萼片2轮，外萼片椭圆形，内萼片长圆状椭圆形，花瓣倒卵形或椭圆形，先端锐裂，基部微缢缩。浆果长圆形，红色。

产本溪、丹东、鞍山、大连、朝阳、锦州、铁岭。生于山地灌丛、砾质地、山沟河岸或林下。

相似种：黄芦木【*Berberis amurensis*，小檗科小檗属】灌木；叶倒卵状椭圆形③，先端急尖或圆形，基部楔形，叶缘具密的细锯齿。总状花序，具10～25朵花。浆果长圆形，直径约6毫米④。产本溪、丹东、营口、抚顺、大连、阜新、葫芦岛；生于山麓、山腹的开阔地、阔叶林的林缘与溪边灌丛中。

细叶小檗茎刺阙如或单一，刺扁，叶全缘；黄芦木茎刺三分叉，刺圆，叶缘具睫毛状细锯齿。

瓜木　八角枫　山茱萸科/八角枫科　八角枫属
Alangium platanifolium

Lobed-leaf Alangium　｜　guāmù

落叶灌木或小乔木；小枝常稍弯曲，略呈"之"字形，当年生枝淡黄褐色或灰色。叶纸质，近圆形，稀阔卵形或倒卵形①，顶端钝尖，基部近于心脏形或圆形，不分裂或稀分裂；主脉3～5条，侧脉5～7对。聚伞花序生叶腋，通常有3～5花②，花梗上有线形小苞片1枚；花萼近钟形，裂片5，三角形，花瓣6～7，线形③，白色，基部连合，上部开花时反卷；雄蕊6～7，花丝略扁。核果长卵圆形④，有种子一颗。

产丹东、鞍山、本溪、辽阳。生于土质比较疏松而肥沃的向阳山坡或疏林中。

瓜木为小乔木，叶近圆形，不分裂，花白色，花瓣6～7，线形而反卷，花药细长，核果长卵圆形。

木本植物 单叶

天女花　天女木兰　木兰科 天女花属

Oyama sieboldii

Korean Mountain Magnolia　| tiānnǚhuā

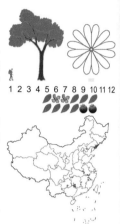

1 2 3 4 5 6 7 8 9 10 11 12

落叶小乔木；当年生小枝细长，淡灰褐色。叶倒卵形或宽倒卵形，先端骤狭，急尖或短渐尖，基部阔楔形或近心形②。花与叶同时开放，白色，芳香，杯状，盛开时碟状③，花被片9枚，近等大，外轮3片长圆状倒卵形或倒卵形，顶端宽圆或圆，内两轮6片，较狭小；雄蕊紫红色④，雌蕊群椭圆形。聚合果熟时红色①，蓇葖果狭椭圆形，沿背缝线二瓣全裂。顶端具喙。

产本溪、丹东、鞍山、营口、大连。生于阴坡、半阴坡土壤肥沃湿润的杂木林中。

天女花为落叶小乔木，叶倒卵形或宽倒卵形，花与叶同时开放，花大，白色，芳香，雄蕊紫红色，聚合果熟时红色。

蚂蚱腿子　万花木　菊科 蚂蚱腿子属

Myripnois dioica

Myripnois　| màzhatuǐzi

1 2 3 4 5 6 7 8 9 10 11 12

落叶小灌木；枝多而细直，呈帚状①。叶片纸质，生于短枝上的椭圆形或近长圆形，生于长枝上的阔披针形或卵状披针形，全缘，幼时两面被较密的长柔毛，老时脱毛。头状花序近无梗，单生于侧枝之顶；总苞钟形或近圆筒形，总苞片5枚；雌性花和两性花异株，先叶开放；雌花花冠紫红色③，舌状，顶端3浅裂，两性花花冠白色②，管状2唇形，5裂，裂片极不等长。瘦果纺锤形，密被毛④。

产朝阳、锦州、葫芦岛。生于丘陵、山坡石缝间。

蚂蚱腿子为落叶小灌木，枝多而细直，叶全缘，花异型，雌花与两性花异株，总苞片5枚，瘦果纺锤形，密被毛。

金银忍冬 马氏忍冬 忍冬科 忍冬属

Lonicera maackii

Amur Honeysuckle | jīnyínrěndōng

落叶灌木；叶卵状椭圆形至卵状披针形。花芳香，生于幼枝叶腋①，总花梗短于叶柄；苞片条形，小苞片多少连合成对，长为萼筒的1/2至几相等，顶端截形；相邻两萼筒分离，萼齿宽三角形或披针形；花冠先白色后变黄色，外被短伏毛或无毛，唇形。果实暗红色，圆形②。

产丹东、本溪、抚顺、鞍山、大连、沈阳、锦州。生于林中或林缘溪流附近的灌丛中。

相似种：金花忍冬【*Lonicera chrysantha***，忍冬科 忍冬属】**灌木；叶菱状卵形。总花梗细长，花冠先淡黄色后变黄色③，外面疏生短糙毛，唇形，唇长2～3倍于筒。果实红色，圆形，相邻两果合生于同一花梗④。产本溪、丹东、鞍山、朝阳、锦州、葫芦岛；生于沟谷、林下、林缘及灌丛中。

金银忍冬花梗短，花白色，相邻两萼筒分离；金花忍冬总花梗长，花黄白色，相邻两果合生。

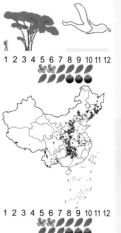

梓 木角豆 紫葳科 梓属

Catalpa ovata

Chinese Catalpa | zǐ

落叶乔木；叶对生或近于对生，有时轮生，阔卵形，长宽近相等①，顶端渐尖，基部心形，全缘或浅波状，常3浅裂。顶生圆锥花序②；花序梗微被疏毛；花萼蕾时圆球形，2唇开裂；花冠钟状，淡黄色，内面具2黄色条纹及紫色斑点③；能育雄蕊2，花丝插生于花冠筒上，花药叉开，退化雄蕊3；子房上位，棒状，花柱丝形，柱头2裂。蒴果线形，下垂④。种子长椭圆形，两端具有平展的长毛。

产丹东、鞍山、营口、大连、葫芦岛，省内有栽培。生于山坡、沟旁、荒地及田边。

梓为落叶乔木，叶阔卵形，顶生圆锥花序，花淡黄色，内面具2黄色条纹及紫色斑点，蒴果线形，下垂。

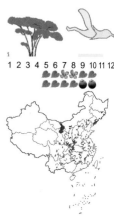

胡桃楸 核桃楸　胡桃科 胡桃属

Juglans mandshurica

Chinese Walnut ｜ hútáoqiū

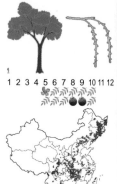

1 2 3 4 5 6 7 8 9 10 11 12

落叶乔木；枝条扩展，幼枝被有短茸毛。奇数羽状复叶①，小叶15～23枚，椭圆形至长椭圆形，边缘细锯齿。雄性柔荑花序①，雄花具短花柄；苞片顶端钝；雌性穗状花序具4～10雌花，柱头鲜红色②。果序俯垂，通常具5～7果实；果实球状、卵状或椭圆状，顶端尖；果核表面具8条纵棱。

产抚顺、铁岭、辽阳、鞍山、本溪、丹东、大连、锦州、葫芦岛。生于山谷缓坡、河岸及山麓。

相似种：胡桃【*Juglans regia*，胡桃科 胡桃属】落叶乔木；小枝无毛，具光泽，被盾状着生的腺体，灰绿色，后来带褐色。奇数羽状复叶。雄花为柔荑花序③，雌花的总苞被极短腺毛，柱头浅绿色④。果实近于球状，无毛。省内有栽培；常见于山区河谷两旁土层深厚的地方。

胡桃楸幼枝有短茸毛，柱头鲜红色，果实有毛；胡桃小枝无毛，具光泽，柱头浅绿色，果实无毛。

枫杨 枫柳　胡桃科 枫杨属

Pterocarya stenoptera

Chinese Wingnut ｜ fēngyáng

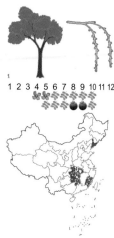

1 2 3 4 5 6 7 8 9 10 11 12

落叶乔木①；幼период树皮平滑，浅灰色，老时则深纵裂。叶多为偶数羽状复叶，稀奇数②，叶轴具翅或翅不甚发达，与叶柄一样被有疏或密的短毛；小叶6～25枚，无小叶柄，长椭圆形至长椭圆状披针形。雄性柔荑花序③，雄花常具1枚发育的花被片，雄蕊5～12枚；雌性柔荑花序顶生，具2枚不孕性苞片，雌花几无梗。果实长椭圆形，果翅狭④，条形或阔条形，具近于平行的脉。

产大连、丹东、鞍山、本溪、沈阳、营口。生于河岸、山坡、林缘及杂木林中。

枫杨为落叶乔木，叶多为偶数羽状复叶，叶轴具翅，柔荑花序先叶开放，小坚果长椭圆形，果翅狭。

山皂荚 日本皂荚 豆科 皂荚属

Gleditsia japonica

Japanese Honeylocust | shānzàojiá

落叶乔木①；小枝紫褐色或脱皮后呈灰绿色；刺略扁，常分枝。叶为一回或二回羽状复叶②，小叶3～10对，卵状长圆形。花黄绿色，组成穗状花序；雄花：花托深棕色；萼片3～4枚，三角状披针形；花瓣4，椭圆形；雌花形状与雄花的相似。荚果带形，扁平，不规则旋扭或弯曲作镰刀状③。

产丹东、本溪、抚顺、沈阳、鞍山、大连、营口、锦州。生于向阳山坡或谷地、溪边、路旁。

相似种：野皂荚【*Gleditsia microphylla*，豆科皂荚属】灌木或小乔木；叶为一回或二回羽状复叶④，小叶薄革质，斜卵形至长椭圆形。花杂性，绿白色，簇生③，组成穗状花序或圆锥花序。荚果扁薄，斜椭圆形或斜长圆形，红棕色至深褐色，先端有纤细的短喙。产朝阳；生于山坡阳处或路边。

山皂荚植株高大，荚果带形，不规则旋扭；野皂荚植株矮小，荚果斜椭圆形或斜长圆形，不旋扭。

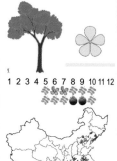

青花椒 山花椒 芸香科 花椒属

Zanthoxylum schinifolium

Peppertree-leaf Pricklyash | qīnghuājiāo

落叶灌木；茎枝有短刺，刺基部两侧压扁状。叶有小叶7～19片②；小叶纸质卵形至披针形，顶部短至渐尖，基部圆或宽楔形，有时一侧偏斜，有点多或不明显。花序顶生，萼片及花瓣均5片；花瓣淡黄白色①，雄花的退化雌蕊甚短；雌花有心皮3个。分果瓣红褐色，顶端几无芒尖。

产丹东、营口、鞍山、大连、葫芦岛、朝阳、锦州。生于山坡疏林、灌丛中及岩石旁。

相似种：花椒【*Zanthoxylum bungeanum*，芸香科 花椒属】落叶灌木；枝有短刺，小枝上的刺基部扁且劲直，呈长三角形。叶有小叶5～13片④，叶轴常有甚狭窄的叶翼。花序顶生或生于侧枝之顶，花被片黄绿色③。果紫红色，散生微凸起的油点。产大连、丹东、营口、朝阳，全省各地有栽培；适宜温暖湿润及土层深厚肥沃壤土、沙壤土。

青花椒茎枝有短刺，叶轴无翅；花椒小枝上的刺基部宽扁且劲直，叶轴常有甚狭窄的叶翼。

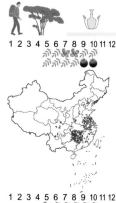

黄檗 黄柏 芸香科 黄檗属

Phellodendron amurense

Amur Cork Tree | huángbò

落叶乔木；大树树皮有木栓层①，浅灰或灰褐色，内皮薄，鲜黄色，小枝暗紫红色，无毛。羽状复叶②，叶轴及叶柄均纤细，有小叶5～13片，卵状披针形或卵形，基部阔楔形，一侧斜尖，或为圆形，叶缘有细钝齿和缘毛，秋季落叶前叶色由绿转黄而明亮①。花序顶生；萼片细小，阔卵形；花瓣紫绿色③，雄花的雄蕊比花瓣长，退化雌蕊短小。果圆球形④，蓝黑色。

产葫芦岛、锦州、铁岭、沈阳、抚顺、本溪、营口、丹东、大连。散生于肥沃、湿润、排水良好的河岸林中、林缘及杂木林中。

黄檗为大乔木，树皮木栓层发达，内皮鲜黄色，羽状复叶，花瓣紫绿色，浆果状核果圆球形，蓝黑色。

臭椿 樗 苦木科 臭椿属

Ailanthus altissima

Tree of Heaven | chòuchūn

落叶乔木；树皮平滑而有直纹②。奇数羽状复叶，有小叶13～27片，小叶对生或近对生③，纸质，卵状披针形，基部偏斜，两侧各具1或2个粗锯齿，齿背有腺体1个，叶面深绿色，叶背灰绿色，揉碎后具臭味。圆锥花序顶生，花淡绿色①，萼片5，覆瓦状排列，花瓣5，基部两侧被硬粗毛；雄蕊10，花丝基部密被硬粗毛，雄花中的花丝长于花瓣，雌花中的花丝短于花瓣。翅果长椭圆形；种子位于翅中间④。

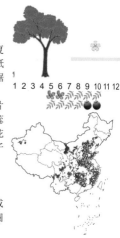

产丹东、本溪、鞍山、大连、营口、葫芦岛、锦州、朝阳。生于山坡、路旁及农田附近。

臭椿为落叶乔木，奇数羽状复叶，小叶对生或近对生，圆锥花序顶生，花淡绿色，翅果长椭圆形。

无梗五加　短梗五加　五加科 五加属
Eleutherococcus sessiliflorus
Short-stalk Siberian Ginseng | wúgěngwǔjiā

落叶灌木或小乔木；刺粗壮，直或弯曲。叶有小叶3～5片；小叶片长圆状披针形①，边缘有不整齐锯齿。头状花序紧密，球形，有花多数②，5～6个组成顶生圆锥花序或复伞形花序；花无梗；萼密生白色茸毛，边缘有5枚小齿；花瓣5枚，浓紫色。

产抚顺、本溪、鞍山、大连、丹东、营口、辽阳、锦州、阜新、葫芦岛。生于针阔叶混交林及阔叶林下、林缘、山坡、沟谷及路旁。

相似种：刺五加【*Eleutherococcus senticosus*，五加科 五加属】落叶灌木；一二年生枝密生刺。叶有小叶5片③。伞形花序单个顶生，或2～6个组成稀疏的圆锥花序；花绿白色④；萼无毛，边缘近全缘或有不明显的5小齿。产本溪、鞍山、丹东、大连、营口、辽阳；生于针阔叶混交林或阔叶林内、林缘及灌丛中。

无梗五加头状花序，花浓紫色，无梗，萼密生白色茸毛；刺五加伞形花序，花绿白色，有花梗，萼无毛。

辽东楤木　龙芽楤木　五加科 楤木属
Aralia elata var. *glabrescens*
Japanese Angelica Tree | liáodōngsǒngmù

落叶小乔木①；树皮灰色；小枝灰棕色，疏生多数细刺，嫩枝上常有细长直刺。叶为二回或三回羽状复叶②，叶柄无毛，托叶和叶柄基部合生；叶轴和羽片轴基部通常有短刺；羽片有小叶7～11片，小叶片阔卵形至椭圆状卵形。圆锥花序，分枝在主轴顶端指状排列；伞形花序有花多数或少数③；苞片和小苞片披针形；花黄白色；萼无毛，边缘有5小齿；花瓣5，卵状三角形。果实球形④，黑色，有5棱。

产抚顺、本溪、鞍山、丹东、辽阳、大连。生于阔叶林或针阔叶混交林的林下、林缘及路旁。

辽东楤木为落叶小乔木，小枝疏生细刺，叶为二回或三回羽状复叶，伞形花序，花瓣5，果实球形，黑色。

花曲柳 大叶白蜡树 木樨科 梣属

Fraxinus chinensis subsp. *rhynchophylla*

Beak-leaf Ash | huāqūliǔ

落叶大乔木；羽状复叶，叶柄基部膨大；小叶5～7枚②，革质，阔卵形，营养枝的小叶较宽大，顶生小叶显著大于侧生小叶。圆锥花序顶生或腋生于当年生枝梢①，苞片长披针形，雄花与两性花异株；花萼浅杯状，无花冠；两性花具雄蕊2枚，花药椭圆形，雌蕊具短花柱；雄花花萼小，花丝细。翅果线形。

产朝阳、锦州、葫芦岛、沈阳、鞍山、丹东、大连。生于山地阔叶林中或杂木林下。

相似种：小叶梣【*Fraxinus bungeana*，木樨科梣属】落叶小乔木或灌木；小叶5～7枚，叶硬纸质，阔卵形。花冠白色至淡黄色③，裂片线形，雄蕊与裂片近等长，柱头2浅裂。翅果基状长圆形④，坚果略扁。产葫芦岛、朝阳；生于较干燥向阳的沙质土壤或岩石缝隙中。

花曲柳树形高大，顶生小叶显著大于侧生小叶，无花冠；小叶梣树形矮小，顶生小叶与侧生小叶几等大，花冠白色至淡黄色。

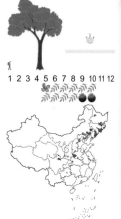

珍珠梅 花楸珍珠梅 蔷薇科 珍珠梅属

Sorbaria sorbifolia

False Spiraea | zhēnzhūméi

落叶灌木；羽状复叶，小叶11～17枚①，对生，披针形至卵状披针形，边缘有尖锐重锯齿。顶生大型密集圆锥花序，苞片卵状披针形，先端长渐尖，全缘或有浅齿；萼筒钟状；萼片三角卵形，花瓣长圆形或倒卵形，白色。蓇葖果长圆形②，萼片宿存，反折。

产丹东、本溪、抚顺、大连、营口。生于河岸、沟谷、山坡溪流附近及林缘。

相似种：华北珍珠梅【*Sorbaria kirilowii*，蔷薇科 珍珠梅属】落叶灌木；羽状复叶，小叶13～21枚，小叶片对生。顶生大型圆锥花序③，苞片线状披针形；萼筒浅钟状；花白色；雄蕊20，与花瓣等长或稍短于花瓣。蓇葖果长圆柱形④，花柱稍侧生。产锦州、鞍山；生于山坡阳处及杂木林中。

珍珠梅雄蕊40～50，长约为花瓣的2倍，果实红色；华北珍珠梅雄蕊20，与花瓣等长或稍短于花瓣，果实绿色。

刺蔷薇　蔷薇科 蔷薇属

Rosa acicularis

Prickly Rose | cìqiángwēi

1 2 3 4 5 6 7 8 9 10 11 12

　　落叶灌木；小枝红褐色或紫褐色；有细直皮刺。小叶3～7，宽椭圆形或长圆形①。花单生或2～3朵集生，苞片卵形至卵状披针形；花梗密被腺毛；萼片先端常扩展成叶状；花瓣粉红色②，芳香，倒卵形，先端微凹，基部宽楔形。果长椭圆形，有明显颈部，红色，有光泽①，有腺或无腺。

　　产本溪、丹东。生于山坡阳处、灌丛中或桦木林下，砍伐后幼叶林迹地以及路旁。

　　相似种:伞花蔷薇【*Rosa maximowicziana***，蔷薇科　蔷薇属】**有刺小灌木；小叶7～9，稀5；托叶大部贴生于叶柄。花数朵呈伞房状排列，萼筒和萼片外面有腺毛；花瓣白色③。果实卵球形，有光泽④；萼片在果熟时脱落。产丹东、鞍山、大连、葫芦岛；生于路旁、沟边、山坡向阳处及灌丛中。

　　刺蔷薇花粉红色，萼片宿存，果实长椭圆形；伞花蔷薇花白色，萼片脱落，果实卵球形。

1 2 3 4 5 6 7 8 9 10 11 12

山刺玫　刺玫蔷薇　蔷薇科 蔷薇属

Rosa davurica

Amur Rose | shāncìméi

1 2 3 4 5 6 7 8 9 10 11 12

　　落叶灌木；小枝灰褐色，有带黄色皮刺。小叶7～9，长圆形，边缘有单锯齿和重锯齿；托叶边缘有带腺锯齿。花单生于叶腋，或2～3朵簇生①；苞片卵形，边缘有腺齿；萼片披针形，先端扩展成叶状；花瓣粉红色，倒卵形，先端不平整，基部宽楔形。果近球形，红色②，萼片宿存。

　　产本溪、丹东、大连、鞍山、辽阳、营口、朝阳。生于山坡灌丛间、山野路旁、河边。

　　相似种:玫瑰【*Rosa rugosa***，蔷薇科　蔷薇属】**落叶灌木；小枝密被茸毛、针刺和腺毛。小叶5～9，上面叶脉下陷，有褶皱③，下面灰绿色，中脉突起。花单生于叶腋，或数朵簇生；花梗密被茸毛和腺毛；花瓣倒卵形，芳香，紫红色④至白色。产大连、丹东；生于河岸或海岸边的沙地上。

　　山刺玫小枝有带黄色皮刺，叶脉不下陷，平展；玫瑰小枝密被茸毛、针刺和腺毛，叶脉下陷，有褶皱。

1 2 3 4 5 6 7 8 9 10 11 12

花楸树 东北花楸 蔷薇科 花楸属
Sorbus pohuashanensis
Baihuashan Mountain Ash | huāqiūshù

落叶乔木；奇数羽状复叶①，基部和顶部的小叶片常稍小，卵状披针形或椭圆披针形；托叶宿存，宽卵形，有粗锐锯齿。复伞房花序具多数密集花朵；萼筒钟状，萼片三角形；花瓣宽卵形或近圆形，白色①，内面微具短柔毛；雄蕊20枚，花柱3枚，基部具疏柔毛。果实近球形，红色或橘红色②。

产丹东、本溪、大连、营口、鞍山。生于山坡、谷地、林缘或杂木林中。

相似种：省沽油【*Staphylea bumalda*，省沽油科 省沽油属】落叶灌木；复叶对生，有长柄，具3小叶③；小叶椭圆形，边缘有细锯齿，齿尖具尖头；中间小叶柄长于两侧小叶柄。圆锥花序顶生，直立，苞叶线状披针形，花白色④。蒴果膀胱状，黄绿色。产本溪、丹东；生于向阳的山坡及山沟杂木林中。

花楸树为羽状复叶，复伞房花序，果实近球形，红色或橘红色；省沽油具3小叶，圆锥花序顶生，蒴果膀胱状，黄绿色。

茅莓 茅莓悬钩子 蔷薇科 悬钩子属
Rubus parvifolius
Japanese Raspberry | máoméi

落叶灌木；枝被柔毛和疏钩状皮刺；小叶3枚②，菱状圆形或倒卵形，边缘有不整齐粗锯齿或缺刻状粗重锯齿。伞房花序顶生或腋生①，稀顶生花序呈短总状，具花数朵至多朵，被柔毛和细刺；花萼外面密被柔毛和疏密不等的针刺；萼片卵状披针形或披针形，顶端渐尖，有时条裂，在花果时均直立开展；花瓣卵圆形或长圆形，粉红至紫红色③，基部具爪；雄蕊花丝白色，稍短于花瓣。果实卵球形，橙红色④。

产丹东、鞍山、本溪、抚顺、辽阳、大连、营口、朝阳。生于山坡、灌丛、山沟石质地、林缘及杂木林中。

茅莓为落叶灌木，枝被柔毛和皮刺，有小叶3枚，花粉红至紫红色，基部具爪，果实橙红色。

文冠果　崖木瓜　无患子科 文冠果属

Xanthoceras sorbifolium

Yellow-horn　|　wénguānguǒ

落叶灌木或小乔木①；小枝粗壮，褐红色，顶芽和侧芽有覆瓦状排列的芽鳞。奇数羽状复叶②，连柄长15~30厘米；有小叶4~8对，披针形，边缘有锐利锯齿，顶生小叶通常3深裂，腹面深绿色，背面鲜绿色。花序先期抽出，两性花的花序顶生，雄花序腋生②，直立；总花梗短，花瓣白色，基部紫红色或黄色③，有清晰的脉纹，爪之两侧有须毛；花盘的角状附属体橙黄色。蒴果长达6厘米④。种子黑色而有光泽。

产朝阳，全省各地有栽培。

文冠果为落叶灌木或小乔木，奇数羽状复叶，总状花序，花瓣白色，基部紫红色或黄色，蒴果，果皮厚，木栓质。

兴安胡枝子　达呼尔胡枝子　豆科 胡枝子属

Lespedeza davurica

Dahurian Lespedeza　|　xīng'ānhúzhīzi

落叶小灌木；茎通常稍斜升。羽状复叶具3小叶；小叶长圆形或狭长圆形，先端圆形或微凹，有小刺尖，顶生小叶较大。总状花序腋生；花萼5深裂，萼裂片披针形，先端长渐尖，呈刺芒状；花冠白色或黄白色，闭锁花生于叶腋，结实。荚果小，倒卵形，先端有刺尖，有毛，包于宿存花萼内②。

产本溪、抚顺、沈阳、大连、朝阳、锦州、葫芦岛。生于干山坡、草地、路旁及沙质地上。

相似种：阴山胡枝子【*Lespedeza inschanica*，豆科 胡枝子属】灌木；羽状复叶具3小叶④，小叶长圆形，顶生小叶较大。总状花序腋生，与叶近等长；花萼深裂，裂片披针形；花冠白色③，旗瓣近圆形，花期反卷。产丹东、本溪、抚顺、鞍山、大连、锦州、朝阳；生于干山坡、草地、路旁及沙质地上。

兴安胡枝子花萼裂片先端呈刺芒状；阴山胡枝子花萼先端无刺芒状尖。

尖叶铁扫帚 细叶胡枝子 豆科 胡枝子属

Lespedeza juncea

Juncea Lespedeza | jiānyètiěsàozhou

　　落叶小灌木；全株被伏毛，分枝或上部分枝呈扫帚状①。羽状复叶具3小叶；小叶倒披针形、线状长圆形或狭长圆形，先端稍尖或钝圆，有小刺尖。总状花序腋生，稍超出中，有3～7朵排列较密集的花，花冠白色或淡黄色，旗瓣基部带紫斑，龙骨瓣先端带紫色③。荚果宽卵形，稍超出宿存萼②。

　　产抚顺、沈阳、鞍山、大连、铁岭、朝阳、阜新。生于干山坡草地及灌丛间。

　　相似种：绒毛胡枝子【*Lespedeza tomentosa*，豆科 胡枝子属】灌木；全株被黄褐色茸毛④。羽状复叶具3小叶；小叶质厚，先端钝或微凹形。花冠黄色或黄白色⑤。荚果倒卵形，先端有短尖。产丹东、本溪、抚顺、沈阳、鞍山、营口；生于干山坡、草地及灌丛。

　　尖叶铁扫帚全株被伏毛，旗瓣基部带紫斑；绒毛胡枝子全株密被黄褐色茸毛，花冠无紫斑。

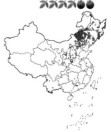

朝鲜槐 豆科 马鞍树属

Maackia amurensis

Amur Maackia | cháoxiǎnhuái

　　落叶乔木；树皮淡绿褐色，薄片剥裂①。羽状复叶，小叶3～4对，对生或近对生，纸质、卵形、倒卵状椭圆形，幼叶两面密被灰白色毛，后脱落。总状花序3～4个集生，总花梗及花梗密被褐色柔毛；花蕾密被褐色短毛，花密集；花萼钟状，5浅齿，密被黄褐色平贴柔毛；花冠白色②。

　　产本溪、朝阳、沈阳、抚顺、营口、大连、锦州。生溪流旁湿地或湿润肥沃的阔叶林中。

　　相似种：刺槐【*Robinia pseudoacacia*，豆科 刺槐属】落叶乔木；树皮深纵裂，具托叶刺。羽状复叶，小叶常对生④。总状花序腋生，下垂；花萼斜钟状，萼齿5；花冠白色③，雄蕊二体；子房线形，花柱钻形，上弯。荚果具红褐色斑纹，扁平④。原产美国，全省各地有栽培；生于山坡、沟旁、荒地及田边。

　　朝鲜槐树皮薄片剥裂，无托叶刺，花梗密被锈褐色柔毛；刺槐树皮纵裂，有托叶刺，花梗无毛。

木本植物 复叶

小叶锦鸡儿　小叶金雀花　豆科 锦鸡儿属

Caragana microphylla

Littleleaf Peashrub ｜ xiǎoyèjīnjīr

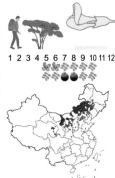

　　落叶灌木①；偶数羽状复叶有5~10对小叶②；托叶脱落；小叶倒卵形或倒卵状长圆形，长3~10毫米，宽2~8毫米，先端圆或钝，很少凹入，具短刺尖，幼时被短柔毛。花梗近中部具关节，被柔毛；花萼管状钟形，萼齿宽三角形；花冠黄色③，旗瓣宽倒卵形，先端微凹，基部具短瓣柄，翼瓣的瓣柄长为瓣片的1/2，耳短，齿状；龙骨瓣的瓣柄与瓣片近等长，耳不明显，基部截平；子房无毛。荚果圆筒形，稍扁④，具锐尖头。

　　产锦州、葫芦岛、阜新。生于沙地及干山坡上。

　　小叶锦鸡儿为落叶灌木，偶数羽状复叶，小叶及花萼无毛，花冠黄色，荚果圆筒形，稍扁。

红花锦鸡儿　紫花锦鸡儿　豆科 锦鸡儿属

Caragana rosea

Red-flower Peashrub ｜ hónghuājīnjīr

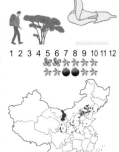

　　灌木；小枝细长。托叶在长枝者成细针刺，短枝者脱落；叶柄脱落或宿存成针刺；叶假掌状，小叶4①，楔状倒卵形，长1~2.5厘米，宽4~12毫米，先端具刺尖。花梗单生，关节在中部以上，无毛；花萼管状，常紫红色，萼齿三角形，渐尖，内侧密被短柔毛；花冠黄色，常紫红色或全部淡红色②，凋时变为红色。荚果圆筒形，具渐尖头。

　　产辽西山区。生于山地沟谷灌丛中。

　　相似种：树锦鸡儿【*Caragana arborescens*，豆科 锦鸡儿属】灌木；羽状复叶有4~8对小叶；托叶针刺状，小叶长圆状倒卵形，幼时被柔毛③。花梗2~5簇生，每梗1花，关节在上部，花萼钟状，萼齿短宽；花冠黄色④。荚果圆筒形，先端渐尖，无毛。全省各地有栽培；比较耐瘠薄、干旱。

　　红花锦鸡儿假掌状复叶，小叶4，花梗单生；树锦鸡儿偶数羽状复叶，花梗2~5簇生。

花木蓝 吉氏木蓝 豆科 木蓝属

Indigofera kirilowii

Kirilow's Indigo | huāmùlán

落叶小灌木；茎圆柱形，幼枝有棱，疏生白色"丁"字毛。羽状复叶，托叶披针形；小叶2～5对①，对生，阔卵形或椭圆形，小托叶宿存。总状花序，疏花，花序轴有棱；苞片线状披针形；花萼杯状，萼齿披针状三角形；花冠淡红色②，稀白色，花瓣近等长；花药阔卵形。荚果棕褐色，圆柱形。

产本溪、鞍山以及辽西山地。生于向阳干山坡、山野丘陵坡地或灌丛与疏林内。

相似种：河北木蓝【*Indigofera bungeana***，豆科 木蓝属】**灌木；羽状复叶，叶轴上面有槽，小叶2～4对，对生，椭圆形，背面苍绿色③，密被灰白色"丁"字毛。总花梗较叶柄短；花冠紫色或紫红色④。荚果褐色，线状圆柱形，内果皮有紫红色斑点。产朝阳；生于向阳干山坡、草地或河滩地。

花木蓝小叶较大，背面绿色，花冠淡红色；河北木蓝小叶较小，背面苍绿色，花冠紫红色。

胡枝子 随军茶 豆科 胡枝子属

Lespedeza bicolor

Shrub Lespedeza | húzhīzi

落叶直立灌木①；羽状复叶具3小叶；托叶2枚，线状披针形。小叶质薄，卵形长圆形，具短刺尖。总状花序腋生，常构成大型疏松的圆锥花序①；小苞片2，黄褐色；花梗短，花萼5浅裂，裂片通常短于萼筒，裂片卵形或三角状卵形；花冠红紫色②，极稀白色。荚果斜倒卵形，稍扁，表面具网纹，密被短柔毛。

产全省各地。生于山坡、林缘及杂木间。

相似种：短梗胡枝子【*Lespedeza cyrtobotrya***，豆科 胡枝子属】**落叶灌木；羽状复叶具3小叶③，先端圆或微凹，具小刺尖。总状花序腋生，比叶短；总花梗短缩或近无总花梗，密被白毛；花冠红紫色④。荚果表面具网纹。产丹东、鞍山、抚顺、营口、大连、锦州；生于山坡、灌丛及杂木林下。

胡枝子总状花序比叶长，总花梗长4～10厘米；短梗胡枝子总状花序比叶短，近无总花梗。

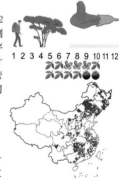

多花胡枝子　铁鞭草　豆科 胡枝子属

Lespedeza floribunda

Many-flower Lespedeza ｜ duōhuāhúzhīzi

　　落叶小灌木②；羽状复叶具3小叶；小叶具柄，倒卵形、宽倒卵形或长圆形，先端微凹、钝圆或近截形，具小刺尖，基部楔形，上面被疏伏毛，下面密被白色伏柔毛；侧生小叶较小。总状花序腋生，总花梗细长，显著超出叶①；花多数；小苞片卵形，花萼5裂，花冠紫红色③，旗瓣椭圆形，先端圆形，基部有柄，翼瓣稍短，龙骨瓣长于旗瓣。荚果宽卵形，超出宿存萼，密被柔毛，有网状脉④。

　　产阜新、朝阳、锦州、葫芦岛。生于石质山坡、林缘及灌丛中。

　　多花胡枝子为落叶小灌木，羽状复叶具3小叶，总状花序，花冠紫红色，荚果宽卵形，有网状脉。

紫穗槐　棉槐　豆科 紫穗槐属

Amorpha fruticosa

Desert False Indigo ｜ zǐsuìhuái

　　落叶灌木；丛生①，小枝灰褐色，被疏毛，后变无毛，嫩枝密被短柔毛。叶互生，奇数羽状复叶，有小叶11～25片，基部有线形托叶；小叶卵形或椭圆形。穗状花序常1至数个顶生和枝端腋生②，密被短柔毛；花有短梗；花萼被疏毛，萼齿三角形，较萼筒短，旗瓣心形，紫色③，无翼瓣和龙骨瓣；雄蕊10，下部合生成鞘，上部分裂，包于旗瓣之中，伸出花冠外。荚果下垂，微弯曲，表面有凸起的疣状腺点④。

　　原产美国，在本省已从人工种植逸为半野生或野生。

　　紫穗槐为落叶丛生灌木，奇数羽状复叶，穗状花序，旗瓣紫色，无翼瓣和龙骨瓣，荚果下垂，微弯曲。

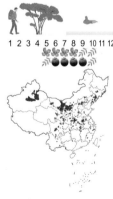

木本植物 复叶

合欢 绒花树 豆科 合欢属

Albizia julibrissin

Silktree | héhuān

落叶乔木；树冠开展①；嫩枝、花序和叶轴被茸毛。托叶线状披针形，较小，早落；二回偶数羽状复叶②，总叶柄近基部及最顶一对羽片着生处各有1枚腺体；羽片4～12对；小叶10～30对，线形至长圆形，向上偏斜。头状花序于枝顶排成圆锥花序；花粉红色③；花萼管状，花冠裂片三角形，花萼、花冠外均被短柔毛；花丝长2.5厘米。荚果带状④，嫩荚有柔毛，老荚无毛。

产大连，全省各地有栽培。生于向阳山坡、灌丛。

合欢为落叶乔木，二回偶数羽状复叶，头状花序，花粉红色，花萼管状，花冠裂片三角形，花丝长，荚果带状，不开裂。

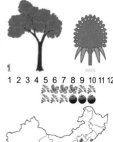

荆条 唇形科/马鞭草科 牡荆属

Vitex negundo var. *heterophylla*

Heterophyllous Chinese Chastetree | jīngtiáo

落叶灌木或小乔木①；掌状复叶，小叶5②，少有3；小叶片长圆状披针形至披针形，边缘有缺刻状锯齿，浅裂以至深裂，表面绿色，背面密生灰白色茸毛；中间小叶长，两侧小叶依次递小。聚伞花序排成圆锥花序式②，顶生，花序梗密生灰白色茸毛；花萼钟状，顶端有5裂齿，外有灰白色茸毛；花冠淡紫色③，外有微柔毛，顶端5裂，二唇形。核果近球形，宿萼接近果实的长度④。

产葫芦岛、朝阳、锦州、沈阳、大连。生于山坡路旁或灌丛中。

荆条为落叶灌木，掌状复叶，小叶5，披针形，边缘有缺刻状锯齿，花冠淡紫色，二唇形，核果近球形。

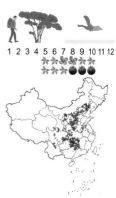

接骨木 宽叶接骨木　五福花科/忍冬科 接骨木属

Sambucus williamsii

Williams's Elderberry ｜ jiēgǔmù

落叶灌木或小乔木①；羽状复叶有小叶2～3对，侧生小叶片卵圆形、狭椭圆形至倒矩圆状披针形①。圆锥形聚伞花序顶生，具总花梗，花序分枝多呈直角开展；花小而密；萼筒杯状，萼齿三角状披针形；花开后白色或淡黄色②。

产本溪、丹东、抚顺、营口、沈阳、鞍山。生于路边、河流附近、灌丛间、石砾地及阔叶疏林中。

相似种：盐麸木【*Rhus chinensis*，漆树科 盐麸木属】落叶小乔木；奇数羽状复叶③，有小叶2～6对，叶轴具宽的叶状翅；小叶无柄。圆锥花序，花萼外面被柔毛，边缘具睫毛，花白色，花瓣倒卵状长圆形④。产葫芦岛、沈阳、大连、营口、本溪；生于向阳山坡、沟谷、溪边的疏林或灌丛中。

接骨木叶轴无翅，花萼外面无毛；盐麸木叶轴具宽的叶状翅，花萼外面有毛。

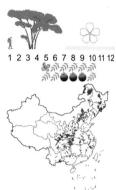

1 2 3 4 5 6 7 8 9 10 11 12

1 2 3 4 5 6 7 8 9 10 11 12

臭檀吴萸　芸香科 吴茱萸属

Evodia daniellii

Bee-bee Tree ｜ chòutánwúyú

落叶乔木①；叶有小叶5～11片，小叶纸质，卵状椭圆形，叶缘有细钝裂齿②；小叶柄长2～6毫米。伞房状聚伞花序③，花序轴及分枝被灰白色或棕黄色柔毛，花蕾近圆球形；萼片及花瓣均5片；萼片卵形；花瓣白色；雄花的退化雌蕊圆锥状，顶部4～5裂，裂片约与不育子房等长；雌花的退化雄蕊约为子房长的1/4，鳞片状。分果瓣紫红色，干后变淡黄或淡棕色，顶端有芒尖，内、外果皮均较薄，内果皮干后软骨质，蜡黄色，每分果瓣有2种子。种子褐黑色，有光泽④。

产大连，省内有栽培；生于山崖及山坡上。

臭檀吴萸为落叶乔木，奇数羽状复叶，伞房状聚伞花序，花蕾近圆球形，花白色，分果瓣紫红色，种子褐黑色，有光泽。

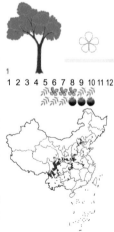

1 2 3 4 5 6 7 8 9 10 11 12

地锦 爬山虎 葡萄科 地锦属
Parthenocissus tricuspidata
Humifuse Sandmat | dìjǐn

落叶木质藤本；卷须5～9分枝，相隔2节间断与叶对生，卷须顶端嫩时膨大，呈圆珠形，后遇附着物扩大成吸盘。叶为单叶，倒卵圆形，边缘有粗锯齿②。花序着生在短枝上，基部分枝，形成多歧聚伞花序，主轴不明显；花蕾倒卵状椭圆形，顶端圆形；萼碟形；花瓣5，长椭圆形。果实球形，有种子1～3颗①。

产丹东、本溪、大连、营口，全省各地有栽培；生于山崖石壁或灌丛中。

相似种：五叶地锦【*Parthenocissus quinquefolia*，葡萄科 地锦属】木质藤本；卷须5～9分枝。叶为掌状5小叶③，小叶倒卵圆形，小叶有短柄。圆锥状多歧聚伞花序，萼碟形，花瓣5，长椭圆形，无毛。果实球形④。产丹东、本溪、大连、营口，全省各地有栽培。

地锦叶为单叶，卷须顶端嫩时膨大，呈圆珠形；五叶地锦叶为复叶，卷须顶端嫩时尖细，卷曲。

南蛇藤 金红树 卫矛科 南蛇藤属
Celastrus orbiculatus
Oriental Bittersweet | nánshéténg

落叶藤本灌木；树皮褐色，皮孔明显。托叶小，脱落；叶通常阔倒卵形，近圆形或长方椭圆形①，边缘具锯齿。聚伞花序腋生，间有顶生，小花1～3朵，偶仅1～2朵，小花梗关节在中部以下或近基部；雄花萼片钝三角形，花瓣倒卵椭圆形或长方形，花盘浅杯状②，裂片浅，顶端圆钝。

产沈阳、抚顺、本溪、丹东、大连、营口、鞍山、阜新、朝阳。生于荒山坡、阔叶林边及灌丛。

相似种：刺苞南蛇藤【*Celastrus flagellaris*，卫矛科 南蛇藤属】落叶藤本灌木；托叶小，钩刺状③；叶互生，阔椭圆形或卵状阔椭圆形③，边缘具纤毛状细锯齿，齿端常具细硬刺状。聚伞花序腋生，花盘浅杯状，绿色④。蒴果球状。产本溪、抚顺、鞍山、丹东、营口、大连；生于山谷、河岸低湿地的林缘或灌丛中。

南蛇藤托叶无钩刺，叶边缘具锯齿；刺苞南蛇藤托叶钩刺状，叶边缘具纤毛状细锯齿，齿端常呈细硬刺状。

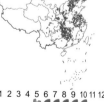

葎草 　勒草 　大麻科/桑科 葎草属
Humulus scandens
Japanese Hop ｜ lǜcǎo

1 2 3 4 5 6 7 8 9 10 11 12

　　一年生或多年生蔓生草本；茎有纵条棱，棱上有倒向短钩刺。单叶，对生；叶片长卵形，掌状5～7深裂①，裂片卵形或卵状披针形，边缘有锯齿，叶上有粗刚毛。雌雄异株，花序腋生，雄花成圆锥花序，有多数黄绿色小花②；萼片5，披针形；雄蕊5，花丝丝状；雌花数朵集成短穗，腋生，无花被③，子房单一，花柱2，上部突起，疏生细毛。果穗绿色，外侧有暗紫斑及长白毛④，瘦果球形，微扁。

　　产全省各地。生于田野、荒地、路旁及居住区附近。

　　葎草为蔓生草本，单叶，对生，掌状5～7深裂，雄花成圆锥花序，雌花数朵集成短穗，瘦果球形，微扁。

竹叶子 　鸡舌草 　鸭跖草科 竹叶子属
Streptolirion volubile
Streptolirion ｜ zhúyèzi

1 2 3 4 5 6 7 8 9 10 11 12

　　多年生攀缘草本；极少茎近于直立①，常于贴地的节处生根。单叶互生，叶柄基部有闭合叶鞘，鞘口通常有长纤毛；叶片心状圆形，有时心状卵形，顶端常尾尖②，基部深心形，上面多少被柔毛。蝎尾状聚伞花序有花1至数朵，集成圆锥状，圆锥花序下面的总苞片叶状，上部的小，卵状披针形；花无梗；萼片顶端急尖；花白色③，花瓣线形，略比萼长。蒴果，顶端有芒状突尖④。

　　产丹东、本溪、铁岭、鞍山、大连、锦州。生于山谷、灌丛、密林下或草地。

　　竹叶子为多年生攀缘草本，叶片心状圆形，蝎尾状聚伞花序，花白色，蒴果顶端有芒状突尖。

辣蓼铁线莲 东北铁线莲 毛茛科 铁线莲属

Clematis terniflora var. *mandshurica*

Manchurian Clematis | làliǎotiěxiànlián

多年生草质藤本；一回羽状复叶，小叶卵形或披针状卵形。圆锥花序，萼片白色②，长圆形至倒卵状长圆形，沿边缘密被白色茸毛。瘦果卵形①。

产本溪、丹东、抚顺、铁岭、鞍山、大连、锦州。生于山坡灌丛、杂木林缘或林下。

相似种：短尾铁线莲【*Clematis brevicaudata*，毛茛科 铁线莲属】圆锥状聚伞花序腋生或顶生；花梗有短柔毛；花萼开展，白色③。产大连、营口、沈阳；生于山坡疏林内林缘及灌丛。**褐毛铁线莲【*Clematis fusca*，毛茛科 铁线莲属】**聚伞花序腋生，花钟状，卵圆形或长方椭圆形，内面淡紫色④。产抚顺、丹东、鞍山、大连；生于山坡林内、林缘、灌丛及草坡上。

褐毛铁线莲花紫色，其余二者花白色；辣蓼铁线莲叶全缘；短尾铁线莲叶边缘疏生粗锯齿或牙齿。

1 2 3 4 5 6 7 8 9 10 11 12

1 2 3 4 5 6 7 8 9 10 11 12

1 2 3 4 5 6 7 8 9 10 11 12

齿翅蓼 蓼科 藤蓼属

Fallopia dentatoalata

Dentate Black Bindweed | chǐchìliǎo

一年生草本；茎缠绕。叶卵形或心形，顶端渐尖，基部心形，全缘①；托叶鞘偏斜，膜质。总状花序腋生或顶生；苞片漏斗状，每苞内具4～5花；花被5深裂，红色；花被片外面3片背部具翅，果时增大，翅通常具齿②，基部沿花梗明显下延；花被果时外形呈倒卵形，花梗细弱。瘦果椭圆形。

产本溪、丹东、抚顺、鞍山、大连、营口、锦州、朝阳。生山坡草丛、山谷湿地及河岸田野。

相似种：篱蓼【*Fallopia dumetorum*，蓼科 藤蓼属】茎缠绕。叶卵状心形，全缘③。花序总状，通常腋生，花被5深裂，淡绿色，花被片椭圆形，外面3片背部具翅，果时增大④，基部微下延；花被果时外形呈圆形。产抚顺、铁岭、锦州、大连、阜新；生于湿草地、沟边、耕地及住宅附近。

齿翅蓼花被红色，果翅具齿，基部沿花梗下延；篱蓼花被淡绿色，果翅近膜质，全缘。

1 2 3 4 5 6 7 8 9 10 11 12

1 2 3 4 5 6 7 8 9 10 11 12

扛板归 梨头刺 蓼科 蓼属

Persicaria perfoliata

Asiatic Tearthumb | kángbǎnguī

　　一年生草本；茎攀缘，多分枝，具纵棱，沿棱具稀疏的倒生皮刺①。叶三角形，顶端钝或微尖，基部截形或心形，薄纸质，上面无毛，下面沿叶脉疏生皮刺；叶柄与叶片近等长②，具倒生皮刺，盾状着生于叶片的近基部；托叶鞘圆形或近圆形，穿叶③。总状花序，苞片卵圆形，每苞片内具花2～4朵；花被5深裂，白色③或淡红色，花被片椭圆形，果时增大，呈肉质，深蓝色④。瘦果球形，包于宿存花被内。

　　产丹东、本溪、鞍山、大连、抚顺、锦州。生于山坡、草地、沟边、灌丛及湿草甸旬。

　　扛板归为一年生草本，茎具倒生皮刺，叶三角形，托叶鞘近圆形，穿叶，花被白色，果时增大，呈肉质，深蓝色。

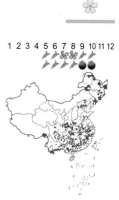

软枣猕猴桃 软枣子 猕猴桃科 猕猴桃属

Actinidia arguta

Hardy Kiwi | ruǎnzǎomíhóutáo

　　大型落叶藤本；髓片层状。叶阔卵形至近圆形，边缘具繁密的锐锯齿。花序腋生或腋外生，苞片线形；花绿白色或黄绿色①，芳香，萼片4～6枚，卵圆形至长圆形；花瓣4～6片，花丝丝状，花药黑色或暗紫色。果圆球形至柱状长圆形，成熟时绿黄色②。

　　产丹东、抚顺、本溪、鞍山、大连、葫芦岛、锦州。生于阔叶林或针阔叶混交林中。

　　相似种：狗枣猕猴桃【*Actinidia kolomikta*，猕猴桃科 猕猴桃属】大型藤本④；叶常变成白色。聚伞花序，花白色③或粉红色，芳香，花瓣5片。果柱状长圆形，无斑点。产丹东、本溪、抚顺、鞍山；生于阔叶林或红松针阔叶混交林中。

　　软枣猕猴桃花绿白色或黄绿色，花药黑色或暗紫色，叶不变色；狗枣猕猴桃花白色或粉红色，花药黄色，叶常变成白色。

盒子草　合子草　葫芦科　盒子草属

Actinostemma tenerum

Actinostemma ｜ hézǐcǎo

柔弱草本；枝纤细。叶形主要为心状戟形，不分裂或仅在基部分裂①。卷须细，二歧。雄花总状，有时圆锥状，花序轴纤弱，苞片线形，花萼裂片线状披针形；花冠裂片披针形，先端尾状钻形②，雄蕊5；雌花单生，双生或雌雄同序。果实绿色，卵形，疏生暗绿色鳞片状凸起，自近中部盖裂。

产沈阳、铁岭、辽阳、营口、锦州。生于水边草丛中。

相似种：假贝母【*Bolbostemma paniculatum*，葫芦科　假贝母属】茎草质，无毛，攀缘状，枝具棱沟。叶柄纤细；叶片卵状，近圆形③。雌雄异株，花黄绿色；花萼与花冠相似，裂片卵状披针形，顶端具长丝状尾④。果实圆柱状。产沈阳、大连；生于山地林下及阳坡林间草甸。

盒子草叶心状戟形，无腺体，果实熟后由近中部盖裂；假贝母叶近圆形，基部裂片顶端有腺体，果实熟后由顶部盖裂。

萝藦　芄兰　夹竹桃科/萝藦科　萝藦属

Metaplexis japonica

Rough Potato ｜ luómó

多年生草质藤本；具乳汁。叶膜质，卵状心形。总状式聚伞花序腋生或腋外生，具长总花梗；总花梗通常着花13～15朵；小苞片膜质，披针形；花蕾圆锥形；花萼裂片披针形，花冠白色②，花冠筒短，花冠裂片披针形；副花冠环状，着生于合蕊冠上。蓇葖果纺锤形，表面有瘤状突起①。

产丹东、本溪、抚顺、沈阳、盘锦、营口、大连。生于山坡草地、耕地、撂荒地及路边。

相似种：变色白前【*Cynanchum versicolor*，夹竹桃科/萝藦科　鹅绒藤属】茎上部缠绕。聚伞花序腋生，近无总花梗，着花10余朵③；花萼外面被柔毛；花冠初呈黄白色，渐变为黑紫色，枯干时呈暗褐色，钟状辐形。蓇葖果单生，宽披针形，向端部渐尖④。产鞍山、营口、大连、锦州、葫芦岛；生于花岗岩石山上的灌丛中及溪流旁。

萝藦花冠白色，蓇葖果表面有突起；变色白前花冠由黄白色渐变为黑紫色，蓇葖果无突起。

鹅绒藤 祖子花　夹竹桃科/萝藦科 鹅绒藤属
Cynanchum chinense
Chinese Swallow-wort　| éróngténg

缠绕草本；全株被短柔毛。叶对生，薄纸质，宽三角状心形①，顶端锐尖，基部心形，叶面深绿色，叶背苍白色。伞形聚伞花序腋生，花冠白色②，裂片长圆状披针形；副花冠二型，杯状，上端裂成10个丝状体，分为两轮，外轮约与花冠裂片等长，内轮略短。蓇葖果双生或仅有1个发育，细圆柱状，向端部渐尖。

产沈阳、鞍山、大连、营口、丹东、朝阳、葫芦岛、阜新。生于灌丛、田边、沙地及路旁。

相似种：白首乌【*Cynanchum bungei*，夹竹桃科/萝藦科 鹅绒藤属】蔓性半灌木；叶戟形，顶端渐尖，基部向两侧扩展，呈耳状深心形。伞形聚伞花序腋生，比叶短；花萼裂片披针形；花冠白色③，副花冠5深裂。蓇葖果单生或双生④。产朝阳、大连、丹东、锦州、葫芦岛；生于山坡、山谷或路边灌丛及岩石缝隙中。

鹅绒藤叶基部心形，不向两侧扩展；白首乌叶基部多少向两侧扩展，呈耳状深心形。

杠柳 番加皮　夹竹桃科/萝藦科 杠柳属
Periploca sepium
Chinese Silkvine　| gàngliǔ

落叶蔓性灌木；全株除花被外均无毛②，有乳汁；小枝通常对生，有细条纹，具皮孔。叶卵状长圆形，顶端渐尖，基部楔形。聚伞花序腋生，着花数朵③；花序梗和花梗柔弱；花萼裂片卵圆形，花萼内面基部有10个小腺体；花冠紫红色④，辐状，花冠筒短，裂片长圆状披针形，中间加厚，呈纺锤形，反折；副花冠环状，10裂；雄蕊着生在副花冠内面，并与其合生。蓇葖果双生，圆柱状①。种子长圆形，顶端具白色绢质种毛。

产本溪、盘锦、营口、大连、抚顺、锦州、阜新、葫芦岛。生于低山丘的林缘、沟坡、河边沙质地。

杠柳为落叶蔓性灌木，茎叶无毛，有乳汁，聚伞花序腋生，花冠紫红色，蓇葖果双生，圆柱状。

藤本植物

菟丝子 中国菟丝子 旋花科 菟丝子属

Cuscuta chinensis

Chinese Dodder | tùsīzǐ

一年生寄生草本；茎缠绕，黄色，纤细，无叶①。花序侧生，少花或多花簇生成小伞形或小团伞花序，近于无总花序梗；苞片及小苞片小，鳞片状；花萼杯状，中部以下连合，裂片三角状，顶端钝；花冠白色②。蒴果球形，几乎全为宿存的花冠所包围。

产东丰、抚顺、沈阳、大连、营口、锦州、朝阳、阜新。寄生于田边、荒地、路旁及灌丛的豆科、菊科、藜科等植物上。

相似种：金灯藤【*Cuscuta japonica*，旋花科 菟丝子属】一年生寄生草本；茎较粗壮，肉质，直径1～2毫米，黄色，常带紫红色瘤状斑点③，多分枝，无叶。花形成穗状花序，花冠钟状，淡红色④或绿白色，裂片卵状三角形。产东丰、本溪、鞍山、大连、锦州；寄生于山坡、草地、路旁等的灌丛或草本植物上。

菟丝子茎纤细，黄色，花冠壶形；金灯藤茎较粗壮，带紫红色瘤状斑点，花冠钟状。

茜草 辽茜草 茜草科 茜草属

Rubia cordifolia

Indian Madder | qiàncǎo

草质攀缘藤本；茎数条至多条①，从根状茎的节上发出，细长，方柱形，有4棱，棱上生倒生皮刺。叶通常4片轮生，纸质，披针形或长圆状披针形，顶端渐尖，有时钝头，基部心形，边缘有齿状皮刺；基出脉3条；叶柄有倒生皮刺。聚伞花序腋生和顶生，多回分枝②，有花10余朵至数十朵，花序和分枝均细瘦，有微小皮刺；花冠淡黄色③，干时淡褐色，花冠裂片近卵形，微伸展。果球形，成熟时紫黑色④。

产丹东、本溪、抚顺、朝阳、锦州。生于林缘、灌丛、路旁、山坡及草地。

茜草为草质攀缘藤本，茎数条至多条，叶通常4片轮生，聚伞花序，花冠淡黄色，果球形，成熟时紫黑色。

羊乳 轮叶党参 桔梗科 党参属

Codonopsis lanceolata

Lance Asia Bell | yángrǔ

多年生草质藤本植物；根常肥大呈纺锤状，植株全体光滑无毛或茎叶偶疏生柔毛，茎缠绕。叶在主茎上的互生，在小枝顶端通常2～4叶簇生，叶片菱状卵形、狭卵形或椭圆形①。花单生或对生于小枝顶端；花萼贴生至子房中部，裂片卵状三角形，花冠阔钟状②，裂片三角状反卷，黄绿色或乳白色，内有紫色斑③；花盘肉质，深绿色。蒴果下部半球状，上部有喙④。种子多数，卵形，有翼，细小，棕色。

产丹东、鞍山、抚顺、本溪、大连、朝阳、锦州。生于山坡林缘、疏林灌丛、溪间及阔叶林内。

羊乳为草质藤本，叶2～4枚簇生于短侧枝末端，作假轮生状，花带紫斑，蒴果半球状，有喙。

赤瓟 赤雹 葫芦科 赤瓟属

Thladiantha dubia

Manchu Tubergourd | chìbó

攀缘草质藤本；全株被黄白色的长柔毛状硬毛①；根块状；茎有棱沟。叶柄稍粗，叶片宽卵状心形②，边缘浅波状，有细齿，基部心形，弯缺深，半圆形。卷须纤细，单一。雌雄异株，雄花有时2～3花生于总梗上，花梗细长，花萼筒极短，花冠黄色③，裂片长圆形，雄蕊5，着生在花萼筒檐部；雌花单生，花梗细，退化雄蕊5，棒状；子房长圆形，花柱分3叉，柱头膨大。果实卵状长圆形，表面橙黄色或红棕色④。

产丹东、本溪、鞍山、抚顺、营口、大连、锦州。生于林缘、田边、村屯住宅旁。

赤瓟为草质藤本，雌雄异株，根块状，茎有棱沟，叶片宽卵状心形，花冠黄色，果实卵状长圆形。

打碗花 常春藤打碗花 旋花科 打碗花属

Calystegia hederacea

Japanese False Bindweed | dǎwǎnhuā

一年生草本；植株通常矮小，茎细，平卧，有细棱①。基部叶片长圆形，基部戟形，上部叶片3裂，中裂片长圆形，侧裂片近三角形，全缘或2～3裂，叶片基部心形或戟形。花腋生，1朵，花梗长于叶柄；苞片宽卵形，萼片长圆形，顶端钝，具小短尖头；花冠淡紫色或淡红色②，钟状，冠檐近截形或微裂。

产沈阳、盘锦、大连、锦州。生于山坡、耕地、撂荒地及路边。

相似种：肾叶打碗花【*Calystegia soldanella*，旋花科 打碗花属】多年生草本；叶肾形，质厚③，顶端具小短尖头，全缘；叶柄长于叶片。苞片宽卵形，外萼片长圆形，内萼片卵形；花冠淡红色④。产大连、营口、葫芦岛；生于海滨沙地或海岸岩石缝中。

打碗花叶戟形，质薄，叶脉不明显，花小；肾叶打碗花叶肾形，质厚，叶脉明显，花大。

藤长苗 旋花科 打碗花属

Calystegia pellita

Hairy False Bindweed | téngchángmiáo

多年生缠绕草本；叶长圆形或长圆状线形，顶端钝圆或锐尖①，基部圆形、截形或微呈戟形。花腋生，单一，花梗短于叶，密被柔毛；苞片卵形，顶端钝①，具小短尖头；萼片长圆状卵形，上部具黄褐色缘毛；花冠淡红色②，漏斗状，瓣中带顶端被黄褐色短柔毛。蒴果近球形。

产沈阳、辽阳、大连、营口、锦州、朝阳、葫芦岛。生于平原路边、田边或山坡草丛。

相似种：田旋花【*Convolvulus arvensis*，旋花科 旋花属】多年生草本；叶卵状长圆形至披针形。花序腋生，总梗生1至多花③；苞片2，线形，花冠宽漏斗形，白色或粉红色，或白色具粉红或红色④，5浅裂。蒴果卵状球形。产大连、辽阳、朝阳、锦州；生于耕地、荒坡草地、村边及路旁。

藤长苗全株被长柔毛，苞片卵形，覆盖花萼；田旋花全株无毛，苞片线状，远离花萼。

牵牛 裂叶牵牛 旋花科 虎掌藤属

Ipomoea nil

Whiteedge Morning Glory | qiānniú

1 2 3 4 5 6 7 8 9 10 11 12

一年生缠绕草本；叶宽卵形或近圆形，基部心形，中裂片长圆形或卵圆形。花腋生，单一或通常2朵着生于花序梗顶，花序梗长短不一，苞片线形或叶状；小苞片线形；萼片近等长，披针状线形，内面2片稍狭；花冠漏斗状，蓝紫色或紫红色①，花冠管色淡。蒴果近球形②。

原产美洲，现由栽培逸为野生，产全省各地。生于山坡灌丛、干燥河谷路边及山地路边。

相似种：圆叶牵牛【*Ipomoea purpurea*，旋花科 虎掌藤属】一年生草本；叶圆心形或宽卵状心形③。花腋生，单一或2～5朵着生于花序梗顶端成伞形聚伞花序，苞片线形，萼片近等长，外面3片长椭圆形，渐尖；花冠漏斗状，紫红色③、红色或白色。蒴果近球形④。原产美洲，现由栽培逸为野生，产全省各地；生于田边、路边、宅旁及山谷林内。

1 2 3 4 5 6 7 8 9 10 11 12

牵牛叶3裂，萼齿线状披针形；圆叶牵牛叶全缘，萼齿叶状披针形。

北鱼黄草 旋花科 鱼黄草属

Merremia sibirica

Woodroses | běiyúhuángcǎo

1 2 3 4 5 6 7 8 9 10 11 12

缠绕草本①；茎圆柱状，具细棱。叶卵状心形②；叶柄基部具小耳状假托叶。聚伞花序腋生，有1～7朵花，花序梗通常比叶柄短，有时超出叶柄，明具棱或狭翅；苞片小，线形；花梗向上增粗；萼片椭圆形，近于相等，顶端明显具钻状短尖头，无毛；花冠淡红色③，钟状，无毛，冠檐具三角形裂片；子房无毛，2室。蒴果近球形④，顶端圆，无毛，4瓣裂。种子4枚或较少，黑色，椭圆状三棱形，顶端钝圆。

产营口、朝阳、辽阳、锦州。生于路边、田边、山地草丛及山坡灌丛。

北鱼黄草为缠绕草本，叶卵状心形，聚伞花序腋生，有1～7朵花，花冠淡红色，蒴果近球形。

藤本植物

穿龙薯蓣 穿山龙 薯蓣科 薯蓣属

Dioscorea nipponica

Chuanlong Yam | chuānlóngshǔyù

缠绕草质藤本；根状茎横生，圆柱形；茎左旋。单叶互生，叶片掌状心形①。雌雄异株，雄花序为腋生的穗状花序；苞片披针形，短于花被；花被碟形，6裂，裂片顶端钝圆；雄蕊6枚，着生于花被裂片的中央，药内向；雌花序穗状，单生②。蒴果成熟后枯黄色，三棱形，顶端凹入。

产丹东、本溪、抚顺、鞍山、营口、葫芦岛、锦州、朝阳。生于林缘、灌丛及沟谷。

相似种：薯蓣【*Dioscorea polystachya*，薯蓣科薯蓣属】缠绕草质藤本；块茎圆柱形；茎通常带紫红色，右旋。单叶③，在茎下部的互生，中部以上的对生，叶片变异大，叶腋内常有珠芽④。雌雄异株，穗状花序，1～3个着生于叶腋。产丹东、大连、葫芦岛、朝阳、锦州；生于向阳山坡林边或灌丛中。

穿龙薯蓣根状茎于地下横走，茎左旋，叶腋内无珠芽；薯蓣块茎圆柱形，茎右旋，叶腋内有珠芽。

蝙蝠葛 山豆根 防己科 蝙蝠葛属

Menispermum dauricum

Asian Moonseed | biānfúgé

草质藤本；叶纸质，轮廓通常为心状扁圆形，边缘有3～9裂；掌状脉9～12条。圆锥花序单生或有时双生，有细长的总梗，有花数朵至20余朵，雄花：萼片4～8，膜质，绿黄色，倒披针形至倒卵状椭圆形，自外至内渐大；花瓣肉质，有短爪②；雌花退化，雄蕊6～12。核果紫黑色①。

产丹东、本溪、抚顺、鞍山、大连、锦州、阜新。生于山沟、路旁、灌丛、林缘及向阳草地。

相似种：木防己【*Cocculus orbiculatus*，防己科木防己属】木质藤本；叶片纸质至近革质，形状变异极大③，边全缘或3裂，掌状脉3。聚伞花序少花④，花瓣6，下部边缘内折，抱着花丝，顶端2裂，裂片叉开，渐尖或短尖。核果近球形，红色至紫红色。产大连；生于灌丛、村边及林缘。

蝙蝠葛为草质藤本，叶盾形，花瓣顶端不裂；木防己为木质藤本，叶三角状卵形，花瓣顶端2裂。

五味子　辽五味　五味子科/木兰科 五味子属

Schisandra chinensis

Five Flavor Berry ｜ wǔwèizǐ

落叶木质藤本②；幼枝红褐色，老枝灰褐色，常起皱纹，片状剥落。叶宽椭圆形或近圆形②，先端急尖，基部楔形；叶柄长1～4厘米。雄花③：花梗长5～25毫米，中部以下具狭卵形苞片，花被片粉白色或粉红色，6～9片，长圆形或椭圆状长圆形，长6～11毫米，宽2～5.5毫米；雌花④：花梗长17～38毫米，花被片和雄花相似；雌蕊群近卵圆形，心皮17～40。聚合果，小浆果红色，近球形或倒卵圆形①。

产本溪、丹东、抚顺、葫芦岛、锦州、营口、大连。生于土壤肥沃湿润的林中、林缘、山沟灌丛间。

五味子为木质藤本，叶宽椭圆形或近圆形，边缘疏生具腺细齿，花单性，粉白色或粉红色，浆果红色。

葎叶蛇葡萄　葡萄科 蛇葡萄属

Ampelopsis humulifolia

Hops Ampelopsis ｜ lǜyèshépútao

落叶木质藤本；枝条粗壮，有皮孔。卷须与叶对生，2叉分枝，相隔2节间断与叶对生。叶为单叶，3～5浅裂或中裂，心状五角形①，边缘有粗锯齿，通常齿尖。多歧聚伞花序与叶对生；花蕾卵圆形，顶端圆形；萼碟形，边缘呈波状；花瓣5，卵椭圆形，外面无毛。果实近球形②，有种子2～4颗。

产本溪、铁岭、阜新、葫芦岛、朝阳、锦州、大连。生于山沟地边、灌丛、林缘及林中。

相似种：山葡萄【*Vitis amurensis*，葡萄科 葡萄属】落叶木质藤本；叶阔卵圆形，3浅裂或中裂，叶基部心形。圆锥花序疏散，花瓣5，花药黄色③。浆果球形或椭圆形，成熟时由深绿色变为蓝黑色④。产全省各地；生于山坡、沟谷林中或灌丛等处。

葎叶蛇葡萄叶初时无蛛丝状茸毛，多歧聚伞花序；山葡萄叶初时疏被蛛丝状茸毛，圆锥花序。

北马兜铃 马斗铃 马兜铃科 马兜铃属

Aristolochia contorta

Northern Dutchman's Pipe | běimǎdōulíng

草质藤本②；叶纸质，卵状心形或三角状心形③，长3~13厘米，宽3~10厘米；叶柄柔弱，长2~7厘米。总状花序有花2~8朵，花梗长1~2厘米；小苞片卵形，花被基部膨大呈球形，向上收狭呈一长管，绿色，管口扩大呈漏斗状；檐部一侧极短，另一侧渐扩大成舌片，顶端弯扭成尾尖，黄绿色④，花药长圆形；合蕊柱顶端6裂，裂片渐尖。蒴果宽倒卵形或椭圆状倒卵形①，6棱；果梗下垂，随果开裂。

产铁岭、抚顺、沈阳、鞍山、辽阳、营口、丹东、大连、阜新、锦州、葫芦岛。生于山沟灌丛间、林缘溪旁灌丛中。

北马兜铃为草质藤本，叶三角状心形，花被檐部具长尾尖，黄绿色，果实椭圆状倒卵形。

牛尾菜 心叶牛尾菜 菝葜科/百合科 菝葜属

Smilax riparia

Riverbank Greenbrier | niúwěicài

攀缘状草质藤本；具根状茎，生有多数细长的根。茎草质，中空，有少量髓，干后有槽，具纵沟。叶互生，有时幼枝上的叶近对生，叶片卵形、椭圆形至矩圆状披针形，具3~5条弧形脉①，下面绿色无毛；叶柄基部具线状卷须1对。花单性，雌雄异株，淡绿色，数朵成伞形花序②，生于叶腋；花序梗稍纤细；花序托膨大；小苞片披针形；雌花较雄花小，花被片6，长圆形③。浆果球形，成熟时黑色④。

产丹东、本溪、鞍山、沈阳、辽阳。攀缘于林下、林缘、灌丛及草丛中。

牛尾菜为攀缘状草质藤本，茎具纵沟，叶背面绿色，伞形花序，花淡绿色，浆果成熟时黑色。

山野豌豆

豆科 野豌豆属

Vicia amoena

Pleasant Vetch | shānyěwāndòu

多年生草本；茎具棱，多分枝，细软，斜升或攀缘。偶数羽状复叶，几无柄，卷须有2～3分枝；托叶半箭头形，小叶4～7对，椭圆形至卵披针形①。总状花序通常长于叶，花10～30朵密集着生于花序轴上部②，花冠红紫色、蓝紫色或蓝色，花期颜色多变。荚果长圆形，两端渐尖，无毛。

产丹东、本溪、抚顺、沈阳、大连、阜新、朝阳、锦州。生于草甸、山坡、灌丛或杂木林中。

相似种：广布野豌豆【*Vicia cracca*，豆科 野豌豆属】多年生草本；偶数羽状复叶，有小叶5～12对互生，披针状线形③，叶轴顶端卷须有2～3分枝。总状花序具10～40朵花，花冠紫色、蓝紫色或紫红色④。荚果长圆形或长圆菱形，种皮黑褐色。产丹东、本溪、抚顺、辽阳；生于山坡、灌丛、草甸、林缘及草地。

山野豌豆有小叶4～7对，椭圆形至卵披针形；广布野豌豆有小叶5～12对，披针状线形。

野大豆

豆科 大豆属

Glycine soja

Wild Soybean | yědàdòu

一年生缠绕草本；全体疏被褐色长硬毛。叶具3小叶①，顶生小叶卵圆形。总状花序通常短，花小，苞片披针形；花萼钟状，裂片5；花冠淡红紫色或白色②，旗瓣近圆形，先端微凹，翼瓣斜倒卵形，有明显的耳，龙骨瓣较被长毛；花柱短而向一侧弯曲。荚果长圆形，稍弯，两侧稍扁。

产全省各地。生于林缘、路旁、灌丛、草地等。

相似种：两型豆【*Amphicarpaea edgeworthii*，豆科 两型豆属】叶具羽状3小叶④，顶生小叶菱状卵形，常偏斜。花二型：生在茎上部的为正常花，花冠淡紫色或白色③；其他为闭锁花，无花瓣，子房伸入地下结实；地上荚果长圆形，扁平④。产丹东、本溪、抚顺、锦州；生于林缘、路旁、灌丛及草地等湿润处。

野大豆全体密被褐色长硬毛，花一型，荚果一型，仅生茎上；两型豆全体无毛，花二型，荚果二型，地上和地下均有。

白屈菜 山黄连　罂粟科 白屈菜属

Chelidonium majus

Greater Celandine　| báiqūcài

多年生草本；叶片倒卵状长圆形或宽倒卵形，羽状全裂①，倒卵状长圆形，叶柄基部扩大成鞘，茎生叶片片渐小。伞形花序多花，花梗纤细，苞片小，卵形；花蕾圆形，萼片倒卵形，早落；花瓣倒卵形，全缘，黄色②；花丝丝状，柱头2裂。蒴果狭圆柱形，具通常比短的柄。

全省广泛分布。生于山谷湿润地、水沟边、住宅附近。

相似种：荷青花【*Hylomecon japonica*，罂粟科荷青花属】多年生草本；茎直立，不分枝。叶羽状全裂，两面无毛。花1～3朵排列成伞房状，顶生，有时也腋生；花蕾卵圆形，萼片卵形③，蕾时覆瓦状排列，花期脱落；雄蕊黄色④，柱头2裂。产丹东、本溪、抚顺、铁岭、鞍山、大连、营口；生于多阴山地灌丛、林下及溪沟。

白屈菜伞形花序多花，有小苞片；荷青花伞房花序有花1～3朵，无苞片。

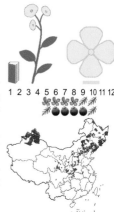

月见草 山芝麻　柳叶菜科 月见草属

Oenothera biennis

Common Evening Primrose　| yuèjiàncǎo

直立二年生草本；基生莲座叶丛紧贴地面；茎生叶椭圆形至倒披针形，边缘每边有5～19枚稀疏钝齿①。花序穗状，不分枝，苞片叶状；花蕾锥状长圆形，花管长2.5～3.5厘米；萼片绿色，有时带红色，长圆状披针形；花瓣黄色②，稀淡黄色，宽倒卵形，花丝近等长。蒴果圆柱状，具4棱。

原产北美，由栽培逸为野生。全省广泛分布。

相似种：花锚【*Halenia corniculata*，龙胆科 花锚属】一年生草本；茎近四棱形。茎生叶椭圆状披针形或卵形。聚伞花序顶生和腋生③；花4数，花萼裂片狭三角状披针形；花冠黄色④，钟形，裂片卵形或椭圆形；先端具小尖头，距长4～6毫米；雄蕊内藏。蒴果卵圆形，淡褐色。产本溪、丹东；生于山坡、草地和林缘。

月见草茎圆柱形，花冠先端无距，蒴果圆柱状；花锚茎四棱形，花冠裂片先端有距，蒴果卵圆形。

葶苈 十字花科 葶苈属

Draba nemorosa

Woodland Draba | tínglì

一年生或二年生草本；茎单一或分枝①，疏生叶片或无叶，但分枝茎有叶片，下部密生单毛、叉状毛和星状毛。基生叶莲座状，长倒卵形，近于全缘；茎生叶长卵形或卵形，边缘有细齿，无柄①。总状花序有花25～90朵，密集成伞房状②，小花梗细；萼片椭圆形，花瓣黄色③，花期后成白色，倒楔形，顶端凹；花药短心形；雌蕊椭圆形，柱头小。短角果长圆形或长椭圆形④，被短单毛；果梗与果序轴成直角开展，或近于直角向上开展。

产丹东、本溪、抚顺、铁岭、沈阳、鞍山、大连。生于田野、路旁、沟边及村屯住宅附近。

葶苈为直立草本，基生叶莲座状，茎生叶互生，长卵形，总状花序有花25～90朵，花瓣黄色，短角果长圆形或长椭圆形。

蓬子菜 蓬子菜拉拉藤 茜草科 拉拉藤属

Galium verum

Yellow Spring Bedstraw | péngzicài

多年生直立草本；茎丛生②，基部稍木质化，四棱形，幼时有柔毛。叶6～10片轮生；无柄；叶片线形，先端急尖，上面稍有光泽，仅下面沿中脉二侧被柔毛，边缘反卷。聚伞花序集成顶生的圆锥花序状①，稍紧密；花序梗有灰白色细毛；花具短柄；萼筒全部与子房愈合，无毛；花冠辐状，淡黄色③，花冠筒极短，裂片4，卵形。双悬果2枚，扁球形④，无毛。

产丹东、本溪、抚顺、沈阳、辽阳、鞍山、大连、锦州、朝阳、阜新。生于林缘、灌丛、路旁、山坡及沙质湿地。

蓬子菜为多年生直立草本，茎丛生，叶线形，6～10片轮生，花淡黄色，裂片4，双悬果2枚，扁球形。

沼生薄菜　　十字花科 薄菜属

Rorippa palustris

Bog Yellowcress　|　zhǎoshēnghàncài

一年生或二年生草本；基生叶多数，具柄；叶片羽状深裂或大头羽裂，裂片3～7对，边缘不规则浅裂或呈深波状①；茎生叶向上渐小，近无柄，叶片羽状深裂或具齿，基部耳状抱茎。总状花序顶生或腋生，果期伸长，花小，多数，黄色或淡黄色②，具纤细花梗；花瓣长倒卵形至楔形，等于或稍短于萼片。短角果近圆柱形，有时稍弯曲。

产辽阳、鞍山、大连、铁岭、沈阳、阜新、锦州、盘锦。生于林缘、灌丛、山坡、路旁、沟边、河边湿地、田间及村屯住宅附近。

相似种：风花菜【*Rorippa globosa*，十字花科薄菜属】一年生至二年生草本；叶片长圆形至倒卵状披针形。总状花序多数，呈圆锥花序式排列③，花小、黄色，具细梗④。短角果近球形，顶端具宿存短花柱。产全省各地；湿地、路旁、沟边或草丛中，也生于干旱处。

沼生薄菜叶羽状深裂，短角果近圆柱形；风花菜叶不裂，短角果近球形。

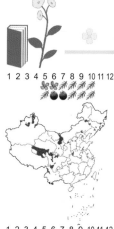

苘麻　　锦葵科 苘麻属

Abutilon theophrasti

Velvet-leaf　|　qíngmá

一年生亚灌木状草本②；茎直立，茎枝被柔毛。单叶，叶互生，圆心形①，先端长渐尖，基部心形，边缘具细圆锯齿，两面均密被星状柔毛；叶柄被星状细柔毛；托叶早落。花单生于叶腋，花梗被柔毛，近顶端具节；花萼杯状，密被短茸毛，裂片5，卵形；花黄色③，花瓣倒卵形，瓣上有明显的脉；雄蕊多数，连合成筒，心皮15～20，具扩展、被毛的长芒2。蒴果半球形，分果爿15～20，被粗毛④。种子肾形，褐色，被星状柔毛。

全省均有分布。生于田野、路旁、荒地及村屯附近。

苘麻为一年生亚灌木状草本，茎枝被柔毛，叶圆心形，花黄色，蒴果半球形，分果爿顶端具长芒2。

马齿苋 马齿苋科 马齿苋属

Portulaca oleracea

Little Hogweed | mǎchǐxiàn

一年生草本；全株无毛。茎平卧或斜倚，伏地铺散，多分枝，圆柱形，淡绿色或带暗红色①。叶互生，有时近对生，叶片扁平，肥厚，倒卵形，似马齿状②，顶端圆钝或平截，有时微凹，基部楔形，全缘，叶柄粗短。花无梗，常3～5朵簇生枝端，午时盛开；苞片2～6，叶状，膜质，近轮生；萼片2，对生，花瓣5，稀4，黄色③，倒卵形。蒴果卵球形，盖裂④。种子细小，多数，偏斜球形，黑褐色，有光泽。

产全省各地。生于菜园、农田、路旁，为田间常见杂草。

马齿苋为一年生草本，茎平卧或斜倚，叶倒卵形，花瓣5，稀4，黄色，倒卵形，蒴果盖裂。

驴蹄草 毛茛科 驴蹄草属

Caltha palustris

Yellow Marsh Marigold | lǘtícǎo

多年生草本；叶片顶端圆形，基部深心形或基部二裂片互相覆压，边缘全部密生正三角形小牙齿①。单歧聚伞花序，萼片5，黄色①，倒卵形或狭倒卵形，顶端圆形。蓇葖果具横脉，具喙②。

产丹东、本溪。生于山谷溪边或湿草甸。

相似种：膜叶驴蹄草【*Caltha palustris* var. *membranacea***，毛茛科 驴蹄草属】**叶近膜质，圆肾形或三角状肾形，基部心形，有时上部边缘的齿浅而钝③。产丹东、本溪、铁岭；生于溪流边湿草地、林下湿地、沼泽及浅水中。**碱毛茛【***Halerpestes sarmentosa***，毛茛科 碱毛茛属】**匍匐茎横走。叶多数；近圆形，边缘有圆齿④。产丹东、铁岭、沈阳；生于盐碱性沼泽地、草甸及河边湿地。

驴蹄草茎直立，叶边缘全部密生正三角形小牙齿；膜叶驴蹄草叶上部边缘的齿浅而钝；碱毛茛茎匍匐横走，叶边缘有圆齿。

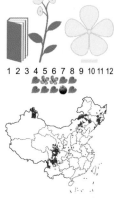

毛茛 毛建草 毛茛科 毛茛属

Ranunculus japonicus

Japanese Buttercup | máogèn

多年生草本；茎直立，中空，有槽，具分枝。基生叶多数，叶片圆心形或五角形，掌状分裂①。聚伞花序有多数花，疏散，萼片椭圆形，生白柔毛；花瓣5②，倒卵状圆形，基部有爪，花托短小，无毛。聚合果近球形，瘦果扁平，上部最宽处与长近相等，约为厚的5倍以上，边缘有棱，喙短直或外弯。

产全省。生于向阳山坡稍湿地、沟边、路旁。

相似种：茴茴蒜【_Ranunculus chinensis_，毛茛科毛茛属】一年生草本；叶为3出复叶，叶片宽卵形至三角形，小叶2～3深裂③，裂片倒披针状楔形。花梗贴生糙毛，花瓣5，宽卵圆形，黄色或上面白色，基部有短爪。聚合果长圆形，瘦果扁平，边缘有棱，喙极短④。产沈阳、抚顺、大连、锦州；生于沟边、路旁、河岸湿地。

毛茛为单split掌状分裂，全株无毛；茴茴蒜为3出复叶，茎叶密生白短毛。

蛇莓 鸡冠果 蔷薇科 蛇莓属

Duchesnea indica

Indian Strawberry | shéméi

多年生草本；匍匐茎多数，有柔毛。小叶片倒卵形至菱状长圆形，具小叶柄；托叶窄卵形。花单生于叶腋①，花梗有柔毛；萼片卵形，先端锐尖，外面有散生柔毛；副萼片倒卵形，比萼片长，先端常具3～5锐齿；花瓣倒卵形，黄色；花托在果期膨大，海绵质，鲜红色②，有光泽。

产丹东、本溪、鞍山。生于山坡、草地、路旁、田埂及沟谷边。

相似种：匍枝委陵菜【_Potentilla flagellaris_，蔷薇科 委陵菜属】多年生草本；茎匍匐，基生叶为掌状5出复叶③，小叶无柄，披针形。单花与叶对生，花梗被柔毛，萼片卵状长圆形，花瓣黄色④，顶端微凹或圆钝。瘦果长圆状卵形，表面呈泡状突起。产朝阳、锦州、沈阳、丹东、铁岭、大连；生于阴湿草地、水泉旁边及疏林下。

蛇莓副萼片比萼片长，花托在果期膨大；匍枝委陵菜副萼与萼片近等长，花托果期不膨大。

路边青 水杨梅 蔷薇科 路边青属

Geum aleppicum

Yellow Avens | lùbiānqīng

多年生草本；茎直立①。基生叶为大头羽状复叶，通常有小叶2～6对，叶柄被粗硬毛，小叶大小极不相等，顶生小叶最大，菱状广卵形或宽扁圆形；茎生叶羽状复叶②，有时重复分裂，向上小叶逐渐减少，茎生叶托叶大。花序顶生，花瓣黄色③，几圆形，比萼片长；萼片卵状三角形，顶端渐尖，副萼片狭小，比萼片短1半多。聚合果倒卵球形，瘦果被长硬毛，花柱宿存部分无毛，顶端有小钩④。

全省广泛分布。生于山坡、林缘、草地、河边及住宅附近。

路边青基生叶为大头羽状复叶，花序顶生，副萼片比萼片短，花托不膨大变色，花柱宿存，顶端有小钩。

蕨麻 鹅绒委陵菜 蔷薇科 委陵菜属

Potentilla anserina

Silverweed | juémá

多年生草本；茎匍匐，在节处生根，常着地长出新植株。基生叶为间断羽状复叶，有小叶6～11对①，小叶对生或互生，椭圆形。单花腋生，被疏柔毛；萼片三角卵形，副萼片椭圆形，常2～3裂，稀不裂，与副萼片近等长或稍短②；花瓣黄色，倒卵形；花柱侧生，小枝状，柱头稍扩大。

产丹东、大连、沈阳、朝阳、锦州、阜新。生于河岸沙质地、路旁、田边及住宅附近。

相似种：蛇含委陵菜【*Potentilla kleiniana*、蔷薇科 委陵菜属】 多年生草本；花茎上升或匍匐，常于节处生根并发育出新植株。基生叶为近于鸟足状5小叶③。聚伞花序密集枝顶呈假伞形，萼片三角卵圆形，副萼片披针形或椭圆披针形④；花瓣黄色。产沈阳、鞍山、大连、锦州；生于疏林下、林缘、山坡、草甸、田边及河岸。

蕨麻基生叶为间断羽状复叶，单花腋生；蛇含委陵菜基生叶为近鸟足状5小叶，花为密集的聚伞花序。

草本植物 花黄色 辐射对称 花瓣五

委陵菜 萎陵菜 蔷薇科 委陵菜属

Potentilla chinensis

Chinese Cinquefoil ｜ wěilíngcài

多年生草本；花茎直立②或上升。基生叶为羽状复叶，有小叶5～15对，叶柄被短柔毛及绢状长柔毛；小叶片对生或互生，上部小叶较长，向下逐渐减小，无柄。伞房状聚伞花序，花梗基部有披针形苞片；萼片三角卵形，副萼片带形；花瓣黄色①，宽倒卵形，顶端微凹，比萼片稍长。

全省广泛分布。生于山坡、林缘、草地、沟边、路旁、河边、灌丛、荒地及住宅附近。

相似种：朝天委陵菜【*Potentilla supina*，蔷薇科 委陵菜属】一年生至二年生草本；茎平展，直立或上升，叉状分枝。基生叶羽状复叶③。花茎上多叶，下部叶腋生，顶端呈伞房状聚伞花序；副萼片比萼片稍长或近等长；花瓣黄色④，倒卵形，顶端微凹。全省广泛分布；生于田边、荒地、河岸沙地、草甸及山坡湿地。

委陵菜有小叶5～15对，副萼片比萼片短1半；朝天委陵菜有小叶2～5对，副萼片与萼片近等长。

莓叶委陵菜 雉子筵 蔷薇科 委陵菜属

Potentilla fragarioides

Strawberry-like Cinquefoil ｜ méiyèwěilíngcài

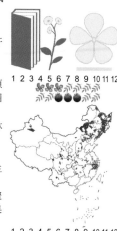

多年生草本植物；基生叶羽状复叶，叶柄被开展疏柔毛，小叶片倒卵形、椭圆形或长椭圆形①，茎生叶小叶与基生叶小叶相似；基生叶托叶膜质，褐色，茎生叶托叶草质，绿色。伞房状聚伞花序顶生，多花，花梗纤细，萼片三角卵形，副萼片长圆披针形，花瓣黄色②，倒卵形。

产全省各地。生于沟边、草地、灌丛及疏林下。

相似种：菊叶委陵菜【*Potentilla tanacetifolia*，蔷薇科 委陵菜属】多年生草本；花茎直立，基生叶羽状复叶，有小叶5～8对③，小叶互生或对生，长圆倒卵状披针形，边缘有缺刻状锯齿。伞房状聚伞花序，花瓣黄色，倒卵形（③右上）。成熟瘦果近肾形。产朝阳、葫芦岛、锦州；生于山坡草地、林缘及草甸。

莓叶委陵菜花茎丛生，大头羽状复叶，有小叶2～3对；菊叶委陵菜茎直立，羽状复叶，有小叶5～8对。

翻白草 翻白委陵菜 蔷薇科 委陵菜属

Potentilla discolor

Discolor Cinquefoil | fānbáicǎo

多年生草本；茎密被白色茸毛。基生叶有小叶2～4对①，小叶对生或互生，无柄；茎生叶托叶膜质，边缘常有缺刻状牙齿，稀全缘。聚伞花序有花数朵至多朵；萼片三角状卵形，副萼片披针形，比萼片短；花瓣黄色，倒卵形②。瘦果近肾形，光滑。

产全省各地。生于荒地、山谷、沟边、山坡草地、草甸及疏林下。

相似种：白萼委陵菜【*Potentilla betonicifolia***，蔷薇科 委陵菜属】**多年生草本；茎初被白色茸毛。基生叶掌状3出复叶③，小叶片无柄，上面绿色，下面密被白色茸毛。聚伞花序圆锥状，萼片三角卵圆形，副萼片披针形或椭圆形，外面被白色茸毛④；花瓣黄色。瘦果有脉纹。产朝阳；生于草原、石质地、岩石缝、岩石及山坡草地上。

翻白草基生叶有小叶2～4对，茎密被白色绵毛；白萼委陵菜基生叶掌状3出复叶，茎初被白色茸毛，以后脱落无毛。

黄海棠 长柱金丝桃 金丝桃科/藤黄科 金丝桃属

Hypericum ascyron

Great St. Johnswort | huánghǎitáng

多年生草本；叶无柄，叶片披针形或狭长圆形，全缘①，坚纸质。花顶生，近伞房状至狭圆锥状，后者包括多数分枝。花平展或外反；花蕾卵珠形，先端圆形或钝形；萼片卵形；花瓣金黄色②，倒披针形，十分弯曲，雄蕊极多数，花柱5。

全省广泛分布。生于山坡、林缘、草丛、向阳山坡溪流及河岸湿草地。

相似种：赶山鞭【*Hypericum attenuatum***，金丝桃科/藤黄科 金丝桃属】**多年生草本；茎直立，全面散生黑色腺点。叶片卵状长圆形，全缘。圆锥花序顶生，萼片卵状披针形，花瓣淡黄色③，长圆状倒卵形，表面及边缘有稀疏的黑腺点④。分布于全省各地；生于石质山坡、灌丛、林缘及半湿草地。

黄海棠植株稍高，花较大，全株无腺点；赶山鞭植株略小，花较小，全株散生黑色腺点。

费菜 土三七 景天科 费菜属

Phedimus aizoon

Fei Cai | fèicài

多年生草本；茎直立，无毛，不分枝①。叶互生，狭披针形、椭圆状披针形至卵状倒披针形，先端渐尖，基部楔形，边缘有不整齐的锯齿；叶坚实，近革质。聚伞花序有多花，水平分枝，平展，下托以苞叶，萼片5，线形，肉质，不等长，先端钝；花瓣5，黄色②，长圆形至椭圆状披针形，有短尖；雄蕊10，较花瓣短；心皮5，卵状长圆形，基部合生，腹面凸出，花柱长钻形。蓇葖果星芒状排列③。

全省广泛分布。生于山地林缘、林下、灌丛中、草地及荒地。

费菜为多年生草本，单叶，肉质，花顶生，花瓣5，黄色，长圆形，有短尖，蓇葖果星芒状排列。

酢浆草 酸浆 酢浆草科 酢浆草属

Oxalis corniculata

Creeping Woodsorrel | cùjiāngcǎo

多年生草本；茎直立或匍匐，匍匐茎节上生根①。叶基生或茎上互生；托叶长圆形或卵形；叶柄基部具关节；小叶3，无柄，倒心形，先端凹入②，基部宽楔形。花单生或数朵集为伞形花序状，腋生，总花梗淡红色，与叶近等长；花梗果后延伸；小苞片2，披针形，萼片5，披针形或长圆状披针形；花瓣5，黄色③，长圆状倒卵形；雄蕊10，花丝白色半透明，花柱5，柱头头状。蒴果长圆柱形，5棱④。

产全省各地。生于林下、灌丛、河岸、路旁、农田。

酢浆草为多年生草本，茎直立或匍匐，复叶3小叶，花腋生，花瓣5，黄色，长圆状倒卵形，蒴果5棱。

蒺藜 刺蒺藜 蒺藜科 蒺藜属

Tribulus terrestris

Puncturevine | jíli

一年生至多年生草本；茎匍匐，由基部生出多数分枝①。偶数羽状复叶，对生，卵形至卵状披针形；小叶5～7对，长椭圆形②。花单生叶腋间，花梗丝状；萼片5，卵状披针形，边缘膜质透明；花瓣5，黄色③，倒卵形；花盘环状；雄蕊10，生于花盘基部，花药椭圆形，花丝丝状；子房上位，卵形，通常5室，花柱短，圆柱形。果实五角形，由5个果瓣组成，果瓣两端有硬尖齿各一对④。

产全省各地。生于沙丘、荒野、草地及路旁。

蒺藜为一年生至多年生草本，茎匍匐，偶数羽状复叶，花单生叶腋，花瓣5，黄色，果实五角形，果瓣有硬尖齿。

北柴胡 柴胡 伞形科 柴胡属

Bupleurum chinense

Chinese Thorowax | běicháihú

多年生草本；茎单一或数茎，上部多回分枝，微作"之"字形曲折①。茎中部叶倒披针形。复伞形花序很多，花序梗细，形成疏松的圆锥状；小总苞片5，披针形；花5～10，花瓣鲜黄色②，上部向内折，中肋隆起，小舌片矩圆形；花柱基深黄色。果广椭圆形，棕色，两侧略扁。

全省广泛分布。生于灌丛、林缘及干燥的石质的山坡上。

相似种：红柴胡【*Bupleurum scorzonerifolium*，伞形科 柴胡属】多年生草本；叶细线形③，基生叶下部略收缩成叶柄。伞形花序自叶腋间抽出，花序多，形成较疏松的圆锥花序；总苞片1～3，极细小，针形；花瓣黄色④。产阜新、朝阳、葫芦岛、锦州、沈阳、大连；生于灌丛、草地及干燥的石质山坡上。

北柴胡叶倒披针形，总苞片披针形；红柴胡叶线形，总苞片极细小，针形。

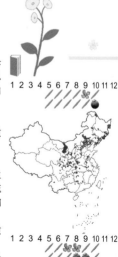

黄连花 黄花珍珠菜 报春花科 珍珠菜属
Lysimachia davurica
Dahurian Yellow Loosestrife | huángliánhuā

多年生草本；具横走的根茎，茎直立，不分枝或有少数分枝。叶对生或3～4枚轮生，椭圆状披针形至线状披针形①，先端锐尖至渐尖，上面绿色，近无毛，下面常带粉绿色，两面均匀散生黑色腺点。总状花序顶生，通常复出而成圆锥花序②；苞片线形；花萼5裂，分裂近达基部，裂片狭卵状三角形；花5数，花冠深黄色③，分裂近达基部，裂片长圆形，先端钝，有明显脉纹；雄蕊比花冠短。蒴果球形，褐色④。

产丹东、抚顺、本溪、鞍山、营口、大连、沈阳、阜新。生于草甸、河岸、林缘及灌丛中。

黄连花为多年生草本，茎圆柱形，叶对生或3～4枚轮生，花5数，花冠深黄色，蒴果球形。

龙牙草 仙鹤草 蔷薇科 龙牙草属
Agrimonia pilosa
Hairy Agrimony | lóngyácǎo

多年生草本；茎直立，被柔毛①。叶为间断奇数羽状复叶，通常有小叶3～4对②，向上减少至3小叶；小叶片倒卵形，边缘有急尖至圆钝锯齿；托叶镰形，边缘有尖锐锯齿或裂片；茎下部托叶有时卵状披针形，常全缘。花序穗状总状顶生，苞片通常深3裂，裂片带形，小苞片对生，卵形，全缘或边缘分裂；花萼片5，三角卵形；花瓣黄色④，长圆形。果实倒卵圆锥形，外面有10条肋，顶端有数层钩刺③。

全省广泛分布。生于荒地沟边、路旁及住宅附近。

龙牙草为多年生草本，间断奇数羽状复叶，托叶镰形，花黄色，果实顶端有数层钩刺。

荇菜 莕菜 睡菜科/龙胆科 荇菜属
Nymphoides peltata
Yellow Floating Heart | xìngcài

多年生水生草本；茎圆柱形，多分枝。上部叶对生，下部叶互生，叶片漂浮①，近革质，圆形或卵圆形。花常多数，簇生节上②，5数；花梗圆柱形；花冠金黄色，分裂至近基部，冠筒短，喉部具5束长柔毛③，裂片宽倒卵形；雄蕊着生于冠筒上；在短花柱的花中，雌蕊长5~7毫米，花柱长1~2毫米，花丝长3~4毫米；在长花柱的花中，雌蕊长7~17毫米，花柱长达10毫米，花丝长1~2毫米。蒴果无柄，椭圆形，宿存花柱④。

产丹东、铁岭、沈阳、盘锦、锦州。生于水坑、池塘及不甚流动的河溪中。

荇菜为多年生水生草本，叶近圆形，花冠金黄色，5裂，裂片边缘呈须状，蒴果椭圆形，不开裂。

败酱 黄花败酱 忍冬科/败酱科 败酱属
Patrinia scabiosifolia
Pincushions-leaf Patrinia | bàijiàng

多年生草本；茎直立。基生叶丛生，花时枯落，卵形、椭圆形或椭圆状披针形；茎生叶对生，宽卵形至披针形，常羽状深裂或全裂。花序为聚伞花序组成的大型伞房花序，顶生，具5~7级分枝①；总苞线形，甚小；苞片小；花小；花冠钟形，黄色。瘦果长圆形，具3棱②，内含扁平种子。

产全省各地。生于森林草原带及山地的草甸子、山坡林下、林缘和灌丛中及田边的草丛中。

相似种：墓头回【*Patrinia heterophylla*，忍冬科/败酱科 败酱属】 多年生草本；基生叶丛生，具长柄；茎生叶对生，茎下部叶常2~6对羽状全裂。顶生伞房状聚伞花序；花黄色③，萼齿5；花冠钟形。瘦果长圆形，翅状果苞干膜质，倒卵形④。产大连、锦州、葫芦岛、朝阳；生于山地岩缝中、草丛中或土坡上。

败酱植株高，花序大，瘦果无翅状苞片；墓头回植株矮，花序较小，瘦果具翅状苞片。

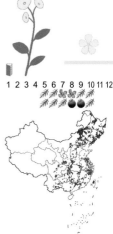

黄花刺茄　茄科 茄属

Solanum rostratum

Buffalobur Nightshade ｜ huánghuācìqié

一年生草本；茎直立，密被长短不等、带黄色的刺④，并有带柄的星状毛。叶互生，叶片卵形或椭圆形，不规则羽状深裂，部分裂片又羽状半裂②，先端钝。蝎尾状聚伞花序腋外生，萼筒密被刺及星状毛，萼片5，线状披针形，密被星状毛；花冠黄色③，辐状，5裂，瓣间膜伸展，花瓣外面密被星状毛；雄蕊5，花药黄色，异型，下面1枚最长，内弯曲成弓形。浆果球形，完全被带有刺及星状毛的、增大的硬萼包被①。

原产北美洲，现已出现在阜新、朝阳、锦州、葫芦岛，为有毒植物。生于农田、村落附近、路旁、河滩。

黄花刺茄为一年生草本，茎叶密被硬刺，蝎尾状聚伞花序，3至10花，浆果被带刺及星状毛的硬萼包被。

少花万寿竹　秋水仙科/百合科 万寿竹属

Disporum uniflorum

Few-flower Fairy Bells ｜ shǎohuāwànshòuzhú

多年生草本；茎直立，上部具叉状分枝。叶矩圆形、卵形、椭圆形至披针形①，先端骤尖或渐尖，基部圆形或宽楔形，有短柄或近无柄。花黄色②，1~5朵着生于分枝顶端；花梗较平滑；花被片近直出，倒卵状披针形，内面有细毛，边缘有乳头状突起，基部具短距；雄蕊内藏，花柱具3裂而外弯的柱头。

产本溪、丹东、葫芦岛。生于林下、灌丛。

相似种：牡丹草【*Gymnospermium microrrhynchum***,** 小檗科 牡丹草属】多年生草本；叶为三出或二回三出羽状复叶③。总状花序顶生，单一，具花5~10朵，上部花梗较短；苞片卵形；花淡黄色④；萼片5~6，倒卵形；花瓣6。蒴果扁球形，5瓣裂至中部。产丹东、本溪。生于山阴坡。

少花万寿竹叶为单叶，1~5朵花着生于分枝顶端；牡丹草为羽状复叶，总状花序具花5~10朵。

顶冰花　朝鲜顶冰花　百合科 顶冰花属

Gagea nakaiana

Yellow Star-of-Bethlehem　｜　dǐngbīnghuā

多年生草本；基生叶1枚，广线形②，扁平，由中部向下渐狭，光滑。花1～10朵集成伞形花序①，花序下具2枚叶状总苞片，下面的1枚大，披针形，上面的1枚小，线形，幼时边缘具柔毛，老时减少；花梗不等长，无毛；花被片6，黄色或黄绿色③，线状披针形，先端尖，边缘白色，膜质；雄蕊6，花丝基部扁平，花药椭圆形；子房椭圆形，花柱光滑，柱头头状。蒴果圆形至倒卵形④，长为宿存花被的2/3。

产丹东、本溪、鞍山、沈阳。生于腐殖质湿润肥沃的山坡、林缘、灌丛、沟谷及河岸草地。

顶冰花为多年生草本，基生叶1枚，条形，总苞片披针形，伞形花序，花黄色或黄绿色，3～5朵，蒴果圆形至倒卵形。

北黄花菜　黄花萱草　阿福花科/百合科 萱草属

Hemerocallis lilioasphodelus

Yellow Daylily　｜　běihuánghuācài

多年生草本；叶基生，2列，条形，基部抱茎①。花葶由叶丛中抽出，花序分枝，常由4至多数花组成假二歧状的总状花序或圆锥花序①；花序基部的苞片较大，花淡黄色或黄色②，芳香，花被裂片外轮3片倒披针形，内轮3片长圆状椭圆形，雄蕊6，子房圆柱形，花柱丝状。蒴果椭圆形。

产锦州、抚顺。生于山坡草地、湿草甸子、草原、灌丛及林下。

相似种：萱草【Hemerocallis fulva，阿福花科/百合科 萱草属**】**叶基生成丛，条状披针形。花葶长于叶，圆锥花序顶生③，有花6～12朵，有小的披针形苞片；花被基部粗短漏斗状，花被6片，开展，向外反卷，边缘稍作波状④；雄蕊6，花丝长，着生于花被喉部。全省有栽培；生于山坡林缘、林下或草甸。

北黄花菜花淡黄色或黄色，边缘无波状；萱草花橘黄色，花被边缘稍作波状。

侧金盏花　冰凉花　毛茛科 侧金盏花属

Adonis amurensis

Amur Adonis | cèjīnzhǎnhuā

多年生草本；茎在基部有数个膜质鳞片。叶在花后长大，茎下部叶有长柄，叶片正三角形，3全裂①，全裂片有长柄，2～3回细裂，末回裂片狭卵形至披针形。萼片9，常带淡灰紫色，长圆形或倒卵形长圆形，与花瓣等长或稍长；花瓣约10枚，黄色②。瘦果倒卵球形，有宿存短花柱。

产丹东、本溪、抚顺、铁岭、鞍山。生于山坡、草甸及林下较肥沃处。

相似种：长瓣金莲花【Trollius macropetalus，毛茛科 金莲花属】 多年生草本；植株全部无毛，茎直立。基生叶2～4枚，有长柄③。萼片5～7片，金黄色④，干时变橙黄色，宽卵形或倒卵形，顶端圆形；花瓣14～22枚，狭线形，顶端渐变狭，常尖锐。产抚顺；生于草甸、湿草地、林缘及林间草地。

侧金盏花果实为瘦果，花萼常带淡灰紫色，果实有毛；长瓣金莲花果实为骨葖果，花萼金黄色，全株无毛。

豆茶山扁豆　山扁豆　豆科 山扁豆属

Chamaecrista nomame

Nomame Senna | dòucháshānbiǎndòu

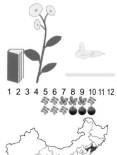

一年生直立草本；茎直立或铺散。偶数羽状复叶①，互生，小叶8～28对，线状长圆形，两端稍偏斜，全缘，两面无毛或微有毛；托叶锥形，宿存；叶柄短。花黄色①，腋生1～2朵；花梗纤细；苞小，锥形或线状披针形；萼片5，披针形；花瓣5，倒卵形。荚果扁平，长圆状条形，两端稍偏斜②。

产丹东、本溪、铁岭、鞍山、大连、沈阳、锦州、葫芦岛。生于林缘、沟边、路边及荒山坡。

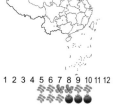

相似种：合萌【Aeschynomene indica，豆科 合萌属】 一年生草本；叶具20～30对小叶，卵形至披针形。总状花序比叶短，花萼膜质，无毛；花冠淡黄色③，具紫色的纵脉纹，易脱落。荚果线状长圆形，荚节4～8，成熟时逐节脱落④。产沈阳、抚顺、营口、丹东、大连；生于田野间稍湿地、向阳草地及河岸沙地。

豆茶山扁豆花黄色，旗瓣小，荚果不分节；合萌花淡黄色，旗瓣大，荚果分节。

大山黧豆 茳芒决明香豌豆 豆科 山黧豆属

Lathyrus davidii

David's Pea | dàshānlìdòu

多年生草本；具块根，茎粗壮，具纵沟，直立或上升①。托叶大，半箭形；小叶2～5对，通常为卵形，全缘。总状花序腋生，有花10余朵，萼钟状，萼齿短小；花深黄色，旗瓣瓣片扁圆形，翼瓣与旗瓣瓣片等长，龙骨瓣瓣片先端渐尖③。荚果线形②。

产丹东、本溪、抚顺、铁岭、鞍山、沈阳、大连、朝阳。生于山坡、草地、林缘及灌丛。

相似种：华黄芪【*Astragalus chinensis***，豆科 黄芪属】**多年生草本；茎直立。奇数羽状复叶，托叶离生；小叶椭圆形至长圆形④。总状花序生多数花，苞片披针形；花萼管状钟形；花冠黄色⑤；子房无毛，具长柄。荚果椭圆形。产铁岭、营口、盘锦、锦州；生于向阳山坡、路旁沙地和草地上。

大山黧豆叶轴末端具分枝的卷须，荚果线形；华黄芪叶轴末端无卷须，荚果椭圆形。

花苜蓿 扁蓿豆 豆科 苜蓿属

Medicago ruthenica

Alfalfa | huāmùxu

多年生草本；茎直立或上升，四棱形。羽状三出复叶①，小叶形状变化很大，长圆状倒披针形，先端截平、钝圆或微凹，中央具细尖。花序伞形，具花4～15朵，总花梗腋生，通常比叶长，挺直；苞片刺毛状；萼钟形；花冠黄褐色，中央有深红色至紫色条纹①。荚果长圆形或卵状长圆形，扁平②。

产阜新、锦州、铁岭、朝阳。生于草原、沙地、河岸及沙砾质土壤的山坡旷野。

相似种：天蓝苜蓿【*Medicago lupulina***，豆科苜蓿属】**多年生草本；羽状三出复叶③，顶生小叶较大，小叶倒卵形。花序小头状，具花10～20朵，花冠黄色③，子房阔卵形，花柱弯曲，胚珠1粒。荚果肾形，表面具同心弧形脉纹④，熟时变黑。产朝阳、阜新、锦州、大连、沈阳；生于路旁、沟边、荒地及田边。

花苜蓿花冠黄褐色，有深红色至紫色条纹，荚果扁平；天蓝苜蓿花冠黄色，无条纹，荚果肾形。

草木樨　黄花草木樨　豆科 草木樨属

Melilotus officinalis

Yellow Sweetclover ｜ cǎomùxī

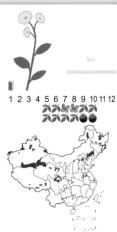

　　二年生草本；茎直立，粗壮，多分枝①。羽状三出复叶；托叶镰状线形；叶柄细长；小叶倒卵形至线形，侧脉8～12对，平行直达齿尖。总状花序腋生，具花30～70朵②，初时稠密，花开后渐疏松，花序轴在花期显著伸展；苞片刺毛状；花小；花梗与苞片等长或稍长；萼钟形，萼齿三角状披针形；花冠黄色③，旗瓣倒卵形，与翼瓣近等长，龙骨瓣稍短或三者均近等长。荚果卵球形④，先端具宿存花柱。

　　原产西亚，由栽培逸为野生，产朝阳、阜新、鞍山、锦州、沈阳。生于田边、草地、路旁及住宅附近。

　　草木樨为二年生草本，总状花序腋生，花后疏松排列，花黄色，荚果卵球形，先端具宿存花柱。

黄花列当　列当科 列当属

Orobanche pycnostachya

Yellow-flower Broomrape ｜ huánghuālièdāng

　　二年生至多年生寄生草本；叶卵状披针形或披针形①。花序穗状，圆柱形，顶端锥状，具多数花②；苞片卵状披针形，花萼2深裂至基部，每裂片又2裂；花冠黄色③，筒中部稍弯曲，在花丝着生处稍上方缢缩，向上稍增大，上唇2浅裂，偶见顶端微凹，下唇长于上唇，3裂，中裂片常较大，全部裂片近圆形；雄蕊4枚，花丝着生于距筒基部，花药长卵形，花柱稍粗壮。蒴果长圆形④。种子多数，干后黑褐色，长圆形。

　　产沈阳、鞍山、铁岭、锦州、阜新。寄生于山坡、草地、灌丛、疏林等地的蒿属植物根上。

　　黄花列当为二年生至多年生寄生草本，叶卵状披针形或披针形，花序穗状圆柱形，花冠黄色，蒴果长圆形。

阴行草　刘寄奴　列当科/玄参科　阴行草属

Siphonostegia chinensis

Chinese Siphonostegia　|　yīnxíngcǎo

一年生草本；直立，上部多分枝。叶对生，叶片厚纸质，广卵形。花对生于茎枝上部，构成稀疏的总状花序①，苞片叶状，较萼短；花梗短，有一对小苞片，线形；花萼管具10条主脉，齿5枚；花冠上唇红紫色，下唇黄色②，上唇镰状弓曲，下唇顶端3裂，裂片卵形。蒴果被包于宿存的萼内。

产沈阳、铁岭、阜新、朝阳、锦州、营口、大连。生于山坡沙质地、荒地及路旁。

相似种：大黄花【*Cymbaria daurica*，列当科/玄参科　大黄花属】多年生草本；茎多条自根茎分枝顶部发出，成丛③。叶对生，线形至线状披针形。总状花序顶生，花冠黄色③。蒴果革质，长卵圆形④。产朝阳、葫芦岛、阜新；生于山坡、荒地、林缘及草甸。

阴行草茎单一，花冠上唇红紫色，下唇黄色，果实包于宿萼内；大黄花茎丛生，花冠黄色，果实露出宿萼。

腋花莛子藨　波叶莛子藨　忍冬科　莛子藨属

Triosteum sinuatum

Horse Gentian　|　yèhuātíngzibiāo

多年生草本；茎直立，被开展的细刚毛和腺毛。单叶，卵形或卵状椭圆形①，基部下延，与相邻叶合生，茎贯穿其中，全缘，茎中下部的叶常具2～3缺刻，表面绿色，疏被伏毛，背面沿叶脉密被软毛和腺毛。花腋生②，通常2花，基部具2绿色小苞片；花萼5裂，裂片狭披针形，密被腺毛；花冠二唇形，上唇4裂，下唇1枚，淡黄绿色，内面带紫色。核果，卵球形，被腺毛，花萼宿存③。

产本溪、丹东、抚顺、铁岭。生于山坡、林缘、灌丛及林下。

腋花莛子藨为多年生草本，叶卵状椭圆形，花腋生，二唇形，淡黄绿色，内面带紫色。

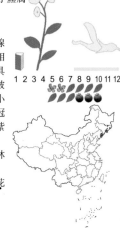

水金凤　灰菜花　凤仙花科　凤仙花属

Impatiens noli-tangere

Yellow Balsam | shuǐjīnfèng

一年生草本；茎肉质②，下部节常膨大。叶互生，叶片卵状椭圆形，边缘有粗圆齿状齿；叶柄纤细，最上部的叶柄更短或近无柄。总花梗具2～4花，花梗中上部有1枚苞片，苞片披针形；花黄色①；侧生2萼片卵形或宽卵形，先端急尖，旗瓣圆形或近圆形，翼瓣无柄，2裂，下部裂片小，上部裂片宽斧形，近基部散生橙红色斑点；唇瓣宽漏斗状，喉部散生橙红色斑点③，基部渐狭成内弯的距。蒴果线状圆柱形④。

产丹东、本溪、抚顺、鞍山、营口、锦州、葫芦岛、朝阳。生于山沟溪流旁、林中、林缘湿地及路旁。

水金凤为一年生草本，茎肉质，叶互生，花黄色，喉部散生橙红色斑点，有内弯的距，蒴果线状圆柱形。

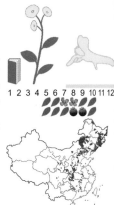

小黄紫堇　罂粟科　紫堇属

Corydalis raddeana

Radde's Fumewort | xiǎohuángzǐjǐn

基生叶少数，具长柄，叶片轮廓三角形或宽卵形，二至三回羽状分裂①。总状花序顶生和腋生，有5～20花，排列稀疏，花瓣黄色，距圆筒形，末端略下弯。蒴果圆柱形，种子排成1列②。

产丹东、本溪、抚顺、鞍山、大连、锦州。生于杂木林下或水沟边。

相似种：珠果黄堇【*Corydalis speciosa*，罂粟科紫堇属】多年生草本；下部茎生叶具柄，上部的近无柄，叶片狭长圆形，二回羽状全裂。总状花序生茎和腋生枝的顶端，密具多花③，苞片披针形至菱状披针形；花金黄色；萼片小，近圆形；内花瓣顶端微凹。蒴果线形，念珠状，具1列种子④。产丹东、本溪、鞍山、大连、葫芦岛、朝阳、锦州；生于林下、林缘、坡地、河岸石砾地及水沟边。

小黄紫堇距末端略下弯，蒴果圆柱形，不缢缩；珠果黄堇距末端钩状弯曲，蒴果线形，念珠状。

黄花乌头　黄乌拉花　　毛茛科 乌头属

Aconitum coreanum

Korean Monk's Hood　|　huánghuāwūtóu

　　多年生草本；块根倒卵球形或纺锤形。茎下部叶在开花时枯萎，中部叶具稍长柄，叶柄具狭鞘；叶片宽菱状卵形，3全裂，全裂片细裂①。顶生总状花序短，有2~7花②，下部苞片羽状分裂，其他苞片不分裂，线形；萼片淡黄色，上萼片船状盔形或盔形③，外缘在下部缩缢，喙短，侧萼片斜宽倒卵形，下萼片斜椭圆状卵形。蓇葖果直立④，椭圆形，具三条纵棱，表面稍皱，沿棱具狭翅。

　　分布于山区各市县。生于干燥荒草甸子、石砾质山坡、山坡草丛、疏林及灌丛间。

　　黄花乌头为多年生草本，叶宽菱状卵形，全裂，顶生总状花序，萼片淡黄色，上萼片船状盔形，蓇葖果直立。

天麻　　兰科 天麻属

Gastrodia elata

Tall Potato Orchid　|　tiānmá

　　多年生腐生草本；根状茎肥厚，肉质。茎直立，橙黄色①，无绿叶，下部被数枚膜质鞘。总状花序通常具30~50朵花，花扭转，橙黄色②；萼片和花瓣合生成近斜卵状圆筒形的花冠筒。

　　产抚顺、鞍山、营口、丹东、本溪、大连、锦州。生于针阔叶混交林、杂木林的林下及林缘。

　　相似种：山兰【*Oreorchis patens*，兰科 山兰属】叶1~2枚，线形或狭披针形。总状花序，花黄褐色至淡黄色，唇瓣白色并有紫斑③。产抚顺、鞍山、本溪、丹东；生于林下、林缘、灌丛及沟谷。

角盘兰【*Herminium monorchis*，兰科 角盘兰属】具2~3枚叶，狭椭圆形披针形或狭椭圆形。总状花序具多数花，花小，黄绿色④。产抚顺、本溪、鞍山、营口、朝阳；生于山坡阔叶林至针叶林下、灌丛下、山坡草地及河滩沼泽草地中。

　　天麻茎橙黄色，无绿叶；山兰茎绿色，有绿叶1~2枚，线形或狭披针形；角盘兰茎绿色，有绿叶2~3枚，狭椭圆状披针形或狭椭圆形。

狼耙草 夜叉头　菊科 鬼针草属

Bidens tripartita

Threelobe Beggarticks ｜ lángpácǎo

一年生草本；叶对生，下部叶片羽状分裂①。头状花序单生茎端及枝端，总苞盘状，条形或匙状倒披针形，先端钝②，内层苞片长椭圆形或卵状披针形；托片条状披针形；无舌状花，全为筒状两性花，花药基部钝，花丝上部增宽。瘦果，顶端芒刺通常2枚，两侧有倒刺毛。

产沈阳、大连、盘锦、辽阳、鞍山、抚顺。生于水边湿地、沟渠及浅水滩，亦生于路边荒野。

相似种：大狼耙草【*Bidens frondosa*，菊科 鬼针草属】一年生草本；叶对生，具柄，羽状复叶，小叶披针形，边缘有粗锯齿③。头状花序，总苞钟状，外层苞片通常8枚，披针形或匙状倒披针形，叶状④，边缘有缘毛，内层苞片膜质，无舌状花，筒状花两性。产全省各地；生于田野湿润处。

狼耙草叶片锯齿较密，总苞近等长，无毛；大狼耙草叶片具粗锯齿，总苞不等长，有缘毛。

小花鬼针草 细叶刺针草　菊科 鬼针草属

Bidens parviflora

Small-flower Beggartick ｜ xiǎohuāguǐzhēncǎo

一年生草本；叶对生，2～3回羽状分裂，最后一次裂片条形，上部叶互生，二回或一回羽状分裂①。头状花序单生茎端及枝端，总苞筒状，外层苞片4～5枚，草质，条状披针形②，边缘被疏柔毛，内层苞片稀疏，常仅1枚；无舌状花，盘花两性，花冠筒状。瘦果条形，顶端芒刺2枚，有倒刺毛。

产丹东、本溪、抚顺、铁岭、大连、锦州、朝阳。生于山坡、草地、林缘及田野。

相似种：欧洲千里光【*Senecio vulgaris*，菊科 千里光属】一年生草本；叶无柄，羽状浅裂至深裂③。头状花序，总苞钟状，总苞片线形；舌状花阙如，管状花多数，花冠黄色，檐部漏斗状，裂片卵形，附片卵形；花药颈部细。瘦果圆柱形，冠毛白色④。产沈阳、铁岭、盘锦；生于开旷山坡、草地及路旁。

小花鬼针草叶对生，2～3回羽状分裂，瘦果上有芒刺；欧洲千里光叶互生，羽状浅裂至深裂，瘦果上无芒刺。

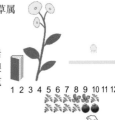

旋覆花 日本旋覆花 菊科 旋覆花属

Inula japonica

Japanese Yellowhead | xuánfùhuā

多年生草本；茎单生，基部叶花期枯萎；中部叶长圆形，基部多少狭窄，常有圆形半抱茎的小耳，无柄；上部叶渐狭小，线状披针形①。头状花序，多数或少数排列成疏散的伞房花序②；花序梗细长；总苞半球形，总苞片约6层，线状披针形③，外层基部草质，有缘毛，内层除绿色中脉外干膜质，有腺点和缘毛；舌状花黄色，舌片线形④；管状花黄色，有冠毛1层，白色，有20余微糙毛，与管状花近等长。瘦果圆柱形。

全省广泛分布。生于山坡、路旁、湿草地、河岸及田埂上。

旋覆花为多年生草本，叶披针形，无柄，头状花序，排列成疏散的伞房花序，花黄色，瘦果圆柱形。

欧亚旋覆花 菊科 旋覆花属

Inula britannica

Linear-leaf Yellowhead | ōuyàxuánfùhuā

多年生草本；茎直立，单生或2~3个簇生。基部叶在花期常枯萎，长椭圆形或披针形，下部渐狭成长柄；中部叶长椭圆形，基部宽大，无柄，心形或有耳，半抱茎①。头状花序1~5个，生于茎端或枝端，总苞半球形，总苞片外4~5层，外层线状披针形，内层披针状线形②；舌状花舌片线形，黄色。

产丹东、本溪、铁岭、沈阳、营口、鞍山。生于山沟旁湿地、湿草甸子、林缘或盐碱地上。

相似种：线叶旋覆花【*Inula linariifolia***，菊科旋覆花属】**多年生草本；叶线状披针形，下部渐狭成长柄，边缘常反卷③，下面有腺点，中脉在上面稍下陷；中部叶渐无柄，上部叶渐狭小。头状花序在枝端单生或3~5个排列成伞房状④。产丹东、本溪、抚顺、沈阳、鞍山、大连；生于山坡、路旁、路旁及河岸。

欧亚旋覆花叶长椭圆形或披针形，基部半抱茎；线叶旋覆花叶线状披针形，下面边缘常反卷。

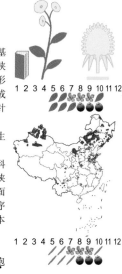

野菊 少花野菊 菊科 菊属

Chrysanthemum indicum

Indian Chrysanthemum | yějú

多年生草本；有长或短的地下匍匐茎，茎枝被稀疏的毛。基生叶和下部叶花期脱落，中部茎叶卵形、长卵形或椭圆状卵形，羽状半裂、浅裂①。头状花序，多数在茎枝顶端排成疏松的伞房圆锥花序或少数在茎顶排成伞房花序②，苞片边缘白色或褐色宽膜质；舌状花黄色。

产抚顺、丹东、沈阳、铁岭、葫芦岛、锦州。生于山坡草地、灌丛、河边水湿地、田边及路旁。

相似种：甘菊【*Chrysanthemum lavandulifolium*，菊科 菊属】多年生草本；茎叶卵形、宽卵形或椭圆状卵形，二回羽状分裂③。头状花序，多数，通常在茎枝顶端排成疏松或稍紧密的复伞房花序④，总苞碟形；花黄色。产朝阳、锦州、大连、抚顺、鞍山、葫芦岛、本溪、丹东；生于山坡、岩石上、河谷、河岸及荒地。

野菊叶羽状半裂、浅裂，伞房花序紧密；甘菊叶为二回羽状分裂，伞房花序排列疏松。

金盏银盘 菊科 鬼针草属

Bidens biternata

Biternate Beggartick | jīnzhǎnyínpán

一年生草本；茎直立。羽状复叶①，顶生小叶卵形至长圆状卵形或卵状披针形，边缘具稍密且近于均匀的锯齿。头状花序，花序梗果时伸长；总苞基部有短柔毛，外层苞片8～10枚，条形；舌状花通常3～5朵②。瘦果条形，黑色，具四棱，两端稍狭，被小刚毛，顶端具倒刺毛。

产丹东、本溪、鞍山、大连、葫芦岛。生于山坡、草地、林缘、田野、路边及荒地中。

相似种：婆婆针【*Bidens bipinnata*，菊科 鬼针草属】一年生草本；叶对生，二回羽状分裂③，小裂片三角状或菱状披针形，具1～2对缺刻或深裂，顶生裂片狭。头状花序④，总苞杯形，外层苞片5～7枚。瘦果略扁，具瘤状突起及小刚毛。产丹东、锦州、葫芦岛；生于路边荒地、山坡、田间及海边湿地。

金盏银盘叶为一回羽状复叶，外层苞片8～10枚；婆婆针为二回羽状分裂，外层苞片5～7枚。

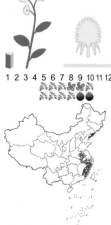

蹄叶橐吾 肾叶橐吾 菊科 橐吾属

Ligularia fischeri

Fischers Ragwort | tíyètuówú

多年生草本；丛生叶与茎下部叶具柄，叶片肾形，边缘有整齐的锯齿①。总状花序，苞片卵形或卵状披针形，向上渐小，先端具短尖，边缘有齿；花序梗细；头状花序多数，辐射状；小苞片狭披针形至线形；总苞钟形，舌状花黄色②，舌片长圆形；管状花多数，冠毛红褐色。

产丹东、本溪、抚顺、鞍山。生于水边、草甸子、山坡、灌丛中、林缘及林下。

相似种:无缨橐吾【*Ligularia biceps***，菊科 橐吾属】**多年生草本；叶柄光滑，中部以上具宽翅；叶片卵形至圆形，先端钝圆，边缘具波状齿或全缘③，基部心形；叶脉羽状，网脉明显。头状花序辐射状，常排列成伞房状④，总苞钟形，在果时呈杯状；舌状花黄色④。产丹东；生于山坡草地、林缘。

蹄叶橐吾叶柄基部鞘状，冠毛红褐色；无缨橐吾叶柄光滑，中部以上具宽翅，冠毛阙如。

额河千里光 羽叶千里光 菊科 千里光属

Senecio argunensis

Argun Groundsel | éhéqiānlǐguāng

多年生根状茎草本；茎单生，直立②，中部茎叶较密集，无柄①，全形卵状长圆形，羽状全裂至羽状深裂，边缘具1~2齿或狭细裂，基部具狭耳或撕裂状耳；上部叶渐小，顶端较尖，羽状分裂。头状花序有舌状花，多数，排列成顶生复伞房花序；花序梗细，有苞片和数个线状钻形小苞片；总苞近钟状，苞片约10，总苞片约13；舌状花10~13，舌片黄色③，长圆状线形；管状花多数，花冠黄色。瘦果圆柱形，冠毛淡白色④。

产全省各地。生于山坡草地、林缘及灌丛间。

额河千里光为多年生草本，叶无柄，羽状全裂至羽状深裂，头状花序，有舌状花多数，花冠黄色。

草本植物 花黄色 小而多 组成头状花序

狗舌草 丘狗舌草 菊科 狗舌草属

Tephroseris kirilowii

Kirilow's Groundsel | gǒushécǎo

多年生草本；茎单生，近莲状，被密白色蛛丝状毛①。基生叶数枚，莲座状；下部叶倒披针形，两面被密或疏白色蛛丝状茸毛。头状花序3～11个排列成伞房花序，总苞近圆柱状钟形，总苞片18～20个，披针形或线状披针形；舌状花13～15个，舌片黄色②，长圆形；管状花多数，花冠黄色，檐部漏斗状。

产全省各地。生于坡地、向阳地及草地。

相似种：湿生狗舌草【*Tephroseris palustris*，菊科 狗舌草属】一年生至二年生草本；茎叶无柄，长圆形披针形或披针状线形③。头状花序排列成密至疏顶生伞房花序，花序梗被密腺状柔毛；舌状花20～25个，舌片浅黄色④，顶端钝；管状花多数，花冠黄色。产丹东、盘锦；生于沼泽及潮湿地或水池边。

狗舌草茎叶被密或疏白色蛛丝状茸毛，有舌状花13～15个；湿生狗舌草茎叶无毛，有舌状花20～25个。

日本毛连菜 兴安毛连菜 菊科 毛连菜属

Picris japonica

Japanese Oxtongue | rìběnmáoliáncài

多年生草本；基生叶花期枯萎，下部茎叶倒披针形或椭圆状倒披针形①，两面被分叉的钩状硬毛；中部披针形，无柄；上部茎叶渐小。头状花序多数，在茎枝顶端排成伞房花序，有线形苞叶；总苞圆柱状钟形，总苞片3层，黑绿色，外层线形②，先端渐尖，内层长圆状披针形或线状披针形，边缘宽膜质，全部总苞片外面被近黑色的硬毛；舌状小花黄色③，舌片基部被稀疏的短柔毛。瘦果椭圆形，冠毛污白色④。

产沈阳、大连、抚顺、丹东、营口、铁岭。生于山坡、林缘、荒地、河岸、路旁及村屯附近。

日本毛连菜为多年生草本，叶两面被分叉的钩状硬毛，总苞片外面被近黑色的硬毛，舌状小花黄色。

中华苦荬菜 山苦荬菜 菊科 苦荬菜属

Ixeris chinensis

Chinese Ixeris | zhōnghuákǔmǎicài

多年生草本；茎单生或簇生。基生叶长椭圆形、倒披针形、线形或舌形，全缘①；茎生叶2～4枚，长披针形或长椭圆状披针形。头状花序通常在茎枝顶端排成伞房花序，含舌状小花21～25枚，总苞圆柱状，总苞片3～4层，外层及最外层宽卵形，内层长椭圆状倒披针形；舌状小花黄色②。

全省分布。生于山野、田间、荒地及路旁。

相似种：黄瓜菜【Crepidiastrum denticulatum，菊科 假还阳参属】一年生至二年生草本；中下部茎叶琴状卵形、椭圆形或披针形，不分裂③，有宽翼柄，基部圆形；上部茎叶向基部渐宽，基部耳状扩大抱茎。头状花序多数，含15枚舌状小花，黄色④。产丹东、本溪、抚顺、鞍山、营口、大连、锦州；生于山坡、林缘、撂荒地、杂草地。

中华苦荬菜茎叶长披针形，舌状小花21～25枚；黄瓜菜茎叶琴状卵形，舌状小花15枚。

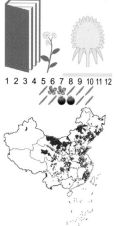

尖裂假还阳参 菊科 假还阳参属

Crepidiastrum sonchifolium

Sowthistle-leaf Ixeris | jiānlièjiǎhuányángshēn

多年生草本；茎单生，直立。基生叶莲座状，匙形、长倒披针形或长椭圆形，边缘有锯齿，顶端圆形或急尖；中下部茎叶长椭圆形、匙状或披针形，基部心形或耳状抱茎①。头状花序，在茎枝顶端排成伞房花序或伞房圆锥花序，总苞圆柱形；总苞片3层，全部总苞片外面无毛；舌状小花黄色②。瘦果长椭圆形，黑色，冠毛白色，微糙毛状。

全省广泛分布。生于山坡、林缘、撂荒地、杂草地及村屯附近。

相似种：山柳菊【Hieracium umbellatum，菊科 山柳菊属】多年生草本；中上部茎叶边缘有稀疏的尖犬齿③。头状花序少数或多数，总苞黑绿色，钟状，全部总苞片顶端急尖，有时基部被星状毛；舌状小花黄色④。产沈阳、朝阳、鞍山、大连、丹东、本溪、抚顺；生于山坡、草甸、林缘及林下。

尖裂假还阳参叶基部抱茎，总苞片外面无毛；山柳菊叶基部不抱茎，总苞片被星状毛。

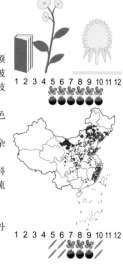

翼柄翅果菊 翼柄山莴苣 菊科 莴苣属

Lactuca triangulata

Triangular Lettuce | yìbǐngchìguǒjú

二年生或多年生草本；茎直立①。叶三角状戟形，基部肾状凹缺，锐尖头，边缘具波状牙齿，基部下延成翼状柄①；叶柄基部扩展，半抱茎；茎中部以上叶向上渐小，三角状卵形或菱形。头状花序排列成狭圆锥状，总苞圆柱形或筒状钟形，果期较宽，总苞片3～4层，覆瓦状排列；舌状花黄色②。

产丹东、本溪、辽阳。生于林下、林缘草地。

相似种：野莴苣【*Lactuca serriola*，菊科 莴苣属】一年生草本；茎枝无毛，有时有白色茎刺。叶倒向羽状或羽状浅裂、半裂或深裂③；全部叶或裂片边缘有细齿或刺齿或细刺，下面沿中脉有刺毛。头状花序多数，舌状小花15～25枚，黄色④。瘦果倒披针形，压扁，有喙。产朝阳、阜新、锦州；多生于山谷以及河漫滩。

翼柄翅果菊叶三角状戟形，基部下延成翼状柄；野莴苣茎枝无毛，叶倒向羽状或羽状裂，下面沿中脉有刺毛。

华北鸦葱 菊科 鸦葱属

Scorzonera albicaulis

White-stem Scorzonera | huáběiyācōng

多年生草本；茎单生或少数茎生成簇生。基生叶与茎生叶同形，线形、宽线形或线状长椭圆形，全缘，3～5出脉①。头状花序在茎枝顶端排列伞房花序，总苞圆柱状；总苞片约5层，外层三角状卵形或卵状披针形，中内层椭圆状披针形、长椭圆形至宽线形；舌状小花黄色②。瘦果圆柱状，有高起的纵肋。

全省广泛分布。生于山坡、林缘及灌丛。

相似种：桃叶鸦葱【*Scorzonera sinensis*，菊科 鸦葱属】多年生草本；基生叶宽卵形、线状长椭圆形或线形，边缘皱波状③；茎生叶少数，鳞片状。头状花序单生茎顶，总苞片顶端钝或急尖；舌状小花黄色④。产朝阳、锦州、葫芦岛、丹东、沈阳、大连；生于山坡、丘陵地、沙丘、荒地及灌木林下。

华北鸦葱全株有绵毛，叶宽线形、全缘；桃叶鸦葱全株无毛，叶椭圆卵形，边缘皱波状。

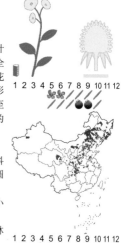

苦苣菜　苦菜　菊科 苦苣菜属

Sonchus oleraceus

Common Sowthistle　|　kǔjùcài

一年生或二年生草本；基生叶羽状深裂，长椭圆形或倒披针形；中下部茎叶羽状深裂①，椭圆形或倒披针形，基部急狭成翼柄。头状花序在茎枝顶端排成紧密的伞房花序，总苞宽钟状；总苞片3～4层，无毛或有少数具柄的头状腺毛；舌状小花多数，黄色②。

全省广泛分布。生于山野、田间、荒地、路旁及村屯附近。

相似种：长裂苦苣菜【*Sonchus brachyotus*，菊科苦苣菜属】多年生草本；基生叶与下部茎叶长椭圆形或倒披针形，羽状深裂、半裂或浅裂，极少不裂③；中上部茎叶与基生叶和下部茎叶同形。头状花序在茎枝顶端排成伞房状花序。总苞钟状，外面光滑无毛。舌状小花多数，黄色④。产全省各地；生于田间、路旁、撂荒地。

苦苣菜叶羽状深裂，全叶均匀分裂，总苞片外面有腺毛；长裂苦苣菜叶有疏缺刻，上部不裂，总苞片外面无毛。

东北蒲公英　菊科 蒲公英属

Taraxacum ohwianum

Dandelions　|　dōngběipúgōngyīng

多年生草本；叶倒披针形，先端尖或钝，全缘或边缘疏生齿。花莛多数①，花期超出叶或与叶近等长，微被疏柔毛，近顶端处密被白色蛛丝状毛；头状花序，外层总苞片花期伏贴，内层总苞片长于外层2倍，先端无角状突起；舌状花黄色，边缘花舌片背面有紫色条纹。瘦果麦秆黄色，冠毛污白色②。

产沈阳、抚顺、本溪、丹东、大连、锦州。生于田间、路旁、山野、撂荒地。

相似种：蒲公英【*Taraxacum mongolicum*，菊科蒲公英属】多年生草本；叶倒卵状披针形或长圆状披针形，边缘具波状齿或羽状深裂③，顶端裂片较大。花莛1至数个，外层总苞片边缘宽膜质，基部淡绿色，上部紫红色，先端增厚或具角状突起④；舌状花黄色。全省广泛分布；生于田间、路旁、山野、撂荒地。

东北蒲公英花莛多数，外层总苞片花期伏贴；蒲公英花莛1至数个，外层总苞片先端具角状突起。

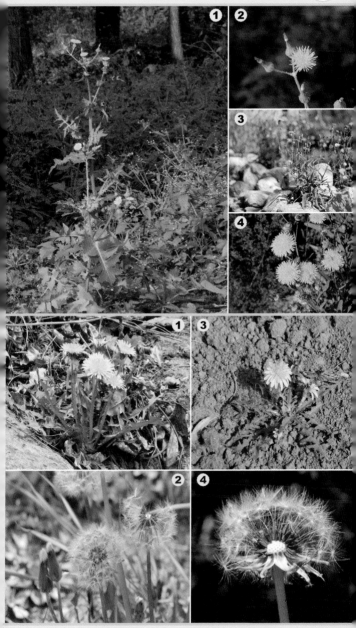

草本植物 花白色 辐射对称 花瓣二

水珠草 露珠草 柳叶菜科 露珠草属
Circaea canadensis subsp. *quadrisulcata*
Enchanter's Nightshade | shuǐzhūcǎo

多年生草本；叶矩圆状卵形，基部近心形①，先端短渐尖至长渐尖，边缘具锯齿。单总状花序或基部具分枝，花梗与花序轴垂直，被腺毛；基部无小苞片；萼片通常紫红色②；花瓣倒心形，通常粉红色，先端凹缺，蜜腺伸出于花管之外。果实梨形②，基部通常不对称地渐狭至果梗，果上具明显纵沟。

产丹东、本溪、抚顺、铁岭、鞍山、大连、营口、锦州。生于林缘、灌丛及疏林下。

相似种：露珠草【*Circaea cordata*，柳叶菜科 露珠草属】多年生草本；茎、叶密被柔毛和腺毛，叶狭卵形，边缘具锯齿至近全缘③。总状花序，萼片淡绿色，先端钝圆形，花瓣白色④，倒卵形至阔倒卵形。产丹东、鞍山、本溪、抚顺、营口；生于林缘、灌丛及疏林下。

水珠草茎、叶无毛，萼片紫红色；露珠草茎、叶密被柔毛和腺毛，萼片淡绿色。

野慈姑 狭叶慈姑 泽泻科 慈姑属
Sagittaria trifolia
Three-leaf Arrowhead | yěcígu

多年生水生或沼生草本；挺水叶箭形①，叶片长短、宽窄变异很大，通常顶裂片短于侧裂片，顶裂片与侧裂片之间缢缩。花葶直立，挺水；花序总状或圆锥状；花单性，外轮花被片椭圆形或广卵形，内轮花被片白色②，基部收缩，雌花通常1～3轮，雄花多轮，雄蕊多数，花药黄色。瘦果两侧压扁，具翅（②左上）。

全省分布。生于湖泊、沼泽、稻田及沟渠。

相似种：东方泽泻【*Alisma orientale*，泽泻科 泽泻属】多年生草本；挺水叶宽披针形，先端渐尖，基部近圆形或浅心形③。花序具3～9轮分枝，每轮分枝3～9枚；花两性，外轮花被片卵形，内轮花被片近圆形，白色④；心皮排列不整齐，花柱直立。产全省大部；生于湖泊、稻田、沟渠及沼泽中。

野慈姑叶箭形，花序1～3轮分枝，花单性；东方泽泻叶宽披针形，花序具3～9轮分枝，花两性。

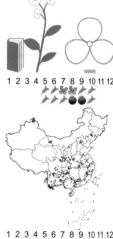

水鳖 马尿花　水鳖科 水鳖属

Hydrocharis dubia

Frogbit　|　shuǐbiē

　　浮水草本；匍匐茎发达。叶簇生，多漂浮，有时伸出水面①；叶片心形或圆形，全缘②；叶脉5条。雄花序腋生，佛焰苞2枚，膜质，苞内雄花5~6朵，每次仅1朵开放，萼片3，离生，长椭圆形，花瓣3，黄色，与萼片互生，广倒卵形或圆形，雄蕊12枚，呈4轮排列；雌佛焰苞小，苞内雌花1朵，花大，萼片3，先端圆，花瓣3，白色③，基部黄色，广倒卵形至圆形。果实浆果状，球形至倒卵形④。

　　产沈阳、铁岭、锦州、辽阳。生于湖泊及静水池沼中。

　　水鳖为浮水草本，有匍匐茎，叶簇生，浮于水面，花单性，果实浆果状，球形至倒卵形。

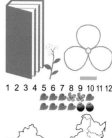

荠 荠菜　十字花科 荠属

Capsella bursa-pastoris

Shepherd's Purse　|　jì

　　一年生或二年生草本；茎直立。基生叶丛生呈莲座状，大头羽状分裂；茎生叶窄披针形或披针形①，边缘有缺刻或锯齿。总状花序顶生及腋生，萼片长圆形；花瓣白色，卵形，有短爪。短角果倒三角形或倒心状三角形，扁平②，顶端微凹，裂瓣具网脉。种子2行，长椭圆形，浅褐色。

　　产全省各地。生于山坡、路旁、沟边、田间及村屯住宅附近。

　　相似种：垂果南芥【*Arabis pendula***，十字花科南芥属】**二年生草本；茎下部的叶长椭圆形至倒卵形，边缘有浅锯齿③。总状花序顶生或腋生，有花十几朵；萼片椭圆形；花瓣白色，匙形④。长角果线形，弧曲，下垂。产丹东、本溪、抚顺、鞍山、大连、锦州；生于林缘、灌丛、山坡、路旁、沟边、河边湿地、田间及村屯住宅附近。

　　荠叶羽状分裂，短角果倒三角形或倒心状三角形，直立；垂果南芥叶不分裂，长角果线形，弧曲，下垂。

白花碎米荠　山芥菜　十字花科 碎米荠属

Cardamine leucantha

White-flower Bittercress　|　báihuāsuìmǐjì

多年生草本；茎单一，密被短绵毛或柔毛。基生叶有长叶柄，小叶2~3对①。总状花序顶生，花后伸长，萼片长椭圆形，边缘膜质，外面有毛；花瓣白色，长圆状楔形；花丝稍扩大；柱头扁球形。长角果线形②，果梗直立开展。

产丹东、本溪、抚顺、铁岭、锦州、鞍山。生于山坡湿草地、林下及山谷沟边阴湿处。

相似种：弯曲碎米荠【*Cardamine flexuosa*，十字花科 碎米荠属】一年生至二年生草本；茎自基部多分枝。叶有叶柄，小叶3~7对④，有小叶柄。总状花序多数，生于枝顶，花小，花梗纤细；萼片长椭圆形，边缘膜质；花瓣白色，倒卵状楔形③。长角果线形，扁平，与果序轴近于平行排列。产盘锦、锦州、大连；生于田边、路旁及草地。

白花碎米荠茎密被短绵毛，花瓣长于萼片；弯曲碎米荠茎无毛，花瓣等于或小于萼片。

异叶轮草　车叶草　茜草科 拉拉藤属

Galium maximoviczii

Maximowicz's Bedstraw　|　yìyèlúncǎo

多年生草本；茎直立，具4角棱。叶纸质，每轮4~8片，长圆形①、椭圆形、卵形或卵状披针形，通常3脉。聚伞花序顶生和生于上部叶腋，疏散，再组成大而开展的顶生圆锥花序②，花多而稍疏，花梗纤细；花冠白色，钟状，花冠裂片4③，长圆形，顶端稍尖，与冠管等长或稍短；雄蕊具短的花丝，着生在冠管的中部；花柱短，柱头球形。果无毛，有小颗粒状突起，果爿近球形，双生或单生④，果柄纤细。

产抚顺、鞍山、本溪、丹东、大连、锦州、葫芦岛、朝阳。生于山地、旷野、林边。

异叶轮草叶4~8片轮生，聚伞花序顶生和生于上部叶腋，花冠白色，钟状，果爿近球形。

长梗百蕊草 珍珠草 檀香科 百蕊草属

Thesium chinense

Long-stalked Thesium | chánggěngbǎiruǐcǎo

多年生柔弱草本；全株多少被白粉，无毛。茎细长，簇生，基部以上疏分枝，斜升，有纵沟。叶线形①，顶端急尖或渐尖，具单脉。花单一，5数，腋生②；花梗长达8毫米；苞片1枚，线状披针形；小苞片2枚，线形，边缘粗糙；花被绿白色③，花被管呈管状，花被裂片，顶端锐尖，内弯，内面的微毛不明显；雄蕊不外伸。坚果椭圆状或近球形④，淡绿色，表面有明显隆起的网脉，顶端的宿存花被近球形。

产丹东、抚顺、沈阳、鞍山、大连、营口、锦州、葫芦岛。生于干燥石质山坡的林缘、灌丛、荒地、草地及沙地。

长梗百蕊草为多年生柔弱草本，花较小，花被绿白色，花梗长达8毫米，坚果椭圆状或近球形，表面有网脉。

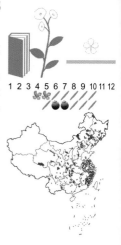

毛蕊卷耳 寄奴花 石竹科 卷耳属

Cerastium pauciflorum var. oxalidiflorum

Woodsorrel-flower Chickweed | máoruǐjuǎn'ěr

多年生草本；全株有毛。茎通常单一，叶无柄，下叶较小，倒披针形，基部渐狭；中部茎生叶渐大，广披针形或卵状披针形，上叶较小，多为卵状披针形①。二歧聚伞花序；花较小，花梗密被短腺毛；花瓣白色②，倒披针状长圆形，基部边缘疏生睫毛，先端圆，不分裂。蒴果圆筒形，齿片呈盘旋状向外反卷。

产本溪、抚顺。生于林下、林缘及河边。

相似种：种阜草【**Moehringia lateriflora**，石竹科 种阜草属】多年生草本；叶近无柄，叶片椭圆形或长圆形③。聚伞花序顶生或腋生，花序梗细长，花梗细，密被短毛；萼片卵形或椭圆形，无毛，顶端钝，边缘白膜质；花瓣白色，椭圆状倒卵形，顶端钝圆④。产本溪、丹东、铁岭；生于林缘、路旁、荒地。

毛蕊卷耳为二歧聚伞花序，花瓣有褶皱；种阜草聚伞花序顶生或腋生，花瓣无褶皱。

蔓孩儿参

蔓假繁缕　石竹科 孩儿参属

Pseudostellaria davidii

David's Pseudostellaria ｜ mànhái'érshēn

多年生草本；茎匍匐，细弱。叶片卵形或卵状披针形②，边缘具缘毛。花单生于茎中部以上叶腋，萼片5，披针形，外面沿中脉被柔毛；花瓣5，白色，长倒卵形；雄蕊10，花药紫色。蒴果宽卵圆形，稍长于宿存萼①。

产丹东、本溪、鞍山、大连、朝阳、锦州。生于山地混交林下湿润地、杂木林下岩石旁阴湿地。

相似种：孩儿参【*Pseudostellaria heterophylla*，石竹科 孩儿参属】多年生草本；茎下部叶常1～2对，叶片倒披针形③，上部叶2～3对。开花受精花1～3朵，腋生或呈聚伞花序，萼片5，狭披针形，花瓣5，白色④，长圆形或倒卵形，顶端2浅裂；闭花受精花具短梗。产省内山区各市；生于林下、林缘灌丛中。

蔓孩儿参开花后茎匍匐，多分枝，花单生于叶腋；孩儿参茎直立，聚伞花序具1～3朵花。

繁缕

石竹科 繁缕属

Stellaria media

Common Stitchwort ｜ fánlǚ

一年生至二年生草本，茎多分枝，带淡紫红色。叶卵形①，先端尖，基部渐窄，全缘；下部叶具柄；上部叶常无柄。聚伞花序顶生，或单花腋生，萼片5，卵状披针形，先端钝圆；花瓣5②，短于萼片，2深裂近基部；雄蕊3～5，短于花瓣；花柱短线形。蒴果卵圆形，稍长于宿萼，顶端6裂。

产大连、丹东、本溪。生于山坡、路旁、果园、住宅周围、田间及林缘。

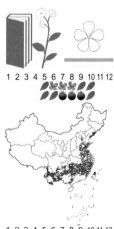

相似种：叉歧繁缕【*Stellaria dichotoma*，石竹科 繁缕属】多年生草本；茎多次二歧分枝③，被腺毛或柔毛。叶卵形或卵状披针形。花顶生或腋生，萼片5；花瓣5④，倒披针形，与萼片近等长，顶端2裂至1/3或中部。蒴果宽卵圆形，短于宿萼，6齿裂。产锦州；生于干山坡、山坡石隙间、沙丘上和沙质草原。

繁缕茎多分枝，花瓣短于萼片，2深裂近基部；叉歧繁缕茎多次二歧分枝，花瓣与萼片近等长，顶端2裂至1/3或中部。

鹅肠菜 石竹科 鹅肠菜属

Myosoton aquaticum

Giant Chickweed | échángcài

多年生草本；茎外倾或上升，上部被腺毛；叶对生，卵形①，边缘波状；叶柄长0.5～1厘米，上部叶常无柄；花白色，聚伞花序顶生或腋生，苞片叶状，边缘具腺毛；花梗细，密被腺毛；萼片5，卵状披针形，被腺毛；花瓣5，2深裂至基部②，裂片披针形；花柱5，线形；蒴果卵圆形，较宿萼稍长，5瓣裂至中部，裂瓣2齿裂。

产丹东、本溪、抚顺、鞍山、大连、沈阳、营口、葫芦岛、朝阳。生于路旁、荒地、田间、田边及住宅附近。

相似种：雀舌草【*Stellaria alsine***，石竹科 繁缕属】**二年生草本，全草光滑无毛；叶无柄，叶片披针形至长圆状披针形。聚伞花序通常具3～5花；萼片5，花瓣5，白色，短于萼片或近等长③，2深裂几达基部，裂片条形，钝头。蒴果卵圆形，与宿存萼等长或稍长④。产丹东、抚顺、沈阳、大连、鞍山、盘锦、营口、锦州。生于田间、溪岸或潮湿地。

鹅肠菜茎部有腺毛，下部叶有叶柄，花柱5；雀舌草全草光滑无毛，叶无柄，半抱茎，花柱3。

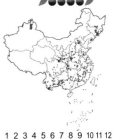

长蕊石头花 长蕊丝石竹 石竹科 石头花属

Gypsophila oldhamiana

Oldham's Baby's-breath | chángruǐshítouhuā

多年生草本；茎数个由根颈处生出，二歧或三歧分枝①，开展，老茎常红紫色。叶片近革质，稍厚，长圆形②，顶端短凸尖，基部稍狭，两叶基相连成短鞘状，微抱茎，脉3～5条。伞房状聚伞花序较密集③，花梗直伸，无毛或疏生短柔毛；苞片卵状披针形；花萼钟形或漏斗状；花瓣白色或粉红色④，倒卵状长圆形，顶端截形或微凹，长于花萼1倍。蒴果卵球形，顶端4裂。

产丹东、本溪、抚顺、铁岭、沈阳、鞍山、大连、营口、锦州、葫芦岛、朝阳。生于山坡草地、灌丛、沙滩乱石间及海滨沙地。

长蕊石头花为多年生草本，叶片近革质，微抱茎，伞房状聚伞花序较密集，花瓣白色或粉红色，种子近肾形。

女娄菜 桃色女娄菜 石竹科 蝇子草属

Silene aprica

Heliophilous Silene | nǚlóucài

一年生或二年生草本；全株密被短柔毛①，茎直立，由基部分枝。叶对生，上部无柄，下面叶具短柄；叶片线状披针形至披针形②，先端急尖，基部渐窄，全缘。聚伞花序2~4分歧，小聚伞2~3花③，萼管长卵形，具10脉，先端5齿裂；花瓣5，白色④或淡红色，倒披针形，先端2裂，基部有爪，喉部有2鳞片；雄蕊10，略短于花瓣；子房上位，花柱3条。蒴果椭圆形，先端6裂，外围宿萼与果近等长④。

产丹东、本溪、鞍山、大连、铁岭、锦州、阜新。生于平原、丘陵、山地、山坡草地及旷野路旁。

女娄菜为一年生或二年生草本，全株密被短柔毛，叶倒披针形，圆锥花序，花瓣白色或淡红色，蒴果椭圆形。

紫斑风铃草 吊钟花 桔梗科 风铃草属

Campanula punctata

Spotted Bellflower | zǐbānfēnglíngcǎo

多年生草本；全体被刚毛，具细长而横走的根状茎；茎直立，粗壮，通常在上部分枝①。基生叶具长柄，叶片心状卵形；茎生叶下部的有带翅的长柄，上部的无柄，三角状卵形至披针形，边缘具不整齐钝齿。花顶生于主茎及分枝顶端，下垂③，花萼裂片长三角形，裂片间有一个卵状至卵状披针形而反折的附属物，它的边缘有芒状长刺毛；花冠白色，带紫斑②，筒状钟形，裂片有睫毛。蒴果半球状倒锥形④。

产沈阳、锦州、抚顺、本溪、丹东、鞍山、大连。生于林缘、灌丛、山坡及路边草地。

紫斑风铃草为多年生草本，全体被刚毛，花下垂，花冠白色，带紫斑，筒状钟形，蒴果半球状倒锥形。

曼陀罗 洋金花　茄科 曼陀罗属

Datura stramonium

Jimsonweed　｜ màntuóluó

草本或半灌木状；茎粗壮。叶广卵形，顶端渐尖①，基部不对称楔形，边缘有不规则波状浅裂，裂片顶端急尖。花单生于枝杈间或叶腋，直立，花萼筒状，筒部有5棱角，两棱间稍向内陷，基部稍膨大，顶端紧围花冠筒，5浅裂，裂片三角形；花冠漏斗状，下半部带绿色，上部白色③或淡紫色②，檐部5浅裂，裂片有短尖头；雄蕊不伸出花冠，子房密生柔针毛。蒴果直立，卵状，表面生有坚硬针刺④。

原产里海地区，由栽培逸为野生。产沈阳、本溪、大连、营口、葫芦岛、朝阳、锦州；生于住宅旁、路边或草地上。

曼陀罗为草本或半灌木状，茎粗壮，叶广卵形，花冠漏斗状，檐部5浅裂，蒴果直立，4瓣裂。

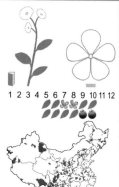

龙葵 苦葵　茄科 茄属

Solanum nigrum

Black Nightshade　｜ lóngkuí

一年生或多年生草本；茎无棱或棱不明显，绿色或紫色。叶卵形，基部楔形而下延至叶柄①，全缘。蝎尾状花序腋外生，花常小，浅杯状，齿卵圆形；花冠白色②，筒部隐于萼内，冠檐5深裂，裂片卵圆形；花丝短，花药黄色，顶孔向内；子房卵形，柱头小。浆果球形，熟时黑色。

产全省各地。生于林缘、山坡草地、路旁、田间及住宅附近。

相似种：日本散血丹【*Physaliastrum echinatum*，茄科 散血丹属】多年生草本；叶卵形或阔卵形③。花常2～3朵生于叶腋或枝腋，俯垂，花萼短钟状，疏生长柔毛和不规则分散三角形小鳞片；花冠钟状，5浅裂④。浆果球形，被果萼包围，果萼近球状。产丹东、本溪、抚顺、锦州、葫芦岛；生于山坡草丛中及杂木林下、林缘。

龙葵为蝎尾状花序，浆果熟时黑色；日本散血丹花常2～3朵生于叶腋或枝腋，浆果熟时绿色。

挂金灯 茄科 酸浆属

Physalis alkekengi **var.** *francheti*

Franchet's Groundcherry | guàjīndēng

多年生草本，茎直立，节稍膨大，单叶互生，叶片长卵形至广卵形或菱状卵形，基部广楔形，先端渐尖。花单生于叶腋，直立，花后向下弯曲，花萼钟状，绿色，被柔毛，萼齿三角形，花冠辐状，白色，5浅裂①；果萼卵状，膨胀成灯笼状，橙红色至火红色，薄革质，网脉显著，具10纵肋，顶端萼齿闭合②。

产沈阳、抚顺、本溪、鞍山、营口、丹东、大连、铁岭、锦州。生于林缘、山坡草地、路旁、田间及住宅附近。

相似种：毛酸浆【*Physalis philadelphica***，茄科 酸浆属】**一年生草本，茎生柔毛。叶宽卵形③，基部歪斜心形，边缘通常有不等大的尖牙齿。花萼钟状，花冠淡黄色，喉部具紫色斑纹④。果萼卵状，顶端萼齿闭合，浆果球形，黄色。原产美洲，沈阳、鞍山、铁岭、锦州、抚顺有栽培或逸为野生。生于草地或田边路旁。

毛酸浆花冠喉部具紫色斑纹，果萼成熟时绿色；挂金灯花冠喉部为黄绿色斑纹，果萼成熟时橙红色。

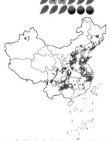

镜叶虎耳草 朝鲜虎耳草 虎耳草科 虎耳草属

Saxifraga fortunei **var.** *koraiensis*

Korean Saxifrage | jìngyèhǔ'ěrcǎo

多年生草本；叶均基生，具长柄①，叶片肾形至近心形，先端钝或急尖，基部心形，7～11浅裂，浅裂片近圆卵形②，具掌状达缘脉序；叶柄被长腺毛。花葶被红褐色卷曲长腺毛，多歧聚伞花序圆锥状③，苞片狭三角形，反曲，近卵形；花瓣白色至淡红色④，5枚，其中3枚较短，卵形，1枚较长，狭卵形，另1枚最长，狭卵形，先端渐尖或稍渐尖；花丝棒状；子房卵球形，花柱2。蒴果弯垂。

产丹东、本溪、鞍山、辽阳。生于林下、溪边岩隙及高山岩石缝隙中。

镜叶虎耳草为多年生草本，茎直立，叶片肾形，花瓣5枚，白色至淡红色，3枚短，2枚长，蒴果弯垂。

水茫草 玄参科 水茫草属

Limosella aquatica

Water Mudwort | shuǐmángcǎo

　　一年生水生或湿生草本；匍匐茎①，根簇生，须状而短。叶基出，簇生成莲座状，具长柄，叶片宽条形或狭匙形②，钝头、全缘，多少带肉质。花3～10朵自叶丛中生出，花梗细长，花萼钟状，膜质，萼齿卵状三角形，顶端渐尖；花冠白色或带红色，辐射状钟形，花冠裂片⑤③，矩圆形或矩圆状卵形，顶端钝；雄蕊4枚，花丝大部贴生；花柱短，柱头头状，有时稍有凹缺。蒴果卵圆形④。

　　产铁岭、辽阳、锦州。生于河岸、溪旁及林缘湿草地等处，有时浮于水中。

　　水茫草为一年生水生或湿生草本，匍匐茎，无直立茎，叶宽条形或狭匙形，花冠辐射状钟形，白色或带红色，蒴果卵圆形。

野西瓜苗 香铃草 锦葵科 木槿属

Hibiscus trionum

Flower of an Hour | yěxīguāmiáo

　　一年生草本；茎柔软，被白色星状粗毛。叶二型，下部叶圆形，上部叶掌状3～5深裂，通常羽状全裂①；叶柄被星状粗硬毛和星状柔毛；托叶线形，被粗长硬毛。花单生于叶腋②，小苞片12，线形，基部合生；花萼钟形，淡绿色，裂片5，膜质，具纵向紫色条纹，中部以上合生；花淡黄色至白色，内面基部紫色③，花瓣5，倒卵形，外面疏被极细柔毛；花丝纤细，花药黄色；花柱5。蒴果长圆状球形，被粗硬毛，果室5④。

　　全省广泛分布。生于路旁、荒地、田间、田边及住宅附近。

　　野西瓜苗为一年生草本，叶掌状深裂，花萼钟形，淡绿色，花淡黄色至白色，内面紫色，蒴果长圆状球形。

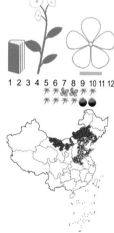

地梢瓜 地梢花 夹竹桃科/萝藦科 鹅绒藤属

Cynanchum thesioides

Thesium-like Swallow-wort | dìshāoguā

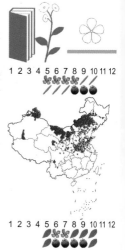

落叶直立半灌木；茎自基部多分枝。叶对生或近对生，具短柄或近无柄；叶线形①，基部楔形，先端尖，表面绿色，背部色淡，中脉隆起。伞形聚伞花序腋生，花萼外面被柔毛，萼齿披针形；花冠绿白色，5深裂，裂片长圆状披针形；蓇葖果纺锤形，先端渐尖，中部膨大②。

全省广泛分布。生于山坡、沙丘、干旱山谷、荒地、田边及滨海沙地。

相似种：潮风草【*Cynanchum ascyrifolium***，夹竹桃科/萝藦科 鹅绒藤属】**多年生草本；叶对生或四叶轮生③，薄膜质，椭圆形或宽椭圆形。伞形聚伞花序顶生及腋生，着花10～12朵，花冠白色，副花冠杯状，5裂，裂片卵形。蓇葖果单生，披针形④，长渐尖，外果皮具柔毛。产本溪、丹东、抚顺、鞍山、辽阳；生于疏林下向阳处、山坡草地上及沟边。

地梢瓜叶线形，蓇葖果纺锤形，中部膨大；潮风草叶椭圆形，蓇葖果披针形，长渐尖。

拐芹 拐芹当归 伞形科 当归属

Angelica polymorpha

Chinese Angelica | guǎiqín

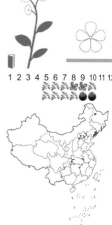

多年生草本；叶2～3回三出式羽状分裂①，叶片轮廓为卵形，茎上部叶简化为无叶或带有小叶、略膨大的叶鞘，第一回和第二回裂片有长叶柄，末回裂片有短柄或近无柄，卵形或菱状长圆形，3裂。复伞形花序②，伞辐11～20，开展，上举，总苞片1～3或无，狭披针形；小苞片7～10，狭线形③，紫色；花瓣匙形至倒卵形，白色②，渐尖，顶端内曲。果实长圆形，基部凹入，背棱和侧棱有翅④。

产丹东、本溪、抚顺、鞍山、沈阳、大连、锦州、葫芦岛。生于山沟溪流旁、杂木林下、灌丛间及阴湿草丛中。

拐芹为多年生草本，茎下部叶2～3回三出式羽状分裂，茎上部叶有膨大的叶鞘，复伞形花序，花白色。

蛇床　伞形科 蛇床属

Cnidium monnieri

Monnier's Snowparsley ｜ shéchuáng

1 2 3 4 5 6 7 8 9 10 11 12

一年生草本；下部叶具短柄，叶鞘短宽，上部叶柄全部鞘状；叶片轮廓卵形至三角状卵形，2～3回三出式羽状全裂，末回裂片线形①。复伞形花序②，总苞片6～10，线形至线状披针形，边缘膜质，伞辐8～20；小总苞片多数，线形；小伞形花序具花15～20，花瓣白色②，先端具内折小舌片；花柱基略隆起。

产丹东、本溪、抚顺、铁岭、大连、营口、沈阳、锦州。生于山野、路旁、沟边及湿草甸子。

相似种：绒果芹【*Eriocycla albescens*，伞形科绒果芹属】多年生草本；全株带淡灰绿色。基生叶和茎下部叶的叶片1回羽状全裂，有4～7对羽片③，全缘或顶端2～3深裂。复伞形花序④，总苞片1或无，线形；小总苞片5～9；花瓣倒卵形，白色④。产朝阳、葫芦岛；生于石灰岩干燥山坡上及岩石缝隙中。

蛇床全株绿色，叶片2～3回三出式羽状全裂；绒果芹全株带淡灰绿色，叶片1回羽状全裂。

水芹　伞形科 水芹属

Oenanthe javanica

Java Waterdropwort ｜ shuǐqín

1 2 3 4 5 6 7 8 9 10 11 12

多年生草本；茎直立或基部匍匐。基生叶片轮廓三角形，1～2回羽状分裂，末回裂片卵形①。复伞形花序顶生，伞辐6～16；小总苞片2～8，线形；小伞形花序有花20余朵②；萼齿线状披针形；花瓣白色，倒卵形；花柱基圆锥形。果实近于四角状椭圆形（②右下），分生果横剖面近于五边状的半圆形。

产丹东、本溪、抚顺、铁岭、沈阳、鞍山、大连、锦州。生于沼泽、湿地、沟边及水田中。

相似种：泽芹【*Sium suave*，伞形科 泽芹属】多年生草本；叶片长圆形至卵形，羽状分裂③，披针形至线形。复伞形花序④，小总苞片线状披针形，花白色，花柱基短圆锥形。果实卵形，分生果的果棱肥厚，近翅状。产抚顺、铁岭、沈阳、锦州、阜新；生于沼泽、湿草甸子、溪边及水旁较阴湿处的山坡上。

水芹叶片轮廓三角形，萼齿明显；泽芹叶片长圆形至卵形，萼齿不明显。

草本植物 花白色 辐射对称 花瓣五

毒芹 芹叶钩吻 伞形科 毒芹属

Cicuta virosa

Mackenzie's Water Hemlock | dúqín

多年生草本。基生叶柄长，叶鞘膜质；叶片轮廓三角形，2～3回羽状分裂①；羽片3裂至羽裂，裂片线状披针形；最上部的茎生叶1～2回羽状分裂。复伞形花序②，总苞片无，伞辐6～25；小总苞片多数，线状披针形。小伞形花序有花15～35，萼齿明显；花瓣白色，倒卵形或近圆形。

产本溪、铁岭、沈阳、阜新、盘锦、锦州。生于河边、水沟旁、沼泽、湿草甸子、林下水湿地。

相似种：香芹【*Libanotis seseloides*，伞形科 岩风属】多年生草本；茎直立或稍曲折。叶片轮廓椭圆形或宽椭圆形，3回羽状全裂③，茎生叶较短；复伞形花序伞辐8～20；小伞形花序有花15～30，花柄短；花瓣白色，宽椭圆形④。产阜新、沈阳、大连、锦州；生于草甸、开阔的山坡草地及林缘灌丛间。

毒芹叶片轮廓三角形，2～3回羽状分裂；香芹叶片轮廓椭圆形，3回羽状全裂。

柳叶芹 伞形科 柳叶芹属

Czernaevia laevigata

Czernaevia | liǔyèqín

二年生草本；茎直立。叶片2回羽状全裂，轮廓为三角状卵形①，或长圆形，叶柄基部膨大为半圆柱状的叶鞘，2回羽片的小叶披针形；茎上部叶简化为带小叶、半抱茎的狭鞘状。复伞形花序，花白色②。果实近圆形，成熟时略内弯，背棱尖而突出。

产抚顺、本溪、丹东、沈阳、鞍山、葫芦岛。生于阔叶林下、林缘、灌丛及湿草甸子。

相似种：鸭儿芹【*Cryptotaenia japonica*，伞形科鸭儿芹属】多年生草本；茎直立，有分枝。基生叶或上部叶有叶柄，叶鞘边缘膜质，小叶片卵形，3小叶③。复伞形花序呈圆锥状，小总苞片1～3；小伞形花序有花2～4；花瓣白色。分生果线状长圆形④。产丹东、抚顺、本溪；生于山坡、沟谷、林下及溪流旁。

柳叶芹末回小叶片披针形，果实近圆形；鸭儿芹小叶片卵形，分生果线状长圆形。

短毛独活 东北牛防风 伞形科 独活属

Heracleum moellendorffii

Moellendorff's Cowparsnip | duǎnmáodúhuó

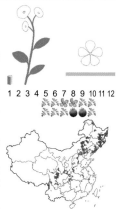

多年生草本①；叶有柄，叶片轮廓广卵形，薄膜质，三出式分裂②，裂片广卵形至圆形、心形，有不规则的3～5裂，裂片边缘具粗大的锯齿，尖锐至长尖。复伞形花序顶生和侧生，总苞片少数，线状披针形；伞辐12～30；小总苞片5～10，披针形；花柄细长；萼齿不显著；花瓣白色③，二型。分生果圆状倒卵形，顶端凹陷，背部扁平④，背棱和中棱线状突起，侧棱宽阔。

产丹东、本溪、抚顺、鞍山、大连、营口、铁岭、锦州、朝阳、葫芦岛。生于阴坡山沟旁、林缘、灌丛及草甸子。

短毛独活为多年生草本，叶片广卵形，三出式分裂，花瓣白色，二型，分生果圆状倒卵形。

防风 北防风 关防风 伞形科 防风属

Saposhnikovia divaricata

Saposhnikovia | fángfēng

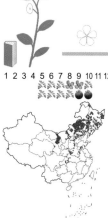

多年生草本；茎单生，自基部分枝较多，斜上升①，与主茎近等长，有细棱。基生叶丛生，有扁长的叶柄，基部有宽叶鞘；叶片卵形或长圆形，二回或近于三回羽状分裂，末回裂片狭楔形。复伞形花序多数，生于茎和分枝，小总苞片4～6，线形或披针形；花瓣倒卵形，白色②。

产山区各市。生于灌丛、草原、沙地及干燥的石质山坡上。

相似种：石防风【*Peucedanum terebinthaceum*，伞形科 前胡属】多年生草本；叶片轮廓椭圆形，二回羽状全裂③，有宽阔叶鞘抱茎。复伞形花序多分枝，花瓣白色，倒心形；花柱基圆锥形。分生果椭圆形或卵状椭圆形，背部扁压④，背棱和中棱线形突起。产全省各地；生于灌丛、草地及干燥的石质山坡上。

防风分枝多，主茎不分明，果有疣状突起；石防风仅上部分枝，分生果背棱和中棱为线形突起。

小窃衣 破子草 伞形科 窃衣属
Torilis japonica

Erect Hedgeparsley | xiǎoqièyī

一年生草本；茎有纵条纹及刺毛①。叶柄下部有窄膜质的叶鞘；叶片长卵形，2～3回羽状分裂，第一回羽片卵状披针形，末回裂片披针形以至长圆形，边缘有条裂状的粗齿至缺刻或分裂②。复伞形花序顶生或腋生，总苞片线形；小总苞片5～8，线形或钻形；小伞形花序有花4～12，萼齿细小；花瓣白色③、紫红或蓝紫色，倒圆卵形，顶端内折，外面中间至基部有紧贴的粗毛。双悬果圆卵形，密被钩状的皮刺④。

产本溪、抚顺、铁岭、丹东、沈阳、锦州、鞍山、营口、大连。生于杂木林下、林缘、路旁、河沟边以及溪边草丛。

小窃衣茎有纵条纹及刺毛，叶2～3回羽状分裂，末回裂片披针形，双悬果圆卵形，密被钩状的皮刺。

珊瑚菜 辽沙参 伞形科 珊瑚菜属
Glehnia littoralis

American Silvertop | shānhúcài

多年生草本；全株被白色柔毛。叶多数基生，厚质，有长柄，叶片轮廓圆卵形至长圆状卵形，三出式分裂，末回裂片倒卵形至卵圆形①；茎生叶与基生叶相似，叶柄基部逐渐膨大成鞘状。复伞形花序顶生，伞辐8～16；小伞形花序有花15～20；萼齿5，卵状披针形；花瓣白色②。

产葫芦岛、营口、大连。生于海边沙地。

相似种：田葛缕子【*Carum buriaticum*，伞形科 葛缕子属】多年生草本；基生叶及茎下部叶有柄，叶片轮廓长圆状卵形或披针形，3～4回羽状分裂，末回裂片线形③。总苞2～4，线状披针形，小伞形花序有花10～30，无萼齿，花白色④。果实长卵形。产沈阳、辽阳、锦州；生于田间路旁、丘陵草地及黏土质的平坦地。

珊瑚菜全株被白色柔毛，叶末回裂片倒卵形至卵圆形；田葛缕子全株无毛，叶末回裂片线形。

点地梅　白花珍珠菜　报春花科　点地梅属

Androsace umbellata

Umbellate Rockjasmine　│　diǎndìméi

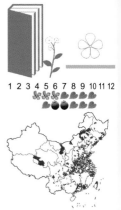

一年生或二年生草本；叶全基生，叶柄被柔毛，叶近圆形或卵形②，基部浅心或近圆，被贴伏柔毛。花葶被柔毛，伞形花序4～15花，苞片卵形或披针形，被柔毛和短柄腺体；花梗密被柔毛，分裂近基部，裂片菱状卵形；花冠白色①，裂片倒卵状长圆形。蒴果近球形，果皮白色，近膜质。

产丹东、本溪、葫芦岛、抚顺、沈阳、锦州、大连。生于田间、林缘、草地及疏林下。

相似种：东北点地梅【*Androsace filiformis***，报春花科　点地梅属】**一年生至二年生草本；叶长圆形至卵状长圆形③，边缘具稀疏小牙齿。花葶通常3至多枚自叶丛中抽出，伞形花序多花，苞片线状披针形，花萼杯状，花冠白色④，筒部比花萼稍短。产丹东、本溪、抚顺、铁岭、沈阳；生于湿地、林下、荒地。

点地梅叶片近圆形，叶柄长1～4厘米；东北点地梅叶片长圆形，叶基部下延成柄。

矮桃　山柳珍珠菜　报春花科　珍珠菜属

Lysimachia clethroides

Gooseneck Yellow Loosestrife　│　ǎitáo

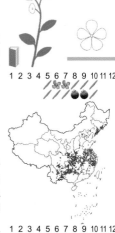

多年生草本；茎单一，密生开展的柔毛。叶互生或近对生，矩圆形或披针形，全缘①。总状花序顶生，常向一侧弯曲，花密集；花萼钟形，萼裂片5；花冠白色②，花冠筒短，花冠裂片5；雄蕊5，与花冠裂片对生，花丝基部合生成筒；子房卵形。蒴果近球形，花柱宿存①。

产丹东、本溪、抚顺、鞍山、锦州、葫芦岛。生于林缘、山坡及杂木林下。

相似种：狭叶珍珠菜【*Lysimachia pentapetala***，报春花科　珍珠菜属】**多年生草本；茎多分枝。叶互生，狭披针形③，上面绿色，下面粉绿色，有褐色腺点。总状花序顶生，花萼下部合生；花冠白色④，基部近于分离。产大连、营口、葫芦岛、朝阳；生于山坡荒地、路旁、田边及疏林下。

矮桃茎单一，叶片披针形，花序常向一侧弯曲；狭叶珍珠菜茎多分枝，叶片狭披针形，花序直立。

紫草　硬紫草　紫草科　紫草属

Lithospermum erythrorhizon

Lithospermum ｜ zǐcǎo

　　多年生草本；叶无柄，卵状披针形至宽披针形，先端渐尖①。花序生茎和枝上部，苞片与叶同形而较小；花萼裂片线形；花冠白色②，外面稍有毛，檐部与筒部近等长，裂片宽卵形，开展，全缘或微波状，先端有时微凹，喉部附属物半球形，无毛。小坚果卵球形①，乳白色或带淡黄褐色，平滑，有光泽。

　　产沈阳、大连、鞍山、抚顺、本溪、锦州、铁岭、朝阳。生于林缘、灌丛及石砾山坡。

　　相似种：砂引草【Tournefortia sibirica，紫草科紫丹属**】**多年生草本；叶披针形、倒披针形或长圆形③。花序顶生，花冠黄白色，钟状，裂片外弯，花冠筒较裂片长，外面密生向上的糙伏毛④。核果椭圆形或卵球形，密生伏毛。产丹东、营口、大连、葫芦岛；生于海滨沙地、干旱山坡。

　　紫草花冠白色，小坚果卵球形，平滑，有光泽；砂引草花冠黄白色，核果椭圆形，粗糙，密生伏毛。

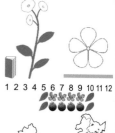

热河黄精　多花黄精　天门冬科/百合科　黄精属

Polygonatum macropodum

Macropodous Solomon's Seal ｜ rèhéhuángjīng

　　多年生草本；叶互生，卵形至卵状椭圆形①，少有卵状矩圆形，先端尖。花序具3～8花，近伞房状②，花梗长0.5～1.5厘米；苞片无或极微小，位于花梗中部以下；花被白色，全长15～20毫米，裂片长4～5毫米；花丝长约5毫米，具3狭翅，呈皮屑状，粗糙。浆果深蓝色，具7～8颗种子。

　　产大连、鞍山、朝阳、阜新、葫芦岛、锦州、沈阳、抚顺、铁岭。生于林下或阴坡。

　　相似种：二苞黄精【Polygonatum involucratum，天门冬科/百合科　黄精属**】**多年生草本；茎生叶4～7枚，叶互生，卵形、卵状椭圆形③至矩圆状椭圆形。花序具2花，叶状苞片2枚，苞片卵形至宽卵形④；花梗极短；花被绿白色至淡黄绿色。产丹东、本溪、抚顺、鞍山、大连、葫芦岛；生于林下及林缘。

　　热河黄精具3～8花，花梗长，苞片小或无；二苞黄精具2花，花梗短，苞片较大。

玉竹 葳蕤 天门冬科/百合科 黄精属

Polygonatum odoratum

Fragrant Solomon's Seal | yùzhú

多年生草本；根状茎扁圆柱形，横生；茎单一，上部倾斜。基部具2～3枚呈干膜质的广条形叶，叶片通常7～14枚互生于茎中上部，椭圆形、长圆形至卵状长圆形①。花序常具1～4朵花，生于叶腋，弯而下垂；花绿色或白色②，有香气，花被片6，下部合生成筒状，先端6裂，覆瓦状排列。

分布于全省各地。生于腐殖质肥沃的山地林下、林缘灌丛或沟边。

相似种：宝珠草【*Disporum viridescens*，秋水仙科/百合科 万寿竹属】多年生草本；茎直立，光滑。叶纸质，椭圆形至卵状矩圆形③。花漏斗状，淡绿色④，1～2朵生于茎或枝的顶端；花被片6，矩圆状披针形，脉纹明显；柱头3裂。浆果球形，黑色。产沈阳、大连、本溪、抚顺；生于林下、林缘、灌丛及山坡草地。

玉竹根状茎膨大，茎单一，花呈筒状；宝珠草根状茎不膨大，茎上部有分枝，花呈漏斗状。

黄精 鸡头黄精 天门冬科/百合科 黄精属

Polygonatum sibiricum

Siberian Solomon's Seal | huángjīng

多年生草本；有时呈攀缘状。叶轮生，每轮4～6枚，条状披针形①，长8～15厘米，宽4～16毫米，先端拳卷或弯曲成钩。花序通常具2～4朵花，似呈伞形，花梗俯垂②；苞片位于花梗基部，膜质，钻形或条状披针形，具1脉；花被乳白色至淡黄色③，花被筒中部稍缢缩，裂片长约4毫米；花丝长0.5～1毫米，花药长2～3毫米；子房长约3毫米，花柱长5～7毫米。浆果熟时黑色④，具4～7颗种子。

分布于全省各地。生于山坡、林缘、路旁、灌丛等石砾质地。

黄精为多年生草本，叶轮生，条状披针形，先端拳卷或弯曲成钩，花白色，浆果熟时黑色。

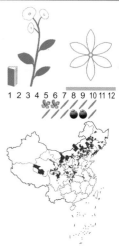

鹿药 天门冬科/百合科 舞鹤草属

Maianthemum japonicum

Japanese False Solomon's Seal | lùyào

多年生草本；根状茎横走，有多数须根。茎直立，上部稍向外倾斜①，密生粗毛，下部有鳞叶，茎中部以上或仅上部具粗伏毛，具4~9叶。叶纸质，卵状椭圆形、椭圆形或矩圆形②，先端近短渐尖，具短柄。圆锥花序有毛，具10~20朵花，花单生，白色③；花被片分离或仅基部稍合生，矩圆形或矩圆状倒卵形；雄蕊基部贴生于花被片上，花药小；花柱与子房近等长，柱头几不裂。浆果近球形，熟时红色④。

产本溪、丹东、鞍山、大连、锦州、朝阳。生于针阔叶混交林或杂木林下阴湿处。

鹿药为多年生草本，叶互生，先端近短渐尖，圆锥花序有毛，花单生，白色，浆果熟时红色。

尖被藜芦 藜芦科/百合科 藜芦属

Veratrum oxysepalum

White False Hellebore | jiānbèilílú

多年生草本；叶椭圆形或矩圆形①，先端渐尖或短急尖，基部无柄。圆锥花序，密生或疏生多数花①，侧生总状花序近等长，花序轴密生短绵状毛；花被片背面绿色，内面白色②，矩圆形至倒卵状矩圆形，先端钝圆或稍尖，基部明显收狭，边缘具细牙齿，外花被片背面基部略生短毛。

产本溪、抚顺、铁岭、鞍山、辽阳。生于草甸、湿草地、林下、林缘及亚高山草地上。

相似种：【铃兰【*Convallaria keiskei*，天门冬科/百合科 铃兰属】多年生草本；叶通常2枚，叶片椭圆形③。花莛由鳞片腋生出，总状花序，具6~10朵花；花白色，短钟状④，芳香，下垂。浆果熟后红色，稍下垂。产丹东、本溪、抚顺、鞍山、铁岭、锦州；生于腐殖质肥沃的山地林下、林缘灌丛及沟边。

尖被藜芦叶多枚，圆锥花序，花序轴密生短绵状毛；铃兰叶两枚，总状花序，花序轴无毛。

棉团铁线莲　野棉花　毛茛科　铁线莲属

Clematis hexapetala

Six-petal Clematis ｜ miántuántiěxiànlián

多年生草本；茎直立。叶片近革质，单叶至复叶，1～2回羽状深裂，长椭圆状披针形至椭圆形②，顶端锐尖或凸尖，有时钝，全缘，两面或沿叶脉疏生长柔毛或近无毛，网脉突出。花序顶生，聚伞花序或为总状、圆锥状聚伞花序①，有时花单生，花萼4～8片，通常6片，白色③，长椭圆形或狭倒卵形，外面密生绵毛，花蕾时像棉花球，内面无毛；雄蕊无毛。瘦果倒卵形，扁平，密生柔毛④，花柱宿存，有灰白色长柔毛。

产本溪、鞍山、大连、沈阳、铁岭、锦州、辽阳、葫芦岛、朝阳、阜新。生于干燥的山坡、草地、灌丛及固定沙地。

棉团铁线莲为多年生草本，茎直立，叶片近革质，花萼通常6片，白色，外面密生绵毛，瘦果密生柔毛。

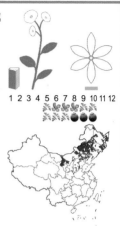

多被银莲花　竹节香附　毛茛科　银莲花属

Anemone raddeana

Radde's Anemone ｜ duōbèiyínliánhuā

多年生草本；基生叶1，有长柄，叶片3全裂，全裂片有细柄①，3或2深裂，叶柄有疏柔毛。花莛近无毛，苞片3，3全裂，中全裂片倒卵形或倒卵状长圆形，顶端圆形，上部边缘有少数小锯齿，侧全裂片稍小；花梗1；萼片9～15枚②，白色，长圆形或线状长圆形，顶端圆或钝。

产丹东、本溪、抚顺、大连、抚顺、辽阳、营口、鞍山。生于山地林下或阴湿草地。

相似种：黑水银莲花【*Anemone amurensis***，毛茛科　银莲花属】** 多年生草本；基生叶三角形，3全裂，裂片有细柄，中全裂片又3全裂③；基生叶卵形或五角形，3全裂，中全裂片有短柄，卵状菱形，近羽状深裂。花梗有短柔毛，萼片6～7枚④，白色，长圆形或倒卵状长圆形，顶端圆形。产丹东、本溪；生于山地林下或灌丛下。

多被银莲花萼片9～15枚，瘦果抱紧；黑水银莲花萼片6～7枚，瘦果松散。

菟葵 毛茛科 菟葵属

Eranthis stellata

Stellate Winter Cconite | tùkuí

多年生草本；基生叶1枚或无，有长柄；叶片圆肾形，3全裂①。花葶无毛；苞片在开花时尚未完全展开，花谢后深裂成披针形或线状披针形的小裂片②；花梗果期增长；花萼白色，狭卵形或长圆形，顶端微钝；花瓣漏斗形，基部渐狭成短柄，上部二叉状。膏葖果星状展开②，有短柔毛。

产丹东、本溪、抚顺、大连、鞍山。生于山地、沟谷、林缘及杂木林下。

相似种：獐耳细辛【*Hepatica nobilis* var. *asiatica*，毛茛科 獐耳细辛属】多年生草本；基生叶3～6枚，叶片正三角状宽卵形④，基部深心形，3裂至中部，有稀疏的柔毛。花葶1～6条，有长柔毛③；苞片3，全缘，背面稍密被长柔毛；萼片6～11枚，粉红色或堇色，狭长圆形，顶端钝。产丹东、本溪；生于山地杂木林下或草坡石缝阴处。

菟葵基生叶1枚，花葶1条，无毛；獐耳细辛基生叶3～6枚，花葶1～6条，有长柔毛。

糙叶黄芪 春黄芪 豆科 黄芪属

Astragalus scaberrimus

Scabrous Milkvetch | cāoyèhuángqí

多年生草本；地上茎不明显，有时伸长而匍匐。羽状复叶有7～15片小叶②，小叶椭圆形。总状花序生3～5花，腋生，花梗极短；苞片披针形，较花梗长；花萼管状，被细伏贴毛，萼齿线状披针形，与萼筒等长或稍短；花冠淡黄色或白色①。荚果长圆形，微弯，具短喙②。

分布全省各地。生于山坡石砾质草地、草原、沙丘及沿河流两岸沙地。

相似种：草木樨状黄芪【*Astragalus melilotoides*，豆科 黄芪属】多年生草本；茎直立或斜升③。羽状复叶有5～7片小叶。总状花序生多数花，总花梗远较叶长；花冠白色或带粉红色④。荚果宽倒卵状球形或椭圆形，先端微凹。产沈阳、阜新、朝阳、锦州；生于向阳山坡、草地及草甸草地。

糙叶黄芪地上茎不明显，茎叶被细伏贴毛；草木樨状黄芪有地上茎，茎叶无毛。

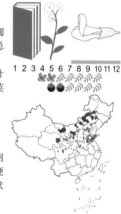

苦参 地槐 苦骨 豆科 苦参属

Sophora flavescens

Shrubby Sophora | kǔshēn

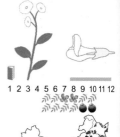

落叶直立灌木或半灌木；羽状复叶有小叶6～12对②，互生或近对生，椭圆形、披针形至披针状线形。总状花序顶生，花多数，花梗纤细；苞片线形；花萼钟状，明显歪斜，具不明显波状齿；花冠比花萼长1倍，白色或淡黄白色（①左下）。荚果长，种子间稍缢缩，呈不明显念珠状①。

产全省各地。生于干燥山坡、荒地、沟边、河边及沙质地。

相似种：白花草木樨【*Melilotus albus***，豆科 草木樨属】**一年生至二年生草本；羽状三出复叶③，小叶长圆形或倒披针状长圆形，具较长小叶柄。总状花序腋生，花梗短；萼钟形，萼齿三角状披针形；花冠白色④。荚果椭圆形至长圆形，具尖喙，表面脉纹细，网状。产全省各地；生于田边、草地、路旁及住宅附近。

苦参为羽状复叶，小叶6～12对，荚果呈不明显念珠状；白花草木樨为羽状三出复叶，荚果椭圆形至长圆形，具尖喙。

夏至草 夏枯草 唇形科 夏至草属

Lagopsis supina

Supine Lagopsis | xiàzhǐcǎo

多年生草本；叶轮廓为圆形，先端圆形，基部心形，3深裂，裂片有圆齿或长圆形犬齿①。轮伞花序疏离，在枝条上部者较密集，在下部者较疏松，花萼管状钟形，外密被微柔毛，齿5，不等大；花冠白色，稍伸出于萼筒，冠檐二唇形②，上唇比下唇长，全缘，下唇斜展，3浅裂。

产沈阳、营口、大连、锦州。生于林下、林缘、灌丛、湿草地及河边。

相似种：野芝麻【*Lamium barbatum***，唇形科 野芝麻属】**多年生草本；叶卵圆形或卵圆状披针形，先端长尾状渐尖③。轮伞花序，着生于茎端，花冠白或浅黄色④，冠檐二唇形，上唇直立，下唇3裂，中裂片先端深凹，侧裂片宽。产丹东、本溪、抚顺、鞍山、大连；生于林下、林缘、河边等湿润地上。

夏至草叶近圆形，先端圆形，花冠下唇中裂片全缘；野芝麻叶片卵形，先端长尾状渐尖，花冠下唇中裂片深凹。

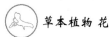

鸡腿堇菜 胡森堇菜 堇菜科 堇菜属

Viola acuminata

Acuminate Violet | jītuǐjǐncài

多年生草本；茎直立。通常无基生叶，茎生叶卵状心形①，叶柄下部长，上部短；托叶通常羽状深裂呈流苏状。花淡紫色或近白色②；花梗细，通常均超出于叶；萼片线状披针形，先端渐尖；花瓣有褐色腺点，下瓣里面常有紫色脉纹。

全省广泛分布。生于山坡、林缘、草地、灌丛及河谷湿地。

相似种：蒙古堇菜【*Viola mongolica*，堇菜科堇菜属】一年生至二年生草本；叶基生，叶片卵状心形③，果期叶片较大；叶柄具狭翅；托叶1/2与叶柄合生，离生部分狭披针形，边缘疏生细齿。花白色④，侧方花瓣里面近基部稍有须毛。产丹东、本溪、抚顺、大连、锦州、葫芦岛；生于阔叶林、针叶林林下。

鸡腿堇菜无基生叶，托叶羽状深裂呈流苏状；蒙古堇菜叶基生，托叶1/2与叶柄合生，离生部分狭披针形。

二叶舌唇兰 大叶长距兰 兰科 舌唇兰属

Platanthera chlorantha

Greater Butterfly-orchid | èryèshéchúnlán

多年生草本；茎直立。基部大叶2枚①，椭圆形或倒披针状椭圆形。总状花序具12~32朵花，花苞片披针形；子房圆柱状，上部钩曲；花较大，绿白色或白色②，中萼片圆状心形，侧萼片斜卵形，花瓣直立，与中萼片相靠合呈兜状。

产抚顺、本溪、丹东、大连、鞍山、锦州。生于林下、林缘及灌丛中。

相似种：十字兰【*Habenaria schindleri*，兰科玉凤花属】多年生草本；茎直立。具多枚线形、疏生的叶③，向上渐小呈苞片状。总状花序，子房圆柱形，扭转；花白色④，花瓣直立，唇瓣3深裂，裂片连同唇瓣基部交叉呈十字形④。产阜新、铁岭、大连；生于山坡、沟谷或林下阴湿草地及草甸。

二叶舌唇兰叶2枚，椭圆形，唇瓣舌状，不分裂；十字兰叶数枚，线形，唇瓣与基部交叉呈十字形。

狼爪瓦松 辽瓦松 景天科 瓦松属

Orostachys cartilaginea

Cartilage Dunce Cap | lángzhuǎwǎsōng

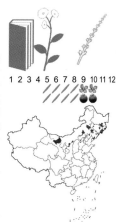

二年生至多年生草本；莲座叶长圆状披针形，先端有软骨质附属物②，背凸出，白色，全缘，先端中央有白色软骨质的刺；花茎不分枝③，茎生叶互生，线形或披针状线形，先端渐尖，有白色软骨质的刺，无柄。总状花序圆柱形④，紧密多花，苞片线形至线状披针形，先端有刺；萼片5，狭长圆状披针形；花瓣5，白色①，长圆状披针形，基部稍合生，先端急尖；雄蕊10，较花瓣稍短，鳞片5，近四方形，有短梗，喙丝状。

产鞍山、营口、大连、抚顺、阜新、锦州。生于石质山坡、岩石上及干燥草原。

狼爪瓦松为二年生至多年生草本，莲座叶长圆状披针形，先端有白色软骨质刺，花茎不分枝，花瓣5，白色。

蚊子草 合叶子 蔷薇科 蚊子草属

Filipendula palmata

Palmate Meadowsweet | wénzicǎo

多年生草本；茎有棱，近无毛或上部被短柔毛。叶为羽状复叶，有小叶2对，叶柄被短柔毛或近无毛；顶生小叶特别大，5～9掌状深裂①，上面绿色无毛，下面密被白色茸毛，侧生小叶较小，3～5裂；托叶大。顶生圆锥花序，花小而多，花瓣白色②。瘦果半月形，直立，有短柄，沿背腹两边有柔毛。

产本溪。生于河岸、湿地、草甸。

相似种：槭叶草【*Mukdenia rossii*，虎耳草科槭叶草属】多年生草本；叶片阔卵形至近圆形，掌状5～9浅裂至深裂；叶柄无毛。花莛被黄褐色腺毛③，多歧聚伞花序，多花；花萼钟状，白色，有5～6深裂，裂片狭卵形，先端钝；花瓣5～6，披针形，白色，较萼片短④。产本溪、丹东；生于水边、沟谷石崖上及江河边岩石上。

蚊子草为羽状复叶，叶柄被短柔毛；槭叶草为单叶，掌状5～9浅裂至深裂，叶柄无毛。

草本植物 花白色 小而多 组成穗状花序

大三叶升麻　毛茛科 升麻属

Cimicifuga heracleifolia

Cowparsnip-leaf Bugbane　|　dàsānyèshēngmá

1 2 3 4 5 6 7 8 9 10 11 12

多年生草本；叶为二回三出复叶，叶片三角状卵形①，顶生小叶倒卵形至倒卵状椭圆形，顶端3浅裂，基部圆形、圆楔形或微心形，边缘有粗齿，侧生小叶通常斜卵形，叶柄长；茎上部叶通常为一回三出复叶。花序具2~9条分枝②，萼片黄白色，倒卵状圆形至宽椭圆形。蓇葖果，下部有细柄。

产丹东、本溪、鞍山、大连、锦州、葫芦岛。生于山坡、林缘、疏林下及河岸草地。

相似种：类叶升麻【*Actaea asiatica*，毛茛科 类叶升麻属】多年生草本；叶2~3枚，为三回三出近羽状复叶④，顶生小叶宽卵状菱形，侧生小叶卵形。总状花序，萼片倒卵形，花瓣匙形，下部渐狭成爪。果实紫黑色③。产丹东、本溪、抚顺、鞍山、大连；生于石质山坡、林下、杂木林缘。

大三叶升麻为圆锥花序，分枝，蓇葖果绿色；类叶升麻为总状花序，不分枝，果实紫黑色。

银线草　四块瓦　金粟兰科 金粟兰属

Chloranthus japonicus

Japanese Chloranthus　|　yínxiàncǎo

1 2 3 4 5 6 7 8 9 10 11 12

多年生草本；茎直立，不分枝①。叶对生，通常4片生于茎顶，成假轮生，宽椭圆形或倒卵形②，顶端急尖，基部宽楔形，边缘有齿牙状锐锯齿，齿尖有一腺体。穗状花序单一，顶生，苞片三角形或近半圆形；花白色③；雄蕊3枚，药隔基部连合，着生于子房上部外侧，中央药隔无花药，两侧药隔各有1个1室的花药，药隔延伸成线形，水平伸展或向上弯；子房卵形，无花柱。核果近球形或倒卵形，绿色④。

产丹东、本溪、鞍山、营口、大连、沈阳、铁岭、锦州、朝阳。生于山坡或山谷腐殖层厚、疏松、阴湿而排水良好的杂木林下。

银线草为多年生草本，茎直立，叶对生，通常4片生于茎顶，成假轮生，核果近球形或倒卵形，绿色。

叉分蓼

蓼科 冰岛蓼属

Koenigia divaricata

Divaricate Knotweed | chàfēnliǎo

多年生草本；叶披针形或长圆形①，顶端急尖，基部楔形或狭楔形；托叶鞘膜质，偏斜，疏生柔毛或无毛。花序圆锥状，分枝开展，苞片卵形，边缘膜质，背部具脉，每苞片内具2～3花；花被5深裂，白色，花被片椭圆形，大小不相等。瘦果宽椭圆形，具3锐棱②，黄褐色，有光泽。

产本溪、鞍山、抚顺、沈阳、大连、朝阳、锦州、阜新。生于河滩、水沟边及山谷湿地。

相似种：水蓼【*Persicaria hydropiper*，蓼科 蓼属】一年生草本；叶披针形③，具辛辣味，叶腋具闭花受精花；托叶鞘筒状，膜质，通常托叶鞘内藏有花簇④。总状花序下垂，花稀疏，每苞片3～5花，花被5深裂，绿色，上部白色。产朝阳、铁岭、沈阳、抚顺、本溪、鞍山；生于水边及路旁湿地。

叉分蓼托叶鞘偏斜、脱落，花序分枝开展；水蓼托叶鞘筒状，内藏有花簇，花序不分枝。

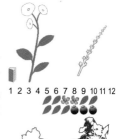

戟叶蓼

芨氏蓼 蓼科 蓼属

Persicaria thunbergii

Thunberg's Knotweed | jǐyèliǎo

一年生草本；茎直立或上升①，具纵棱，沿棱具倒生皮刺。叶戟形②，顶端渐尖，基部截形或近心形，两面疏生刺毛，叶柄具倒生皮刺③，通常具狭翅；托叶鞘膜质，边缘具叶状翅。头状花序顶生或腋生，苞片披针形，顶端渐尖，边缘具缘毛，每苞内具2～3花；花梗无毛，比苞片短；花被5深裂，淡红色或白色④，花被片椭圆形。瘦果宽卵形，具3棱，黄褐色，无光泽，包于宿存花被内。

产丹东、本溪、抚顺、沈阳、鞍山、大连、营口、锦州、葫芦岛、朝阳。生于沟谷、林下湿处及水边湿草地。

戟叶蓼为一年生草本，茎及叶柄具倒生皮刺，叶戟形，托叶鞘边缘具叶状翅，头状花序，花白色。

一年蓬　千层塔　菊科 飞蓬属

Erigeron annuus

Eastern Daisy Fleabane　│　yīniánpéng

　　一年生或二年生草本；茎直立，上部有分枝。基生叶花期枯萎，下部叶长圆状披针形，顶端尖①。头状花序多数，排列成疏圆锥花序，总苞半球形，苞片3层；外围的雌花舌状，2层，舌片平展，白色②，线形；中央的两性花管状，黄色。瘦果披针形，扁压。

　　原产北美洲，产辽宁东部及北部。生于山坡、林缘、荒地及路旁。

　　相似种：小蓬草【*Erigeron canadensis***，菊科 飞蓬属】**一年生草本；叶密集，倒披针形③，顶端尖或渐尖，基部渐狭成柄，边缘具疏锯齿或全缘。头状花序多数，总苞近圆柱状，淡绿色，雌花多数，舌状，白色③，舌片小，线形，顶端具2个钝小齿；两性花淡黄色，花冠管状。瘦果线形披针形，稍扁压④。原产北美洲，全省广泛分布；生于山坡、草地、林缘、田野及住宅附近。

　　一年蓬叶疏生，总苞半球形，花瓣长；小蓬草叶密集，总苞近圆柱状，花瓣短。

东风菜　盘龙草 白云草　菊科 紫菀属

Aster scaber

Scabrous Whitetop　│　dōngfēngcài

　　多年生草本；茎直立。中部叶卵状三角形①，边缘具有小尖头的齿，顶端尖；中部至上部叶渐小，全部叶两面被微糙毛。头状花序，圆锥伞房状排列②；总苞半球形，苞片约3层，无毛，边缘宽膜质，有微缘毛，顶端尖或钝，覆瓦状排列；舌状花约10个，舌片白色②，条状矩圆形，管状花檐部钟状。

　　产丹东、本溪、铁岭、沈阳、鞍山、大连。生于蒙古栎的林下、林缘灌丛及林间湿草地。

　　相似种：火绒草【*Leontopodium leontopodioides***，菊科 火绒草属】**多年生草本；叶线状披针形③，苞叶在雄株多少开展成苞叶群，在雌株不排列成明显的苞叶群。头状花序大④，小花雌雄异株，雄花花冠长狭漏斗状，雌花花冠丝状。产全省各地山区；生于干山坡、干草地、山坡砾质地及河岸沙地。

　　东风菜茎单生，叶卵状三角形，舌状花白色；火绒草茎丛生，叶线状披针形，无舌状花。

草本植物 花白色 小而多 组成头状花序

苍术 北苍术 菊科 苍术属

Atractylodes lancea

Sword-like Atractylodes | cāngzhú

多年生草本；基部叶花期脱落，叶革质，3～9羽状深裂或半裂①，基部楔形或宽楔形，扩大半抱茎，叶基部有时有1～2对三角形刺齿裂。头状花序单生茎枝顶端，总苞钟状，苞叶针刺状羽状全裂，总苞片5～7层，覆瓦状排列，全部苞片顶端钝或圆形，边缘有稀疏蛛丝毛；小花白色②。

产朝阳、葫芦岛、锦州、大连、阜新。生于干燥山坡、岩石缝隙中、灌丛、柞树林下及林缘。

相似种：朝鲜苍术【*Atractylodes koreana*，菊科苍术属】多年生草本；叶质薄，长椭圆形③。苞叶刺齿状羽状深裂。头状花序单生茎端；总苞钟状，全部苞片顶端钝或圆形，边缘有蛛丝状毛，最内层苞片顶端常红紫色；小花白色④。产丹东、本溪、鞍山、抚顺、沈阳、大连；生于山坡灌丛及岩石上。

苍术叶革质，羽状深裂或半裂，内层苞片顶端绿色；朝鲜苍术叶质薄，长椭圆形，最内层苞片顶端常红紫色。

大丁草 烧金草 菊科 大丁草属

Leibnitzia anandria

Japanese Gerbera | dàdīngcǎo

多年生草本；植株具春秋二型之别。春型者叶基生，莲座状，于花期全部发育，叶倒披针形或倒卵状长圆形①；花葶单生或数个丛生，苞片疏生，线形或线状钻形；头状花序单生于花葶之顶，倒锥形，总苞略短于冠毛，总苞片约3层，花托平，雌花花冠舌状，白色，舌片长圆形②，两性花花冠管状二唇形，瘦果纺锤形，冠毛污白色③。秋型者植株较高，叶片大，头状花序外层雌花管状二唇形，无舌片④。

全省广泛分布。生于山坡、林缘、灌丛、路旁。

大丁草为多年生草本，植株具春秋二型之别：春型植株矮小，雌花具舌状花；秋型植株较高，雌花无舌片。

疣草 水竹叶 鸭跖草科 水竹叶属

Murdannia keisak

Wartremoving Herb | yóucǎo

多年生草本；茎长而多分枝，匍匐生根。叶2列互生②，叶柄基部抱茎，叶狭披针形，具数条至十余条平行脉。聚伞花序腋生或顶生，有花1～3朵，腋生者多为单花，花初开时直立向上，花开后花果下垂；苞片披针形③；萼片3枚，披针形；花瓣蓝紫色或粉红色④，倒卵圆形；能育雄蕊3枚，对萼，不育雄蕊3枚，短小，与花瓣相对；柱头头状；花丝生长须毛。蒴果狭长，两端渐尖至急尖①。

产沈阳、锦州、丹东、本溪。生于田野、路旁、沟边及林缘等较潮湿的地方。

疣草为多年生草本，茎长而多分枝，匍匐生根，叶2列互生，聚伞花序，萼片3枚，花瓣蓝紫色或粉红色。

大叶铁线莲 草本女萎 毛茛科 铁线莲属

Clematis heracleifolia

Hyacinth-flower Clematis | dàyètiěxiànlián

直立草本或半灌木；茎粗壮。三出复叶，小叶片亚革质或厚纸质，卵圆形①，顶端短尖，基部圆形或楔形，边缘有不整齐的粗锯齿，主脉及侧脉在叶背面显著隆起，顶生小叶柄长，侧生者短。聚伞花序顶生或腋生，花梗粗壮②，每花下有1枚线状披针形的苞片；花杂性，雄花与两性花异株；花直径2～3厘米；花萼下半部呈管状，顶端常反卷，萼片4枚，蓝紫色③，长椭圆形至宽线形。瘦果卵圆形，红棕色④。

产丹东、本溪、鞍山、大连、沈阳、朝阳。生于山坡沟谷、林边及路旁灌丛中。

大叶铁线莲茎粗壮，三出复叶，厚纸质，聚伞花序，雄花与两性花异株，萼片4枚，蓝紫色。

花旗杆 齿叶花旗杆 十字花科 花旗杆属

Dontostemon dentatus

Dentate Dontostemon | huāqígān

二年生草本；植株散生白色弯曲柔毛。茎单一或分枝，基部常带紫色。叶椭圆状拔针形①，两面稍具毛。总状花序生枝顶，萼片椭圆形，具白色膜质边缘，背面稍被毛；花瓣淡紫色②，倒卵形，顶端钝，基部具爪。长角果长圆柱形，光滑无毛，宿存花柱短。

产本溪、丹东、抚顺、铁岭、鞍山、营口、大连、阜新。生于石砾质山地、岩石缝隙间。

相似种：诸葛菜【*Orychophragmus violaceus*，十字花科 诸葛菜属】一年生至二年生草本；基生叶及下部茎生叶大头羽状全裂③，侧裂片2～6对，上部叶窄卵形，基部耳状抱茎。花紫色④，花萼筒状，紫色；花瓣宽倒卵形，密生细脉纹。长角果线形。产锦州、葫芦岛、鞍山、大连；生于山坡、杂木林缘或路旁。

花旗杆叶椭圆状披针形，长角果长圆柱形；诸葛菜叶大头羽状全裂，长角果线形，具4棱。

沼生柳叶菜 水湿柳叶菜 柳叶菜科 柳叶菜属

Epilobium palustre

Marsh Willowherb | zhǎoshēngliǔyècài

多年生直立草本；叶对生，花序上的互生，近线形至狭披针形，先端锐尖或渐尖①。花序花前直立或稍下垂，花近直立；花蕾椭圆状卵形，喉部近无毛或有一环稀疏的毛；萼片长圆状披针形，先端锐尖；花瓣白色至粉红色或玫瑰紫色②，倒心形；花药长圆形，柱头棍棒状至近圆柱状。

产本溪、大连、葫芦岛、丹东、鞍山、抚顺、铁岭、营口。生于池塘、沼泽、河谷、溪沟旁。

相似种：柳兰【*Chamerion angustifolium*，柳叶菜科 柳兰属】多年生草本；茎直立。叶螺旋状互生，披针状长圆形③。花序总状，萼片紫红色，花瓣粉红至紫红色④，花药紫红色，开放时花柱强烈反折。产本溪、丹东、抚顺、朝阳；生于林区火烧迹地、开阔地、林缘、山坡、河岸及山谷的沼泽地。

沼生柳叶菜花瓣先端凹缺，花柱直立；柳兰花瓣全缘或先端浅凹缺，开放时花柱强烈反折。

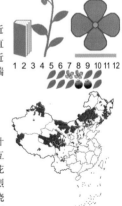

中华秋海棠　珠芽秋海棠　秋海棠科 秋海棠属

Begonia grandis subsp. *sinensis*

Chinese Begonia ｜ zhōnghuáqiūhǎitáng

中型草本；几无分枝，外形似金字塔。叶较小，椭圆状卵形至三角状卵形①，长5～20厘米，宽3.5～13厘米，先端渐尖，下面色淡，偶带红色，基部心形，宽侧下延呈圆形，长0.5～4厘米，宽1.8～7厘米。花序较短，呈伞房状至圆锥状二歧聚伞花序，花小；雄蕊多数，短于2毫米，整体呈球状②；花柱基部合生或微合生，有分枝，柱头呈螺旋状扭曲，稀呈U字形。蒴果具3不等大之翅③。

产朝阳。生于山谷阴湿岩石上、滴水的石灰岩边、疏林阴处、荒坡阴湿处以及山坡林下。

中华秋海棠为中型草本，几无分枝，叶椭圆状卵形，二歧聚伞花序，花小，雄蕊多数，蒴果具翅。

白鲜　芸香科 白鲜属

Dictamnus dasycarpus

Hairy-fruit Gasplant ｜ báixiān

多年生草本；根斜生，肉质粗长，淡黄白色。茎直立①，幼嫩部分密被水泡状油点。羽状复叶有小叶9～13片，对生，无柄，顶生小叶具长柄，椭圆至长圆形，叶缘有细锯齿，叶轴有甚狭窄的叶翼②。总状花序，苞片狭披针形；花瓣白带淡紫红色或粉红带深紫红色脉纹③，倒披针形；雄蕊伸出于花瓣外；萼片及花瓣均密生透明油点。蓇葖果沿腹缝线开裂为5瓣④，每瓣又深裂为2小瓣，瓣的顶角短尖。

全省均有分布。生于山坡、林下、林缘或草甸。

白鲜为多年生草本，羽状复叶，叶轴有狭窄的翼，总状花序，花瓣带深紫红色脉纹，萼片及花瓣有油点，蓇葖果。

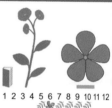

地蔷薇　直立地蔷薇　蔷薇科 地蔷薇属

Chamaerhodos erecta

Little Rose ｜ dìqiángwēi

　　一年生或二年生草本；基生叶密生，莲座状①，2回羽状3深裂，小裂片条形，叶柄长1～2.5厘米；托叶形状似叶；茎生叶似基生叶，3深裂，近无柄。聚伞花序顶生，具多花，二歧分枝形成圆锥花序②，苞片及小苞片2～3裂，裂片条形；花梗细，萼筒倒圆锥形，萼片卵状披针形，花瓣倒卵形，白色或粉红色③，先端圆钝，基部有短爪；花丝比花瓣短。瘦果卵形或长圆形，深褐色，先端具尖头④。

　　产朝阳。生于山坡、丘陵及干旱河滩上。

　　地蔷薇为一年生或二年生草本，叶2回羽状3深裂，小裂片条形，聚伞花序具多花，白色或粉红色，瘦果卵形。

坚硬女娄菜　光萼女娄菜　石竹科 蝇子草属

Silene firma

Firm Silene ｜ jiānyìngnǚlóucài

　　一年生或二年生草本；茎粗壮，直立，有时下部暗紫色①。叶片椭圆状披针形或卵状倒披针形，基部渐狭成短柄状②。假轮伞状间断式总状花序③，花梗直立，常无毛；苞片狭披针形；花萼卵状钟形，无毛，果期微膨大，脉绿色③，萼齿狭三角形，顶端长渐尖，边缘膜质，具缘毛；雌雄蕊柄极短或近无；花瓣白色至粉红色，不露出花萼，瓣片轮廓倒卵形，2裂；副花冠片小，花柱不外露。蒴果长卵形，比宿存萼短④。

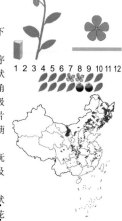

　　产丹东、本溪、鞍山、营口、大连、沈阳、抚顺、铁岭。生于山野、草地、灌丛、荒地、草甸及路旁。

　　坚硬女娄菜为一年生或二年生草本，叶椭圆状披针形或卵状倒披针形，假轮伞状间断式总状花序，花瓣白色至粉红色，蒴果长卵形。

野亚麻　山胡麻　亚麻科 亚麻属

Linum stelleroides

Wild Flax ｜ yěyàmá

一年生或二年生草本；茎自中部以上多分枝。叶互生、线状披针形，无柄，全缘。单花或多花组成聚伞花序，萼片5，绿色，边缘有黑色腺点，宿存；花瓣5，倒卵形，顶端啮蚀状，基部渐狭，淡红色、淡紫色或蓝紫色①；雄蕊5枚，与花柱等长，柱头头状。蒴果球形或扁球形②。

产本溪、丹东、抚顺、鞍山、大连、营口、沈阳。生于山坡、林缘、草地及路旁。

相似种：亚麻【*Linum usitatissimum*，亚麻科亚麻属】一年生草本；叶互生，叶片线状披针形或披针形③，先端锐尖，基部渐狭，无柄。花单生于枝顶或枝的上部叶腋，组成疏散的聚伞花序；花直立，花瓣5，卵形或卵状披针形，蓝色或紫蓝色。蒴果球形，顶端微尖④。原产中亚，西部地区有栽培；生于水边沙土上或路旁阴湿的草丛。

野亚麻叶片线状披针形，萼片边缘有黑色腺点，花淡红色至蓝紫色；亚麻叶片线形，萼片无腺点，花蓝色或紫蓝色。

长药八宝　长药景天　景天科 八宝属

Hylotelephium spectabile

Showy Stonecrop ｜ chángyàobābāo

多年生草本①；茎直立。叶对生或3叶轮生，卵形至宽卵形，或长圆状卵形②，长4~10厘米，宽2~5厘米，先端急尖，基部渐狭，全缘或多少有波状牙齿。花序大，伞房状，顶生，花密生；萼片5，线状披针形至宽披针形，渐尖；花瓣5，淡紫红色至紫红色③，披针形至宽披针形，长4~5毫米；雄蕊10，花药紫色，鳞片5，长方形，先端有微缺；心皮5，狭椭圆形。蓇葖果直立④。

产本溪、鞍山、大连、抚顺、锦州。生于石质山坡或干石缝隙中。

长药八宝为多年生肉质草本，茎直立，叶对生或3叶轮生，伞房状花序顶生，花瓣5，淡紫红色至紫红色，蓇葖果直立。

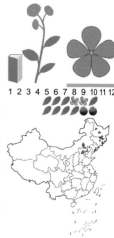

牻牛儿苗 太阳花　牻牛儿苗科 牻牛儿苗属

Erodium stephanianum

Stephan's Stork's Bill　|　mángniúrmiáo

1 2 3 4 5 6 7 8 9 10 11 12

多年生草本；茎多数，仰卧或蔓生。叶对生，二回羽状深裂，小裂片卵状条形①。伞形花序腋生，花梗具2~5花；萼片矩圆状卵形，先端具长芒，被长糙毛；花瓣紫红色②，倒卵形，先端圆形或微凹。蒴果长约4厘米①。

产全省各地。生于山坡、荒地、河岸、沙丘、干草甸子、沟边及路旁。

1 2 3 4 5 6 7 8 9 10 11 12

相似种：鼠掌老鹳草【*Geranium sibiricum*，牻牛儿苗科　老鹳草属】一年生或多年生草本；叶对生，叶片肾状五角形，掌状5深裂③。花单生于叶腋，具1花；花淡紫色或白色④，等于或稍长于萼片，先端微凹或缺刻状，基部具短爪。蒴果长1.5~1.8厘米，果梗下垂。产全省各地；生于荒地、林缘、路旁及住宅附近。

牻牛儿苗伞形花序具2~5花，蒴果长约4厘米；鼠掌老鹳草花单生于叶腋，蒴果长1.5~1.8厘米。

老鹳草 短嘴老鹳草　牻牛儿苗科 老鹳草属

Geranium wilfordii

Wilford's Geranium　|　lǎoguàncǎo

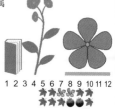

1 2 3 4 5 6 7 8 9 10 11 12

多年生草本；叶对生，叶片扁肾形，5深裂达2/3处①。花序腋生和顶生，稍长于叶；总花梗每梗具2花②；苞片钻形；花梗花、果期通常直立；花瓣长5~6毫米；花瓣白色或淡红色，倒卵形。

产本溪、抚顺、沈阳、鞍山。生于荒地、林缘、路旁及住宅附近。

1 2 3 4 5 6 7 8 9 10 11 12

相似种：突节老鹳草【*Geranium krameri*，牻牛儿苗科　老鹳草属】多年生草本；叶片肾圆形，掌状5深裂近基部。花序每梗具2花；花瓣紫红色③，具深紫色脉纹。蒴果长约2.5厘米，被短糙毛④。产丹东、本溪、抚顺、营口、大连；生于草甸、灌丛、岗地及路边。

老鹳草花瓣白色或淡红色，花直径1厘米左右；突节老鹳草花瓣紫红色，花直径约2厘米。

缬草 兴安缬草 忍冬科/败酱科 缬草属

Valeriana officinalis

Garden Valerian | xiécǎo

多年生草本；茎直立①，中空，有粗纵棱，被长粗毛；根状茎有香气。叶对生，幼时被毛，基部第一、二对叶较小，1～2对羽状全裂，余叶3～4对羽状全裂，中央裂片最大，近圆形或宽卵形，顶端圆钝，边缘有粗大齿裂，基部稍下延；茎生叶柄渐短至近无柄。花成伞房状多歧聚伞花序②，苞片和小苞片羽状全裂至条形；花冠淡粉色，筒状，5裂③；雄蕊3；子房下位。瘦果窄三角卵形，顶端有毛状宿存花萼④。

产丹东、本溪、鞍山、大连、沈阳、锦州。生于山坡草地、林下、灌丛、草甸及沟边。

缬草为多年生草本，叶对生，羽状全裂，伞房状三出聚伞圆锥状花序，花冠淡粉色，瘦果有毛状宿存花萼。

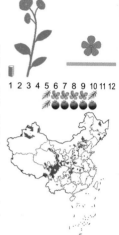

野葵 北锦葵 锦葵科 锦葵属

Malva verticillata

Cluster Mallow | yěkuí

二年生草本；叶肾形或圆形，通常为掌状5～7裂①，裂片三角形，具钝尖头，边缘具钝齿，两面近无毛；叶柄上面槽内被茸毛。花3至多朵簇生于叶腋①，具极短柄至近无柄；萼杯状，萼裂5；花冠长稍微超过萼片，淡红色②，花瓣5，先端凹入，爪无毛或具少数细毛。果扁球形，背面平滑，两侧具网纹。

全省广泛分布。生于路旁、田间及住宅附近。

相似种：锦葵【*Malva cathayensis*，锦葵科 锦葵属】多年生草本；叶圆心形或肾形，具5～7圆齿状钝裂片③；叶柄近无毛。花3～11朵簇生，花梗长1～2厘米；花紫红色④，花瓣5，匙形。果扁圆形，肾形。原产亚洲、欧洲及北美洲，各地有栽培或逸生。产沈阳、营口、阜新、朝阳、锦州；生于杂草地、山坡、庭院和住宅附近。

野葵近无花梗，花冠长稍微超过萼片，淡红色；锦葵花梗长，花冠超过萼片数倍，紫红色。

肾叶报春　报春花科 报春花属

Primula loeseneri

Loesener's Primrose ｜ shènyèbàochūn

1 2 3 4 5 6 7 8 9 10 11 12

多年生草本；叶2～3枚丛生，叶片肾圆形至近圆形，基部心形，边缘7～9浅裂①，裂片三角形；叶脉掌状。伞形花序通常2轮，每轮2～8花；花萼钟状，分裂达全长的1/2～3/4，裂片披针形；花冠红紫色②，冠筒口周围绿黄色，裂片倒卵形，先端具深圆凹缺。蒴果椭圆体状，短于宿存花萼。

产本溪、丹东。生于林下及林缘。

相似种：岩生报春【*Primula saxatilis*，报春花科　报春花属】多年生草本；叶3～8枚丛生，叶片阔卵形至矩圆状卵形，中肋和5～7对侧脉在叶下面显著。伞形花序1～2轮，每轮3～9（15）花；花梗稍纤细；花萼近筒状，分裂达中部③，直立，不展开；花冠淡紫红色④。产葫芦岛、朝阳；生于林下和岩石缝中。

肾叶报春叶片肾圆形，叶脉掌状；岩生报春叶片阔卵形至矩圆状卵形，叶脉羽状。

1 2 3 4 5 6 7 8 9 10 11 12

瘤毛獐牙菜　紫花当药　龙胆科 獐牙菜属

Swertia pseudochinensis

False Chinense Felwort ｜ liúmáozhāngyácài

一年生草本；茎直立，四棱形。叶无柄，线状披针形至线形①。圆锥状复聚伞花序多花，开展，花5数；花萼绿色，与花冠近等长，裂片线形；花冠蓝紫色，具深色脉纹②，裂片披针形，先端锐尖，基部具2个腺窝，腺窝矩圆形，沟状，基部浅囊状，边缘具长柔毛状流苏，流苏表面有瘤状突起；花丝线形。

产丹东、本溪、抚顺、沈阳、鞍山、大连、锦州。生于山坡灌丛、杂木林下、路边及荒地。

相似种：笔龙胆【*Gentiana zollingeri*，龙胆科龙胆属】一年生草本；基生叶卵圆形，先端钝圆形；茎生叶常密集，覆瓦状排列③。花单生于小枝顶端，花萼漏斗形；花冠淡蓝色④，外面具黄绿色宽条纹。产丹东、本溪、抚顺、沈阳；生于草甸、灌丛中及林下。

瘤毛獐牙菜叶线状披针形至线形，花冠基部具长柔毛状流苏；笔龙胆叶卵圆形，花冠无流苏状毛。

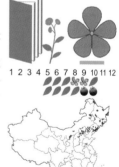

1 2 3 4 5 6 7 8 9 10 11 12

斑种草　斑种细叠子草　紫草科 斑种草属

Bothriospermum chinense

Chinese Bothriospermum ｜ bānzhǒngcǎo

　　一年生草本；茎数条丛生，直立或斜升。基生叶及茎下部叶具长柄，匙形或倒披针形①；茎中部及上部叶无柄，长圆形或狭长圆形。花序长，苞片卵形或狭卵形；花萼裂片披针形；花冠淡蓝色②，裂片圆形；花丝极短；花柱短。小坚果肾形，有突起。

　　产锦州、葫芦岛、朝阳、盘锦。生于荒野路边、山坡草丛及林下。

　　相似种：大果琉璃草【*Cynoglossum divaricatum*，紫草科 琉璃草属】多年生草本；叶披针形③。花序顶生及腋生，花萼向下反折；花初开紫红色，后变为蓝紫色，喉部有5个梯形附属物④，花柱肥厚。小坚果卵形，密生锚状刺。产朝阳、阜新、葫芦岛；生于干山坡、草地、沙丘、石滩及路边。

　　斑种草花冠淡蓝色，小坚果肾形，有突起；大果琉璃草花初开紫红色，后变为蓝紫色，小坚果卵形，密生锚状刺。

鹤虱　东北鹤虱　紫草科 鹤虱属

Lappula myosotis

Myosotis Stickseed ｜ hèshī

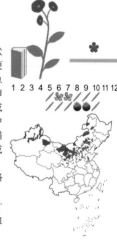

　　一年生或二年生草本；茎直立。基生叶长圆状匙形①；茎生叶较短而狭，披针形或线形②。花梗果期伸长；花萼5深裂，几达基部，裂片线形，急尖；花冠淡蓝色③，漏斗状至钟状，裂片长圆状卵形，喉部附属物梯形。小坚果卵状，背面狭卵形或长圆状披针形，通常有颗粒状疣突，稀平滑或沿中线龙骨状突起上有小棘突，边缘有2行近等长的锚状刺④，通常直立，小坚果腹面通常具棘状突起或有小疣状突起。

　　产全省各地。生于河谷草甸、山坡草地及路旁。

　　鹤虱为一年生或二年生草本，茎直立，茎生叶线状披针形或线形，花冠淡蓝色，小坚果卵状，边缘有2行锚状刺。

紫筒草 白毛草 紫草科 紫筒草属

Stenosolenium saxatile

Stenosolenium | zǐtǒngcǎo

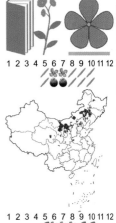

1 2 3 4 5 6 7 8 9 10 11 12

一年生草本；茎通常数条，直立或斜升。基生叶和下部叶呈状线形①，近花序的叶披针状线形。花序顶生，密生硬毛；苞片叶状；花具短花梗；花萼裂片钻形，果期直立，基部包围果实；花冠蓝紫色②、紫色或白色，花冠筒细，明显较檐部长，通常稍弧曲，裂片开展。

产朝阳、阜新、锦州、葫芦岛。生于沙丘、草地、路旁及石质坡地。

相似种：湿地勿忘草【*Myosotis caespitosa***，紫草科 勿忘草属】**多年生草本；茎下部叶具柄，叶片长圆形至倒披针形；茎中部以上叶无柄，叶片倒披针形或线状披针形③。花序花后伸长，无苞片或仅下部数花有线形苞片；花萼钟状，花冠淡蓝色④，喉部黄色。产阜新、朝阳；生于溪边、水湿地及山坡湿润地。

紫筒草密生硬毛，叶无柄，花冠蓝紫色、紫色或白色；湿地勿忘草无毛，下部叶有柄，花冠淡蓝色。

附地菜 伏地菜 紫草科 附地菜属

Trigonotis peduncularis

Pedunculate Trigonotis | fùdìcài

1 2 3 4 5 6 7 8 9 10 11 12

一年生或二年生草本；茎通常多条丛生①。基生叶呈莲座状，有叶柄，叶片匙形；茎上部叶长圆形②。花序生茎顶，幼时卷曲；花梗短，花后伸长，顶端与花萼连接部分变粗呈棒状；花萼裂片卵形，先端急尖；花冠淡蓝色或粉色（②左上）。小坚果4，背面三角状卵形。

产丹东、沈阳、大连、锦州、营口。生于田野、路旁、荒地及住宅附近。

相似种：北附地菜【*Trigonotis radicans***，紫草科 附地菜属】**多年生草本；茎数条丛生，不分枝或上部分枝。叶椭圆状卵形，秋季增大。花序顶生③，花冠淡蓝色，喉部附属物5，梯形。小坚果4，幼果为斜三棱锥状四面体形④。产锦州、鞍山、丹东、本溪、大连；生于山地林缘、灌丛及山谷。

附地菜叶小，花小，花序幼时卷曲；北附地菜叶大，花大，花序幼时不卷曲。

假酸浆 鞭打绣球 茄科 假酸浆属

Nicandra physalodes

Apple of Peru | jiǎsuānjiāng

一年生草本；茎直立，有棱条。叶卵形或椭圆形①，顶端急尖或短渐尖，基部楔形，边缘有具圆缺的粗齿。花单生于枝腋而与叶对生，通常具较叶柄长的花梗，俯垂；花萼5深裂，裂片顶端尖锐，基部心脏状箭形，有2尖锐的耳片，果时包围果实；花冠钟状，浅蓝色②，檐部有折襞。浆果球状，黄色。

原产南美洲。现由栽培逸为野生，产丹东、沈阳、大连、朝阳、锦州、葫芦岛。

相似种：青杞【*Solanum septemlobum***，茄科 茄属】**一年生草本；叶互生，卵形，两面均疏被短柔毛，在中脉、侧脉及边缘上较密。二歧聚伞花序，萼小，萼齿三角形，花冠青紫色③，花冠筒隐于萼内，花药黄色。浆果近球状④，熟时红色。产朝阳、阜新；生于山坡向阳处、沙丘或低洼湿地、林下。

假酸浆花单生于叶腋，花萼花后增大，包围果实；青杞花集生于聚伞花序上，花萼不包围果实。

华北耧斗菜 紫霞耧斗菜 毛茛科 耧斗菜属

Aquilegia yabeana

Yabe's Columbine | huáběilóudǒucài

多年生草本；茎上部分枝。基生叶数个，有长柄，为一回或二回三出复叶①，小叶菱状倒卵形或宽菱形，3裂，边缘有圆齿；茎中部叶有稍长柄，通常为二回三出复叶；上部叶小，有短柄，为一回三出复叶。花序有少数花，花下垂②，萼片紫色，狭卵形；花瓣紫色③，瓣片顶端圆截形，距末端钩状内曲；心皮5，子房密被短腺毛。蓇葖果，隆起的脉网明显④。种子黑色，狭卵球形。

产丹东、朝阳。生于山坡、林缘及山沟石缝间。

华北耧斗菜为多年生草本，二回三出复叶，萼片紫色，花瓣紫色，距末端钩状内曲，蓇葖果。

罗布麻　夹竹桃科　罗布麻属

Apocynum venetum

Indian Hemp ｜ luóbùmá

　　直立半灌木①；具乳汁；枝条对生或互生。叶对生，叶片椭圆状披针形至卵圆状长圆形②，叶缘具细牙齿。圆锥状聚伞花序一至多歧，通常顶生；苞片膜质，披针形；花萼5深裂，裂片披针形或卵圆状披针形；花冠圆筒状钟形，紫红色或粉红色③，花冠裂片卵圆状长圆形；雄蕊着生在花冠筒基部，与副花冠裂片互生，花药箭头状，花丝短；子房由2枚离生心皮所组成。蓇葖果2枚，平行或叉生，下垂④。

　　产沈阳、阜新、葫芦岛、鞍山、盘锦、营口、大连、锦州。生于盐碱荒地、沙质地、河流两岸、冲积平原、湖泊周围及草甸子上。

　　罗布麻为直立半灌木，具乳汁，叶对生，椭圆状披针形，花冠圆筒状钟形，紫红色或粉红色，蓇葖果2枚，下垂。

荠苨　心叶沙参　桔梗科　沙参属

Adenophora trachelioides

Throatwort-like Lady Bells ｜ jìnǐ

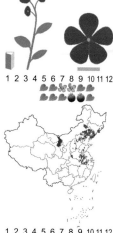

　　多年生草本；茎单生。基生叶心状肾形①；茎生叶心形或在茎上部的叶基部近于平截形，边缘为单锯齿或重锯齿。圆锥花序，花萼筒部倒三角状圆锥形，裂片长椭圆形或披针形；花冠钟状，蓝色、蓝紫色②，裂片宽三角状半圆形，顶端急尖；花盘筒状，花柱与花冠近等长。蒴果卵状圆锥形。

　　产全省各地。生于林间草地及石质山坡。

　　相似种：薄叶荠苨【*Adenophora remotiflora***，桔梗科　沙参属】**多年生草本；茎光滑，有白色乳汁。单叶互生，叶卵形状披针形③。花序呈椭总状或狭圆锥状，花下垂，萼筒广卵形；花冠钟状，蓝色、蓝紫色或白色④，裂片三角形。蒴果倒卵形。产丹东、本溪、营口、大连、朝阳、锦州；生于山坡、林间草地、林缘及路旁。

　　荠苨叶质厚，茎生叶心形，花萼筒倒三角状圆锥形；薄叶荠苨叶质薄，叶卵形状披针形，花期萼筒倒广卵形。

石沙参　糙萼沙参　桔梗科 沙参属
Adenophora polyantha
Many-flower Lady Bells　│　shíshāshēn

多年生草本；基生叶叶片心状肾形，边缘具不规则粗锯齿；茎生叶卵形至披针形①。花序常不分枝而成假总状花序，或有短的分枝而组成狭圆锥花序，花梗短；花萼筒部倒圆锥状，裂片狭三角状披针形；花冠紫色或深蓝色，钟状②，裂片常先直而后反折；花柱常稍稍伸出花冠。蒴果卵状椭圆形。

产丹东、营口、大连、鞍山、抚顺、铁岭、朝阳、葫芦岛等。生于阳坡开旷草地上。

相似种：轮叶沙参【*Adenophora tetraphylla*，桔梗科 沙参属】多年生草本；叶3～6枚轮生，条状披针形③。花序狭圆锥状，分枝大多轮生，花萼无毛，裂片钻状；花冠筒状细钟形，口部稍缢缩，蓝色、蓝紫色④。产朝阳、葫芦岛、锦州、阜新、沈阳、鞍山、抚顺；生于山地林缘、山坡、草地、灌丛及草甸。

石沙参叶互生，花萼裂片狭三角状披针形；轮叶沙参叶轮生，花萼裂片钻状。

桔梗　桔梗科 桔梗属
Platycodon grandiflorus
Balloon Flower　│　jiégěng

多年生草本；植株有白色乳汁。根肥壮，肉质。叶片卵形、卵状椭圆形至披针形①。花单朵顶生，花萼筒部半圆球状，被白粉，裂片三角形，花冠大，蓝色或紫色②，先端5浅裂或中裂，裂片三角形；先端尖；雄蕊5，花丝短，基部膨大；子房下半部与萼筒合生，呈半球形，花柱较长。

全省广泛分布。生于山地林缘、山坡、草地、灌丛或草甸。

相似种：聚花风铃草【*Campanula glomerata* subsp. *speciosa*，桔梗科 风铃草属】多年生草本；叶椭圆形、长卵形至卵状披针形③。花数朵集成头状花序，总苞卵圆状三角形，每朵花下有一枚苞片；花冠紫色、蓝紫色④或蓝色，管状钟形。产本溪、抚顺、丹东、鞍山、大连、沈阳；生于林缘、灌丛、山坡及路边草地。

桔梗花单朵顶生，花大，花冠筒短；聚花风铃草花数朵集成头状花序，花小，花冠筒长。

北齿缘草　　紫草科 齿缘草属

Eritrichium borealisinense

North China Eritrichium ｜ běichǐyuáncǎo

多年生草本；茎数条。基生叶倒披针形；茎生叶倒披针形或披针形①。花序分枝2～3个，分枝有数朵至十余朵花②；花梗较粗壮，生白伏毛；花萼裂片长圆状披针形至长圆状线形，花期直立，果期多斜展；花冠蓝色，附属物半月形至矮梯形，伸出喉外；花药长圆形。小坚果近陀螺状③，密布小疣突和刚毛，中肋边缘有三角形锚状刺。

产朝阳。生于山坡草地、石缝、灌丛和石质干山坡。

北齿缘草为多年生草本，茎生叶倒披针形或披针形，花序分枝2～3个，花冠钟状，蓝色，小坚果陀螺状，密布小疣突和刚毛。

独根草　　虎耳草科 独根草属

Oresitrophe rupifraga

Oresitrophe ｜ dúgēncǎo

多年生草本；根状茎粗壮，具芽，芽鳞棕褐色。叶均基生，2～3枚①，叶片心形至卵形，先端短渐尖，边缘具不规则齿牙，基部心形②，腹面近无毛，背面和边缘具腺毛；叶柄被腺毛。花葶不分枝，密被腺毛，多歧聚伞花序，多花③，无苞片；花梗与花序梗均密被腺毛，有时毛极疏；萼片5～7，不等大，卵形至狭卵形，先端急尖或短渐尖，全缘，具多脉，无毛；雄蕊10～13；心皮2，基部合生；子房近上位④。

产朝阳。生于山谷及悬崖阴湿石隙中。

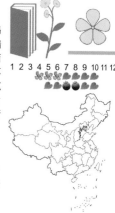

独根草为多年生草本，叶基生，2～3枚，叶片心形至卵形，多歧聚伞花序，多花，无苞片，紫红色。

草本植物 花紫色 辐射对称 花瓣六

白头翁 毛姑朵花　毛茛科 白头翁属

Pulsatilla chinensis

Chinese Pasqueflower ｜ báitóuwēng

多年生草本；基生叶4～5枚，有长柄；叶片宽卵形，3全裂，末回裂片卵形①。花葶1～2，有柔毛，苞片3，基部合生成筒，3深裂，深裂片线形，不分裂或上部3浅裂，背面密被长柔毛；花直立，萼片蓝紫色②，长圆状卵形，背面有密柔毛。聚合果，瘦果纺锤形，宿存花柱有长柔毛。

产铁岭、沈阳、抚顺、锦州、葫芦岛、阜新、大连。生于草地、干山坡、林缘及灌丛中。

相似种：朝鲜白头翁【*Pulsatilla cernua***，毛茛科　白头翁属】**多年生草本；基生叶4～6枚，叶片卵形，3全裂，二回全裂片二回深裂，末回裂片披针形。萼片紫红色③，长圆形或卵状长圆形。聚合果，宿存花柱有开展的长柔毛④。产丹东、本溪、沈阳、大连；生于草地、干山坡、林缘、河岸、路旁及灌丛中。

白头翁叶片宽卵形，末回裂片卵形，萼片蓝紫色；朝鲜白头翁叶片卵形，末回裂片披针形，萼片紫红色。

千屈菜 水柳　对叶莲　千屈菜科 千屈菜属

Lythrum salicaria

Purple Loosestrife ｜ qiānqūcài

多年生草本；茎直立，多分枝，全株青绿色，枝通常具4棱①。叶对生或三叶轮生，披针形，基部圆形，有时略抱茎，全缘，无柄②。花组成小聚伞花序，簇生，因花梗及总梗极短，花枝全形似一大型穗状花序，苞片阔披针形至三角状卵形；萼筒有纵棱12条，稍被粗毛，裂片6，三角形；附属体针状，直立，花瓣6，红紫色或淡紫色，倒披针状长椭圆形，基部有短爪，稍皱缩④。蒴果扁圆形③。

产抚顺、沈阳、朝阳、铁岭、大连、锦州、葫芦岛、阜新。生于河边、沼泽地及水边湿地。

千屈菜为多年生草本，茎直立，多分枝，叶对生或三叶轮生，披针形，花瓣6，红紫色或淡紫色，蒴果扁圆形。

长梗韭 长梗葱 石蒜科/百合科 葱属

Allium neriniflorum

Nerine-flower Onion | chánggěngjiǔ

植株无葱蒜气味。鳞茎单生，卵球状至近球状。叶圆柱状或近半圆柱状，等长于或长于花葶。花葶圆柱状，下部被叶鞘；总苞单侧开裂；伞形花序疏散①；小花梗不等长，基部具小苞片；花红色至紫红色②；花被片基部互相靠合成管状，分离部分星状开展；花丝约为花被片长的1/2；柱头3裂。

产沈阳、大连、营口、葫芦岛、锦州、阜新。生于山坡、湿地、草地或海边沙地。

相似种：山韭【*Allium senescens*，石蒜科/百合科 葱属】多年生草本；鳞茎单生或数枚聚生。叶狭条形至宽条形。花葶圆柱状，具棱2纵棱；伞形花序半球状至近球状，具多而稍密集的花③；小花梗近等长，花紫红色至淡紫色④，花丝等长。产大连、铁岭、锦州、阜新；生于干燥的石质山坡、林缘、荒地、路旁。

长梗韭无葱蒜味，花梗长4.5～11厘米；山韭有葱蒜味，花梗长1.2～2.4厘米。

薤白 石蒜科/百合科 葱属

Allium macrostemon

Longstamen Onion | xièbái

多年生草本；鳞茎近球状，基部常具小鳞茎。叶3～5枚，半圆柱状，比花葶短。花葶圆柱状，总苞2裂，比花序短；伞形花序具多而密集的花①，或间具珠芽；小花梗近等长，基部具小苞片，珠芽暗紫色，花淡紫色或淡红色②，花被片矩圆状卵形至矩圆状披针形，花柱伸出花被外。

产本溪、抚顺、沈阳、鞍山、大连、铁岭、锦州、葫芦岛。生于田间、路旁、山野及荒地。

相似种：球序韭【*Allium thunbergii*，石蒜科/百合科 葱属】多年生草本；鳞茎常单生。叶三棱状条形，中空或基部中空③。花葶圆柱状，总苞单侧开裂或2裂；伞形花序球状，具多而极密集的花，花红色至紫色④。产鞍山、大连、铁岭、丹东、本溪、营口、葫芦岛；生于草地、湿草地、山坡及林缘。

薤白鳞茎基部常具小鳞茎，伞形花序带珠芽；球序韭鳞茎单生，无小鳞茎，伞形花序无珠芽。

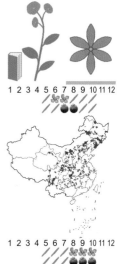

紫苞鸢尾　紫石蒲　鸢尾科　鸢尾属

Iris ruthenica

Ever Blooming Iris ｜ zǐbāoyuānwěi

多年生草本；叶条形，基部鞘状，有3～5条纵脉②。花茎纤细，有2～3枚茎生叶；苞片边缘带红紫色①，披针形或宽披针形，内包含有1朵花；花蓝紫色，外花被裂片倒披针形，有白色及深紫色的斑纹①，内花被裂片直立，狭倒披针形，花柱分枝扁平，顶端裂片狭三角形，子房狭纺锤形。

产朝阳、葫芦岛、锦州、铁岭、沈阳、丹东、大连。生于向阳草地及向阳山坡。

相似种：粗根鸢尾【*Iris tigridia***，鸢尾科　鸢尾属】**多年生草本；须根肉质。叶深绿色，果期伸长。花茎细，苞片黄绿色，膜质，内包含有1朵花③；花蓝紫色，外花被裂片狭倒卵形，有紫褐色及白色的斑纹，中脉上有黄色须毛状的附属物④，内花被裂片顶端微凹。产朝阳、锦州、阜新、沈阳、铁岭、大连；生于沙质草原、灌丛及干山坡上。

紫苞鸢尾苞片边缘带红紫色，外花被无附属物；粗根鸢尾苞片黄绿色，外花被中脉上有黄色须毛状的附属物。

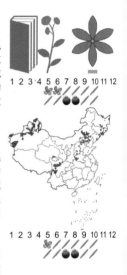

1 2 3 4 5 6 7 8 9 10 11 12

1 2 3 4 5 6 7 8 9 10 11 12

马蔺　尖瓣马蔺　鸢尾科　鸢尾属

Iris lactea

Chinese Iris ｜ mǎlìn

多年生密丛草本；根状茎粗壮，木质，斜伸。叶基生，坚韧，条形①。花茎下部具2～3枚茎生叶，上端着生2～4朵花；苞片3～5，狭长圆状披针形；花蓝色、淡蓝色或蓝紫色②，花被管极短，外花被裂片倒披针形，先端尖，中部有黄色条纹，内花被裂片披针形，较小而直立。蒴果长椭圆形。

全省广泛分布。生于干燥沙质草地、路边、山坡草地。

相似种：野鸢尾【*Iris dichotoma***，鸢尾科　鸢尾属】**多年生草本；叶在花茎基部互生，剑形③，顶端多弯曲呈镰刀形，基部鞘状抱茎。花茎上部二歧状分枝，花蓝紫色，有棕褐色的斑纹④，花柱分枝扁平，花瓣状。产朝阳、葫芦岛、锦州、阜新、铁岭、沈阳、丹东、大连；生于向阳草地、干山坡、固定沙丘及沙质地。

马蔺叶基生，条形，花茎不分枝；野鸢尾叶互生，剑形，花茎上部二歧状分枝。

1 2 3 4 5 6 7 8 9 10 11 12

1 2 3 4 5 6 7 8 9 10 11 12

花蔺 蒲子莲 花蔺科 花蔺属

Butomus umbellatus

Flowering Rush | huālìn

多年生水生草本；叶基生，上部伸出水面，三棱状条形①，先端渐尖，基部呈鞘状。花葶圆柱形，伞形花序顶生②，基部有苞片3枚，卵形；花两性，外轮花被片3，椭圆状披针形，绿色，稍带紫色，宿存；内轮花被片3，椭圆形，初开时白色，后变成淡红色或粉红色③；雄蕊9，花丝基部稍宽，花药带红色；心皮6，粉红色，排成1轮，基部常连合，柱头纵折状，子房内有多数胚珠。蓇葖果成熟时从腹缝开裂④。

产沈阳、铁岭、锦州、盘锦、鞍山、大连、营口、阜新。生于池塘、湖泊浅水或沼泽中。

花蔺为多年生水生草本，叶基生，花葶圆柱形，伞形花序顶生，花两性，白色至粉红色，蓇葖果沿腹缝开裂。

雨久花 蓝鸟花 雨久花科 雨久花属

Monochoria korsakowii

Heart-leaf False Pickerelweed | yǔjiǔhuā

一年生直立水生草本；茎直立，全株光滑无毛。基生叶宽卵状心形①，全缘，具多数弧状脉；叶柄有时膨大成囊状；茎生叶叶柄渐短，基部增大成鞘，抱茎。总状花序顶生，花10朵，具花梗；花被片椭圆形；雄蕊6枚，花浅蓝色②，花药黄色，花丝丝状。蒴果长卵圆形，包于宿存花被片内。

产阜新、铁岭、抚顺、沈阳、丹东、大连、锦州。生于池塘、湖沼靠岸的浅水处及稻田中。

相似种：鸭舌草【_Monochoria vaginalis_，雨久花科 雨久花属】一年生草本；叶片心状宽卵形、长卵形至披针形③，全缘，具弧状脉。总状花序从叶柄中部抽出，该处叶柄扩大成鞘状；花序梗短，花3～5朵，蓝色④；花被片卵状披针形或长圆形。产沈阳、营口、铁岭、本溪、抚顺；生于稻田、池沼及水沟边。

雨久花叶宽卵状心形，总状花序顶生，花多；鸭舌草叶长圆状卵形，总状花序腋生，花少。

绵枣儿

天门冬科/百合科 绵枣儿属

Barnardia japonica

Chinese Squill | miánzǎor

多年生草本；鳞茎卵形或近球形。基生叶通常2~5枚，狭带状，柔软①。花葶通常比叶长；总状花序具多数花，花紫红色、粉红色②至白色，小，在花梗近顶端脱落；花梗基部有1~2枚较小的狭披针形苞片；花被片近椭圆形、倒卵形或狭椭圆形，基部稍合生而呈盘状，先端钝而且增厚。

产全省大部分地区。生于多石山坡、草地、林缘及沙质地。

相似种：知母【*Anemarrhena asphodeloides*，天门冬科/百合科 知母属】多年生草本；根状茎横走。叶基生，线形③。花序稀疏而狭长，花常2~3朵簇生；花绿色或紫堇色④；花被片6，基部稍合生，条形，宿存，排成2轮，长圆形，有3条淡紫色纵脉。全省广泛分布；生于山坡、林缘、路旁及草地。

绵枣儿鳞茎卵形，有花梗，花被仅基部合生；知母根状茎横走，无花梗，基部合生成条形花冠筒。

芍药

芍药科/毛茛科 芍药属

Paeonia lactiflora

Chinese Peony | sháoyao

多年生草本；茎无毛①。下部茎生叶为二回三出复叶，上部茎生叶为三出复叶，小叶狭卵形、椭圆形或披针形，顶端渐尖，基部楔形或偏斜，边缘具白色骨质细齿。花数朵，生茎顶和叶腋，而近顶端叶腋处有发育不好的花芽，苞片4~5，披针形；萼片4，宽卵形或近圆形，花瓣9~13，倒卵形，淡粉色②，有时基部具深紫色斑块；花丝黄色③；花盘浅杯状，包裹心皮基部，心皮2~5。蓇葖果，顶端具喙④。

产沈阳、鞍山、抚顺、阜新、朝阳、葫芦岛。生于山坡、山沟阔叶林下、林缘、灌丛间及草甸上。

芍药为多年生草本，茎无毛，叶革质，小叶狭卵形，花数朵生顶端或叶腋，淡粉色，蓇葖果，具喙。

莲 菡萏 莲科/睡莲科 莲属

Nelumbo nucifera

Sacred Lotus | lián

多年生水生草本；根状茎横生，肥厚，下生须状不定根。叶圆形，盾状，全缘稍呈波状①；叶柄粗壮，外面散生小刺。花梗和叶柄等长或稍长，也散生小刺；花美丽，芳香，花瓣红色、粉红色或白色；花药条形，花丝细长②，着生在花托之下；花柱极短，柱头顶生。坚果椭圆形或卵形，藏于膨大果托内。

产本溪、大连、营口、沈阳、葫芦岛、鞍山、阜新、抚顺。生于池沼、水坑中。

相似种：芡【*Euryale ferox*，睡莲科 芡属】一年生草本；浮水叶革质，椭圆肾形至圆形，两面在叶脉分枝处有锐刺③。花长约5厘米；萼片披针形，外面密生稍弯硬刺；花瓣多数，紫红色，具白斑④。浆果球形，外面密生硬刺。产沈阳、铁岭、锦州、阜新、营口、大连；生于池沼、湖泊及水坑中。

莲叶无刺，伸出水面，果实藏于膨大的果托内；芡叶有刺，漂浮于水面，无膨大的果托。

刺果甘草 头序甘草 豆科 甘草属

Glycyrrhiza pallidiflora

Pale-flower Licorice | cìguǒgāncǎo

多年生草本；根和根状茎无甜味；茎直立，多分枝①。小叶9～15枚，披针形。总状花序腋生，花密集成球状；总花梗短于叶，苞片钻状披针形，具腺点；花萼钟状，基部常疏被短柔毛；萼齿5，披针形；花冠淡紫色、紫色或淡紫红色②。果序呈椭圆状，荚果卵圆形，顶端具突尖，外面被刚硬的刺。

产沈阳、本溪、鞍山、营口、锦州、阜新、抚顺、大连。常生于河滩地、岸边、田野、路旁。

相似种：甘草【*Glycyrrhiza uralensis*，豆科 甘草属】多年生草本；根与根状茎具甜味。托叶三角状披针形，小叶5～17枚③、卵形、长卵形或近圆形。总状花序腋生，具多数花④。荚果弯曲，呈镰刀状或呈环状，密集成球体。产朝阳、阜新、锦州、沈阳；生于干旱沙地、河岸沙质地、山坡草地及盐渍化土壤中。

刺果甘草根和根状茎无甜味，荚果外面被刚硬的刺；甘草根与根状茎具甜味，荚果外面无刺。

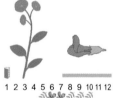

达乌里黄芪 兴安黄芪 豆科 黄芪属

Astragalus dahuricus

Astragalus Membranaceus | dáwūlǐhuángqí

一年生或二年生草本；茎直立，分枝，有细棱。羽状复叶有11～23片小叶②，小叶长圆形，先端圆或略尖。总状花序较密，多花，花萼斜钟状，花冠紫色①，旗瓣近倒卵形，长12～14毫米，宽6～8毫米，翼瓣长约10毫米，瓣片弯长圆形，龙骨瓣长约13毫米，瓣片近倒卵形。荚果线形。

产阜新、朝阳、沈阳、营口、锦州。生于向阳山坡、河岸沙砾地及田甸。

相似种：紫苜蓿【Medicago sativa，豆科 苜蓿属】多年生草本；羽状三出复叶，小叶长卵形③。花序总状或头状，具花5～30朵；总花梗挺直，比叶长；花冠淡黄、深蓝至暗紫色，花瓣均具长瓣柄。荚果螺旋状紧卷2～6圈④，熟时棕色。原产伊朗，逸为野生，全省分布；生于路旁、沟边、荒地及田边。

达乌里黄芪为羽状复叶，荚果线形；紫苜蓿为羽状三出复叶，荚果螺旋状紧卷2～6圈。

农吉利 紫花野百合 豆科 猪屎豆属

Crotalaria sessiliflora

Rattlepods | nóngjílì

一年生草本；茎直立，分枝，被白色伏毛。托叶线形，单叶①，形状常变异较大，叶柄近无。总状花序顶生或腋生，密生枝顶，形似头状，花一至多数；苞片线状披针形；花梗短；花萼二唇形，萼齿阔披针形，先端渐尖；花冠蓝色或紫蓝色②，包被萼内。荚果短圆柱形，包于萼内，下垂，紧贴于枝①。

产抚顺、鞍山、本溪、丹东、大连、营口、辽阳。生于山坡荒地、路边及灌丛中。

相似种：硬毛棘豆【Oxytropis hirta，豆科 棘豆属】多年生草本；无地上茎，全株被开展的长硬毛。叶基生，奇数羽状复叶③；托叶膜质；小叶4～9对，卵状披针形。总状花序多花，密集成穗状，花冠蓝色或紫蓝色④。荚果包于萼内，长卵形。产辽西各市及沈阳、大连；生于山坡、丘陵、山地林缘草甸及草甸草原。

农吉利茎直立，单叶，荚果下垂；硬毛棘豆无地上茎，羽状复叶，荚果不下垂。

长萼鸡眼草 豆科 鸡眼草属

Kummerowia stipulacea

Korean Clover | cháng'èjīyǎncǎo

一年生草本；多分枝。三出叶，倒卵形或倒卵
状楔形，先端微凹，全缘。花常1～2朵腋生，小苞
片4，生于花梗关节之下；花梗有毛；花萼膜质；
花冠上部暗紫色①，旗瓣椭圆形，先端微凹，翼瓣
狭披针形，龙骨瓣钝，上面有暗紫色斑点。荚果椭
圆形或卵形，稍侧偏，常较萼长1.5～3倍②。

产全省各地。生于路旁、草地、山坡、固定或
半固定沙丘。

**相似种：鸡眼草【Kummerowia striata，豆科 鸡
眼草属】**一年生草本；茎和枝上被倒生的白色细
毛。叶为三出羽状复叶，托叶大，膜质，有缘毛；
小叶倒卵形，花小，单生或2～3朵簇生于叶腋；花
冠粉红色或紫色③。荚果圆形，较萼稍长或长达2倍
④。产全省各地；生于路边、田边、溪边、沙质地
或山坡草地。

长萼鸡眼草小枝上的毛向上，荚果较萼长
1.5～3倍；鸡眼草小枝上的毛向下，荚果较萼稍长
或长达2倍。

1 2 3 4 5 6 7 8 9 10 11 12

米口袋 少花米口袋 豆科 米口袋属

Gueldenstaedtia verna

Spring Gueldenstaedtia | mǐkǒudài

多年生草本；羽状复叶，叶柄具沟；小叶
7～19片，长椭圆形至披针形①，两面被疏柔毛。
伞形花序有花2～4朵，总花梗约与叶等长；苞片长
三角形，小苞片线形，花萼钟状，萼齿披针形，上
2萼齿约与萼筒等长，下3萼齿较短小，最下一片最
小；花冠红紫色②，子房椭圆状。荚果长圆筒状。

产辽西各市及沈阳、鞍山、大连。生于山坡、
草地、路旁、田野及荒地。

**相似种：野火球【Trifolium lupinaster，豆科 车
轴草属】**多年生草本；掌状复叶，小叶3～9枚③；
托叶膜质，抱茎，呈鞘状，叶柄几全部与托叶合
生；小叶披针形。头状花序具花20～35朵；花冠淡
红色至紫红色④。荚果长圆形，膜质，棕灰色。产
抚顺、营口、阜新、朝阳；生于低湿草地、林缘灌
丛及高山苔原上。

米口袋为羽状复叶，伞形花序有花2～4朵；野
火球为掌状复叶，头状花序具花20～35朵。

1 2 3 4 5 6 7 8 9 10 11 12

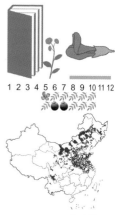

1 2 3 4 5 6 7 8 9 10 11 12

大花野豌豆

豆科 野豌豆属

Vicia bungei

Bunge's Vetch | dàhuāyěwāndòu

一年生或二年生缠绕或匍匐草本；茎有棱，多分枝，近无毛。偶数羽状复叶顶端卷须有分枝；托叶半箭头形，有锯齿；小叶3~5对①，长圆形或窄卵状长圆形，先端平截，微凹，稀齿状，被疏柔毛。总状花序长于叶或与叶近等长，具2~4花，萼钟形，被疏柔毛，萼齿披针形；花冠红紫②或金蓝紫色。荚果扁长圆形。

产沈阳、大连及辽西各市。生于林缘、灌丛、山坡草地及柞林或杂木林的林间草地疏林下和路旁。

相似种：歪头菜【*Vicia unijuga*，豆科 野豌豆属】多年生草本；小叶1对，卵状披针形或近菱形，叶轴末端为细刺尖头③。总状花序单一，花8~20朵偏向一侧，花萼紫色，花冠蓝紫色④。荚果扁，长圆形。产本溪、抚顺、鞍山、营口、大连、沈阳、朝阳；生于林下、林缘、草地、山坡及灌丛中。

大花野豌豆小叶3~5对，叶轴末端为卷须；歪头菜小叶1对，叶轴末端为细刺尖头。

西伯利亚远志

卵叶远志 远志科 远志属

Polygala sibirica

Siberian Milkwort | xībólìyàyuǎnzhì

茎丛生，通常直立。叶互生，卵形至椭圆状披针形①。总状花序腋生或假顶生，高出茎顶，花少数，萼片5，宿存，近镰刀形，淡绿色，边缘色浅；花瓣3，蓝紫色②。

产朝阳、葫芦岛、锦州、大连。生于沙质土、石砾和石灰岩山地灌丛、林缘或草地。

相似种：远志【*Polygala tenuifolia*，远志科 远志属】多年生草本；单叶互生，线形至线状披针形。总状花序呈扁侧生于小枝顶端③，花瓣3，紫色。产朝阳、葫芦岛、沈阳；生于多砾山坡、草地、林下及灌丛中。**瓜子金【*Polygala japonica*，远志科 远志属】**叶卵状披针形。总状花序与叶对生或腋外生，最上1个花序低于茎顶④。产丹东、本溪、沈阳、大连；生于多砾山坡、草地、林下及灌丛中。

西伯利亚远志叶椭圆状披针形，花序腋生；远志叶线形或线状披针形，花序顶生；瓜子金叶卵状披针形，花序腋生。

藿香 排香草 唇形科 藿香属

Agastache rugosa

Korean Mint | huòxiāng

多年生草本；茎直立，四棱形②。叶心状卵形至长圆状披针形①。轮伞花序多花，在主茎或侧枝上组成密集的顶生圆筒形穗状花序③，花萼管状倒圆锥形，萼齿三角状披针形，后3齿长，前2齿稍短；花冠淡紫蓝色④，冠檐二唇形，上唇直伸，下唇3裂，中裂片较宽大；雄蕊伸出花冠，花丝细、扁平；花柱与雄蕊近等长，丝状，先端相等的2裂；花盘厚环状。成熟小坚果卵状长圆形，褐色。

产丹东、本溪、抚顺、鞍山、营口、大连。生于山坡、林间、路旁、荒地、山沟溪流边及住宅附近。

藿香为多年生草本，茎四棱形，叶心状卵形，轮伞花序多花组成顶生的穗状花序，花冠淡紫蓝色。

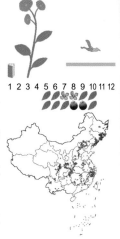

香青兰 山薄荷 唇形科 青兰属

Dracocephalum moldavica

Moldavian Dragonhead | xiāngqīnglán

一年生草本；茎被倒向柔毛。基生叶草质，卵状三角形；上部叶披针形或线状披针形①，叶两面仅脉疏被柔毛及黄色腺点，具三角形牙齿或稀疏锯齿，先端具长刺；叶杨与叶等长，向上较短。轮伞花序具4花，花冠淡蓝紫色②，被白色短柔毛。

产葫芦岛、朝阳、阜新、沈阳。生于干燥山地、山谷及河滩多石处。

相似种：多花筋骨草【*Ajuga multiflora*，唇形科筋骨草属】多年生草本；茎四棱形，密被灰白色绵毛状长柔毛。基生叶具柄，茎上部叶无柄；叶片椭圆状长圆形③。轮伞花序至顶端呈穗状聚伞花序，花冠蓝紫色或淡蓝色，筒状④。产丹东、抚顺、沈阳、大连；生于向阳草地、山坡、林缘、阔叶林下及路旁。

香青兰茎被倒向柔毛，叶先端具长刺，花冠上唇长；多花筋骨草茎叶密被灰白色绵毛状长柔毛，花冠上唇短。

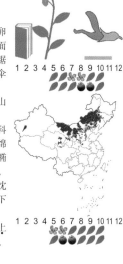

香薷 唇形科 香薷属

Elsholtzia ciliata

Crested Latesummer Mint | xiāngrú

一年生草本；茎无毛或被柔毛，老时紫褐色。叶卵形或椭圆状披针形①，上面疏被细糙硬毛，下面疏被树脂腺点；叶柄具窄翅，疏被细糙硬毛。穗状花序偏向一侧，具花4行②；苞片宽卵形或扁圆形，先端芒状突尖，具缘毛，对生；花冠淡紫色，被柔毛，花药紫色；花柱内藏。小坚果黄褐色，长圆形。

产丹东、本溪、抚顺、沈阳、鞍山、大连、辽阳。生于田边、路旁、山坡、村旁、河岸。

相似种：海州香薷【*Elsholtzia splendens*，唇形科 香薷属】直立草本；叶卵状三角形，长圆状披针形或披针形③。穗状花序顶生，具花2行，偏向一侧，苞片近圆形或宽卵圆形，交互对生；花冠玫瑰红紫色④，微内弯，近漏斗形。产本溪、丹东、锦州、大连；生于山坡林缘、灌丛、草地、路边及田边。

香薷穗状花序具花4行，苞片对生；海州香薷穗状花序具花2行，苞片交互对生。

益母草 异叶益母草 唇形科 益母草属

Leonurus japonicus

Japanese Motherwort | yìmǔcǎo

一年生或二年生草本；茎直立，茎下部叶轮廓为卵形，基部宽楔形，掌状3裂；茎中部叶轮廓为菱形；花序最上部的苞叶线形或线状披针形①。轮伞花序腋生，多数远离而组成长穗状花序②。

产省各地。生于田野、沙地、灌丛、疏林及山地草甸。

相似种：细叶益母草【*Leonurus sibiricus*，唇形科 益母草属】花序最上部的苞叶轮廓近于菱形，3全裂成狭裂片，中裂片通常再3裂③。产本溪、抚顺、沈阳、阜新、锦州；生于石质地、沙质地及沙丘上。**大花益母草【*Leonurus macranthus*，唇形科 益母草属】**叶形变化很大，最下部心状圆形，茎中部叶卵圆形④。产本溪、抚顺、铁岭、鞍山、大连、朝阳；生于山坡灌丛、草丛中及林间草地。

益母草茎最上部叶全缘；细叶益母草茎上部叶3裂；大花益母草叶不裂，边缘为缺刻状大牙齿。

水棘针 细叶山紫苏 唇形科 水棘针属
Amethystea caerulea
Amethystea | shuǐjízhēn

一年生草本；茎四棱形，呈金字塔形分枝①。叶片纸质或近膜质，三角形或近卵形，3深裂，裂片披针形②，边缘具粗锯齿或重锯齿。花序为由松散具长梗的聚伞花序所组成的圆锥花序，苞叶与茎叶同形，变小；花梗短；花萼钟形；花冠蓝色或紫蓝色③，冠檐二唇形，上唇2裂，长圆状卵形，下唇略大，3裂，中裂片近圆形；雄蕊4，花药2室；花盘环状，具相等浅裂片。小坚果倒卵状三棱形，背面具网状皱纹④。

产丹东、本溪、抚顺、铁岭、鞍山、大连、营口、朝阳。生于田间、路旁、林缘、灌丛及湿草地。

水棘针为一年生草本，茎四棱形，叶片纸质，三角形或近卵形，3深裂，圆锥花序松散，花小，蓝色或紫蓝色，小坚果倒卵状三棱形，背面有网状皱纹。

薄荷 野薄荷 唇形科 薄荷属
Mentha canadensis
Corn Mint | bòhe

多年生草本；茎直立，下部数节具纤细的须根及水平匍匐根状茎，锐四棱形，具四槽，上部被倒向微柔毛，下部仅沿棱上被微柔毛，多分枝②。叶片长圆状披针形①。轮伞花序腋生，轮廓球形，花梗纤细；花萼管状钟形，脉不明显，萼齿5④，狭三角状钻形，先端长锐尖；花冠淡紫色③，冠檐4裂，上裂片先端2裂，较大，其余3裂片近等大，长圆形，先端钝；花柱略超出雄蕊，先端近相等2浅裂，裂片钻形。小坚果卵珠形，具小腺窝。

产丹东、本溪、抚顺、铁岭、沈阳、鞍山、大连、朝阳。生于山野、河岸湿地、山沟溪流旁、林缘及湿草地。

薄荷为多年生草本，茎锐四棱形，多分枝，叶片长圆状披针形，轮伞花序腋生，花冠淡紫色，冠檐4裂，小坚果卵珠形。

草本植物 花紫色 两侧对称 唇形

糙苏　山芝麻　唇形科 糙苏属

Phlomoides umbrosa

Shady Jerusalem Sage　|　cāosū

多年生草本；根粗厚，须根肉质。茎直立①，叶对生，近圆形、圆卵形至卵状长圆形②；苞叶通常为卵形，边缘为粗锯齿状牙齿。轮伞花序通常4~8花，多数，生于主茎及分枝上；苞片线状钻形，较坚硬，常呈紫红色。花萼管状，齿先端具小刺尖③；花冠通常粉红色，下唇颜色较深，常具红色斑点，冠檐二唇形，上唇稍长，下唇3圆裂，裂片卵形或近圆形，中裂片较大④；雄蕊内藏。小坚果无毛。

产本溪、丹东、抚顺、鞍山、大连、锦州、朝阳、葫芦岛。生于疏林下或草坡上。

糙苏为多年生草本，茎直立，叶对生，近圆形，轮伞花序通常4~8花，花萼齿先端具小刺尖，花冠粉红色，小坚果无毛。

尾叶香茶菜　龟叶草　唇形科 香茶菜属

Isodon excisus

Excised Isodon　|　wěiyèxiāngchácài

多年生草本；茎直立，茎叶对生，圆形或圆状卵圆形，先端深凹①。圆锥花序顶生或生于上部叶腋内，由1~5花的聚伞花序组成，苞叶与茎叶同形，花萼钟形；花冠淡紫、紫或蓝色，冠檐二唇形；雄蕊4，花丝丝状。瘦果近圆形，包于宿存花被内②。

产丹东、本溪、抚顺、鞍山、大连。生于林缘、路旁、杂木林下及草地。

相似种：毛叶香茶菜【*Isodon japonicus*，唇形科香茶菜属】多年生草本；茎叶阔卵形，叶先端顶齿披针形而渐尖③，锯齿较钝。花萼开花时钟形，蓝色，外面密被贴生微柔毛，花冠淡紫色④。产本溪、抚顺、沈阳；生于山坡、路旁、林缘及灌丛。

尾叶香茶菜叶先端深凹，具尾状长尖的顶齿，花萼裂片约为花萼长2/3；毛叶香茶菜叶先端不深凹，顶齿披针形而渐尖，花萼裂片约为花萼长1/3。

荔枝草 小花鼠尾草 唇形科 鼠尾草属

Salvia plebeia

Plebeian Sage | lìzhīcǎo

一年生或二年生草本；茎直立。叶椭圆状卵圆形①。轮伞花序6花，在茎、枝顶端密集组成总状花序或总状圆锥花序，苞片披针形；花萼钟形，二唇形，上唇全缘，先端具3个小尖头，下唇深裂成2齿，齿三角形，锐尖；花冠淡红、淡紫②、紫、蓝紫至蓝色，冠檐二唇形，上唇长圆形，下唇3裂，中裂片最大。

产丹东、本溪、营口、大连、葫芦岛。生于山坡、路旁、沟边及田野潮湿的土壤上。

相似种：丹参【*Salvia miltiorrhiza*，唇形科 鼠尾草属】奇数羽状复叶，小叶3～7，卵圆形或椭圆状卵圆形④。轮伞花序6花，组成具长梗的总状花序③，苞片披针形；花萼钟形，带紫色，二唇形；花冠紫蓝色，冠筒外伸。产朝阳、葫芦岛、大连、铁岭、锦州；生于山坡、林下草丛及溪谷旁。

荔枝草为单叶，椭圆状卵圆形，花较小，淡紫色；丹参为羽状复叶，花大，紫蓝色。

黄芩 元芩 唇形科 黄芩属

Scutellaria baicalensis

Baikal Skullcap | huángqín

多年生草本；根茎肥厚，伸长而分枝。叶坚纸质，披针形至线状披针形①。花序在茎及枝上顶生，总状，常于茎顶聚成圆锥花序，苞片下部者似叶，上部者较小，卵圆状披针形至披针形；花冠紫、紫红至蓝色②，冠檐2唇形，上唇盔状，下唇中裂片三角状卵圆形。

产沈阳、本溪、丹东、营口、大连、锦州、葫芦岛、朝阳。生于草原、山坡、草地及路边。

相似种：京黄芩【*Scutellaria pekinensis*，唇形科 黄芩属】一年生草本；茎直立。叶草质，卵圆形④。花对生，排列成顶生的总状花序；花冠蓝紫色③，冠筒前方基部略膝曲状。成熟小坚果栗色，卵形。产本溪、丹东、铁岭、沈阳、大连、葫芦岛；生于山坡、潮湿谷地、草地、林缘及林下。

黄芩茎斜升，叶披针形，花紫、紫红至蓝色；京黄芩茎直立，叶卵圆形，花冠蓝紫色。

华水苏
唇形科 水苏属

Stachys chinensis

Chinese Hedgenettle | huáshuǐsū

多年生草本；直立。茎叶长圆状披针形①，无柄。轮伞花序远离而组成长穗状花序，小苞片刺状，微小；花梗极短或近于无；花萼钟形，花冠紫色②，冠檐二唇形，上唇直立，长圆形，下唇平展，轮廓近圆形，3裂；雄蕊4；花柱丝状，伸出于雄蕊之上，花盘平顶。小坚果卵圆状三棱形，褐色。

产全省各地。生于水沟旁及沙地上。

相似种：甘露子【*Stachys sieboldii*，唇形科 水苏属】多年生草本；有念珠状或螺蛳形的肥大块茎。茎生叶卵圆形或长椭圆状卵圆形，叶柄长1～3厘米③。轮伞花序通常6花，多数远离，组成顶生穗状花序，花冠粉红至紫红色④，下唇有紫斑，冠筒筒状，冠檐二唇形。全省广泛栽培；生于山坡、草地、路边及住宅附近。

华水苏无地下块茎，叶披针形，叶无柄；甘露子有螺蛳形块茎，叶卵圆形，有叶柄。

活血丹
连钱草　唇形科 活血丹属

Glechoma longituba

Longitube Ground Ivy | huóxuèdān

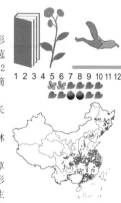

多年生草本；匍匐茎，四棱形。叶片近肾形①，上部者较大。轮伞花序通常2花，苞片及小苞片线形；萼管状，齿5，上唇3齿，较长，下唇2齿，略短；花冠淡蓝色，下唇具深色斑点②，冠筒直立，冠檐二唇形，上唇直立，2裂，下唇伸长，斜展，中裂片最大，肾形。成熟小坚果深褐色，长圆状卵形。

产丹东、本溪、抚顺、沈阳、大连。生于林下、林缘、灌丛、湿草地及河边。

相似种：陌上菜【*Lindernia procumbens*，母草科/玄参科 陌上菜属】一年生草本；叶片椭圆形至矩圆形，多少带菱形③，顶端钝至圆头。花单生于叶腋，花梗纤细；萼仅基部联合，齿5，条状披针形；花冠粉红色或紫色，上唇短，下唇甚大于上唇④。蒴果球形或卵球形。全省广泛分布；生于稻田、河岸、沼泽附近等湿地。

活血丹叶片近肾形，花2朵，下唇有斑点；陌上菜叶片椭圆形，花单生，花无斑点。

山罗花
列当科/玄参科 山罗花属

Melampyrum roseum

Rose-colored Cowwheat | shānluóhuā

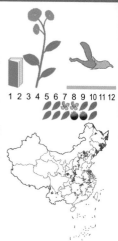

一年生直立草本①；植株全体疏被鳞片状短毛，茎近于四棱形。叶柄短，叶片披针形至卵状披针形②，顶端渐尖，基部圆钝或楔形。苞片绿色，仅基部具尖齿至整个边缘具多条刺毛状长齿，较少几乎全缘的，顶端急尖至长渐尖；花萼常被糙毛，萼齿长三角形至钻状三角形，生有短睫毛；花冠紫色③、紫红色或红色，筒部长为檐部长的2倍左右，上唇内面密被须毛。蒴果卵状渐尖，直或顶端稍向前偏④，被鳞片状毛。

产本溪、抚顺、沈阳、鞍山、营口、大连、朝阳、锦州。生于疏林下、山坡灌丛及蒿草丛中。

山罗花为一年生直立草本，植株全体疏被鳞片状短毛，叶片披针形，花冠紫色，蒴果卵状渐尖。

返顾马先蒿
马先蒿 列当科/玄参科 马先蒿属

Pedicularis resupinata

Resupinate Lousewort | fǎngùmǎxiānhāo

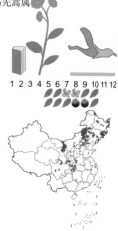

多年生草本；叶互生；叶片膜质至纸质，卵形至长圆状披针形①。花单生于茎枝顶端的叶腋中，萼长卵圆形；花冠淡紫红色②，管部伸直，自基部起即向右扭旋，此种扭旋使下唇及盔部成为回顾之状②，下唇稍长于盔，以锐角开展，3裂，中裂较小，略向前凸出，广卵形。蒴果斜长圆状披针形，仅稍长于萼。

产丹东、本溪、抚顺、铁岭、鞍山、大连。生于山地林下、林缘草甸、沼泽湿地及沟谷草甸。

相似种：穗花马先蒿【*Pedicularis spicata***，列当科/玄参科 马先蒿属】**一年生草本；叶基出，呈莲座状，较茎叶为小，叶片椭圆状长圆形；茎生叶多4枚轮生③，叶片长圆状披针形至线状狭披针形，上面疏布短白毛，背面脉上有较长的白毛。穗状花序生于茎枝之端，花冠红色④。产本溪；生于林下、林缘、灌丛及草甸。

返顾马先蒿全株无毛，叶互生；穗花马先蒿茎生叶多4枚轮生，上下有白毛。

松蒿

列当科/玄参科 松蒿属

Phtheirospermum japonicum

Japanese Phtheirospermum　｜sōnghāo

1 2 3 4 5 6 7 8 9 10 11 12

一年生草本；全株被腺毛，有黏性。茎直立或弯曲而后上升，通常多分枝②。叶柄边缘有狭翅；叶片长三角状卵形，近基部的羽状全裂①，向上则为羽状深裂，小裂片长卵形或卵圆形，边缘具重锯齿或深裂；萼齿5枚，叶状，披针形，羽状浅裂至深裂，裂齿先端锐尖；花冠紫红色至淡紫红色③，外面被柔毛，上唇裂片三角状卵形，下唇裂片先端圆钝，上有白色长柔毛；花丝基部疏被长柔毛。蒴果卵珠形④。

产丹东、本溪、鞍山、大连、营口、沈阳及辽西山区。生于山坡草地及灌丛间。

松蒿为一年生草本，全株被腺毛，有黏性，叶片羽状深裂，花冠紫红色至淡紫红色，蒴果卵珠形。

弹刀子菜 通泉草

通泉草科/玄参科 通泉草属

Mazus stachydifolius

Betony-leaf Mazus　｜tándāozìcài

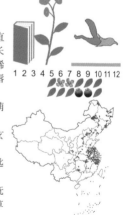

1 2 3 4 5 6 7 8 9 10 11 12

多年生草本；全体被多细胞白色长柔毛，茎直立。基生叶匙形，茎生叶对生，上部的常互生，长椭圆形至倒卵状披针形①。总状花序顶生，花稀疏，花萼漏斗状，果时增长；花冠蓝紫色②，上唇短，顶端2裂，下唇宽大，中裂片近圆形。

产沈阳、鞍山、营口、大连、铁岭、锦州、葫芦岛。生于较湿润的路旁、草坡及林缘。

相似种：通泉草【*Mazus pumilus*，通泉草科/玄参科 通泉草属】一年生草本；无毛或疏生短柔毛。基生叶少到多数，有时呈莲座状或早落，倒卵状匙形③，膜质至薄纸质。总状花序生于茎、枝顶端，花萼钟状；花冠紫色或蓝色④。产本溪、丹东、抚顺、大连、锦州；生于田野、荒地、路旁及湿草地。

弹刀子菜植株被白色长柔毛，花较大；通泉草植株无毛或疏生短柔毛，花较小。

1 2 3 4 5 6 7 8 9 10 11 12

角蒿 羊角透骨草 紫葳科 角蒿属

Incarvillea sinensis

Chinese Incarvillea │ jiǎohāo

一年生至多年生草本①；叶互生，2～3回羽状细裂，小叶不规则细裂，末回裂片线状披针形，具细齿或全缘③。顶生总状花序，疏散，小苞片绿色，线形；花萼钟状，绿色带紫红色，萼齿钻状；花冠淡玫瑰色或粉红色②，有时带紫色，钟状漏斗形，基部收缩成细筒，花冠裂片圆形；雄蕊4，2强，着生于花冠筒近基部，花药成对靠合；花柱淡黄色。蒴果淡绿色，细圆柱形，顶端尾状渐尖④。

产沈阳、鞍山、营口、大连、朝阳、锦州、阜新、葫芦岛。生于荒地、路旁、河边、山沟及向阳沙质地上。

角蒿为一年生至多年生草本，叶互生，2～3回羽状细裂，花萼钟状，花冠淡玫瑰色或粉红色，蒴果细圆柱形，顶端尾状渐尖。

翠雀 飞燕草 毛茛科 翠雀属

Delphinium grandiflorum

Siberian Larkspur │ cuìquè

多年生草本；基生叶和茎下部叶有长柄；叶片圆五角形，3全裂①，中央全裂片近菱形，1～2回3裂近中脉。下部苞片叶状，其他苞片线形，萼片紫蓝色，椭圆形或宽椭圆形，距钻形；花瓣蓝色②；退化雄蕊蓝色，瓣片近圆形或宽倒卵形。

产丹东、本溪、大连、沈阳、阜新、朝阳、葫芦岛。生于山坡草地、草原及路旁。

相似种：宽苞翠雀花【*Delphinium maackianum*，毛茛科 翠雀属】多年生草本；叶片五角形，3深裂，裂片宽③。顶生总状花序有多数花，苞片带蓝紫色，长圆状倒卵形；小苞片蓝紫色；萼片脱落，紫蓝色④，卵形或长圆状倒卵形，距钻形；花瓣黑褐色，无毛。蓇葖果。产丹东、本溪、抚顺；生于山坡林下、林缘或灌丛中。

翠雀叶3全裂，苞片线形，花瓣蓝色；宽苞翠雀花叶3深裂，苞片长圆状倒卵形，花瓣黑褐色。

早开堇菜 光瓣堇菜 堇菜科 堇菜属
Viola prionantha
Serrate-flower Violet | zǎokāijǐncài

多年生草本；叶基生，叶片在花期呈长圆状卵形①，基部微心形，稍下延，果期叶片显著增大；叶柄较粗壮，具明显稍宽的翼。花大，紫堇色或淡紫色②，喉部色淡并有紫色条纹；花梗较粗壮，在近中部处有2枚线形小苞片；萼片披针形；子房长椭圆形。

产本溪、沈阳、鞍山、营口、大连、阜新、朝阳、锦州。生于山坡草地、沟边、宅旁等向阳处。

相似种：裂叶堇菜【*Viola dissecta*，堇菜科 堇菜属】多年生草本；叶片轮廓呈圆形，两侧裂片2深裂，中裂片3深裂，裂片线形③。花较大，淡紫色至紫堇色④；花梗果期通常比叶短。产辽东、本溪、抚顺、铁岭、鞍山、营口、大连、沈阳；生于林缘、灌丛、河岸及山坡。

早开堇菜叶片在花期呈长圆状卵形，果期叶柄有明显的翼；裂叶堇菜叶片轮廓呈圆形，深裂，裂片线形，叶柄无翼。

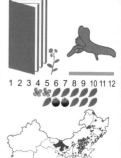

东北堇菜 紫花地丁 堇菜科 堇菜属
Viola mandshurica
Sumire | dōngběijǐncài

多年生草本；基生叶3或5片，叶片长圆形，下部者呈狭卵形①，无毛；花期后叶片渐增大，呈长三角形，最宽处位于叶的最下部；叶柄上部具狭翅。花紫堇色或淡紫色②，花梗细长，通常在中部以下或近中部处具2枚线形苞片；萼片卵状披针形或披针形；距圆筒形；雄蕊的药隔顶端具附属物。

产丹东、本溪、抚顺、铁岭、大连、沈阳。生于向阳山坡草地、林缘、路旁、荒地及疏林地。

相似种：球果堇菜【*Viola collina*，堇菜科 堇菜属】多年生草本；叶片宽卵形或近圆形，两面密生白色短柔毛④，果期叶片显著增大；叶柄具狭翅。花淡紫色，具长梗；萼片长圆状披针形；花瓣基部微带白色③。产本溪、丹东、大连、鞍山、营口、沈阳；生于林下、林缘、灌丛、草坡及沟谷。

东北堇菜叶片狭卵形，无毛，花紫堇色；球果堇菜叶片近圆形，两面密生白色短柔毛，花淡紫色。

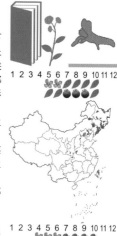

茜堇菜 白果堇菜 堇菜科 堇菜属

Viola phalacrocarpa

Hairless-fruit Violet | qiànjǐncài

多年生草本；无地上茎和匍匐枝。叶基生，呈莲座状；叶片薄纸质，心形或卵状心形①，基部狭深心形①，边缘具钝齿，两面疏生白色短毛；叶柄有狭翅。花淡紫色②，具长梗；花梗稍超出或不超出于叶，无毛，萼片卵状披针形，具狭膜质缘，基部附属物长圆形，花瓣倒卵形，侧方花瓣无须毛。

产丹东、本溪、鞍山、大连、铁岭、锦州、葫芦岛。生于向阳山坡草地、灌丛及林缘。

相似种：地丁草【*Corydalis bungeana***，罂粟科紫堇属】**多年生草本；叶片2～3回羽状全裂。总状花序多花，先密集，后疏离，苞片叶状；萼片宽卵圆形至三角形；花粉红色至淡紫色③，平展。蒴果椭圆形，下垂④。产大连、葫芦岛、阜新、朝阳；生于山沟、溪旁、杂草丛、田边及砾质地。

茜堇菜无地上茎，叶片卵圆形，叶柄长而细；地丁草有地上茎，叶片2～3回羽状全裂，叶柄约与叶片等长。

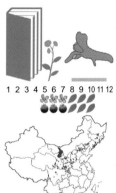

1 2 3 4 5 6 7 8 9 10 11 12

齿瓣延胡索 罂粟科 紫堇属

Corydalis turtschaninovii

Turtschaninov's Fumewort | chǐbànyánhúsuǒ

多年生草本；块茎圆球形。茎生叶通常2枚①。总状花序花期密集，具6～30朵花，花梗果期伸长；萼片小；花蓝色、白色或紫蓝色，外花瓣宽展，边缘常具浅齿②；距顶端稍下弯，蜜腺体约占距长的1/3至1/2，末端钝；柱头顶端具4尾突，基部下延成2尾状突起。蒴果线形，多少扭曲。

产丹东、本溪、抚顺、大连、葫芦岛、朝阳、锦州。生于林下、林缘、灌丛及山谷溪流旁。

相似种：堇叶延胡索【*Corydalis fumariifolia***，罂粟科 紫堇属】**多年生草本；2～3回3出复叶③。总状花序具5～15花，花淡蓝色或蓝紫色，内花瓣淡蓝色，外花瓣较宽展，全缘④，顶端下凹。产丹东、本溪、抚顺、铁岭、鞍山、辽阳、大连；生于杂木林下、坡地、含有沙石的土壤中。

齿瓣延胡索具6～30花，外花瓣边缘常具浅齿；堇叶延胡索具5～15花，外花瓣全缘。

1 2 3 4 5 6 7 8 9 10 11 12

北乌头 草乌 毛茛科 乌头属

Aconitum kusnezoffii

Kusnezoff's Monkshood | běiwūtóu

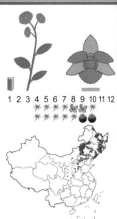

多年生草本；块根圆锥形，等距离生叶②。茎下部叶有长柄，在开花时枯萎；茎中部叶有柄，叶片五角形③，基部心形，3全裂。顶生总状花序具9~22朵花①，下部苞片3裂，其他苞片长圆形或线形；小苞片线形或钻状线形；萼片紫蓝色，上萼片盔形或高盔形；花丝全缘或有2小齿；心皮4~5枚。蓇葖果直④。种子扁椭圆球形，沿棱具狭翅，只在一面生横膜块。

产丹东、本溪、抚顺、铁岭、沈阳、鞍山、大连、营口、锦州、朝阳、葫芦岛。生于山地阔叶林下、灌丛间、林缘及草甸。

北乌头为多年生草本，块根圆锥形，等距离生叶，顶生总状花序，萼片紫蓝色，蓇葖果直。

鸭跖草 淡竹叶 鸭跖草科 鸭跖草属

Commelina communis

Asiatic Dayflower | yāzhícǎo

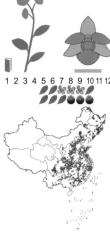

一年生披散草本；茎匍匐生根，多分枝①，下部无毛，上部被短毛。叶披针形至卵状披针形②。总苞片佛焰苞状②，折叠状，展开后为心形，顶端短急尖，基部心形，边缘常有硬毛；聚伞花序，下面一枝仅有花1朵，具短梗，不孕，上面一枝具花3~4朵，具短梗，几乎不伸出佛焰苞；花梗果期弯曲；萼片膜质，内面2枚常靠近或合生；花瓣深蓝色③，内面2枚具爪。蒴果椭圆形④，2室，2片裂，有种子4颗。

全省广泛分布。生于田野、路旁、沟边、林缘等较潮湿处。

鸭跖草为一年生披散草本，多分枝，叶披针形，总苞片佛焰苞状，花瓣深蓝色，2枚具爪，蒴果椭圆形。

绶草　东北盘龙参　兰科 绶草属

Spiranthes sinensis

Chinese Lady's Tresses ｜ shòucǎo

多年生草本；根数条，指状，肉质，簇生于茎基部②。茎较短，近基部生2～5枚叶。叶片宽线形或宽线状披针形①，稀窄长圆形，基部具柄状鞘抱茎。总状花序具多数密生的花，呈螺旋状扭转③，花苞片卵状披针形，先端长渐尖；花小，紫红色、粉红色或白色④，在花序轴上呈螺旋状排生，中萼片窄长圆形，舟状，与花瓣靠合兜状，花瓣斜菱状长圆形，唇瓣基部凹陷，呈浅囊状，囊内具2枚胼胝体。

产朝阳、铁岭、沈阳、鞍山、本溪、丹东。生于山坡林下、灌丛中、草地及河滩沼泽草甸中。

绶草为多年生草本，叶片宽线形或宽线状披针形，总状花序多花，花小，紫红色，在花序轴上呈螺旋状排生。

大花杓兰　大花囊兰　兰科 杓兰属

Cypripedium macranthos

Large-flower Cypripedium ｜ dàhuāsháolán

多年生草本；具粗短的根状茎，茎直立，基部具数枚鞘①。叶片椭圆形或椭圆状卵形②。花序顶生，具1花，花苞片叶状，通常椭圆形；花大，紫色、红色或粉红色③，通常有暗色脉纹，中萼片宽卵状椭圆形或卵状椭圆形，合萼片卵形；花瓣披针形，唇瓣深囊状，近球形或椭圆形，囊口较小，囊底有毛；退化雄蕊卵状长圆形，基部无柄，背面无龙骨状突起。蒴果狭椭圆形④。

产本溪、丹东、铁岭。生于山地疏林下、林缘灌丛间及亚高山草地上。

大花杓兰为多年生草本，茎直立，叶片椭圆形或椭圆状卵形，花序顶生，具1花，紫色、红色或粉红色，唇瓣深囊状，蒴果狭椭圆形。

两栖蓼 蓼科 蓼属

Persicaria amphibia

Longroot Smartweed | liǎngqīliǎo

多年生草本；根状茎横走，茎漂浮，节部生不定根。叶长圆形或椭圆形，浮于水面②，顶端钝或微尖，基部近心形，全缘；托叶鞘筒状，薄膜质，无缘毛。总状花序顶生或腋生，苞片宽漏斗形；花被5深裂，淡红色或白色花被裂片长椭圆形①；雄蕊通常5；花柱2。瘦果近圆形，双凸镜状，黑色。

产丹东、沈阳、盘锦、阜新、朝阳。生于静水池塘或河流的浅水中及河边湿地。

相似种：丛枝蓼【*Persicaria posumbu*，蓼科 蓼属】一年生草本；茎细弱，无毛。叶卵状披针形或卵形③，纸质，边缘具缘毛；托叶鞘筒状，缘毛粗壮。总状花序呈穗状，下部间断，花稀疏，花被5深裂，淡红色④。瘦果卵形，具3棱，黑褐色。产抚顺、铁岭、沈阳、锦州、阜新；生于山坡林下、山谷水边。

两栖蓼叶长圆形或椭圆形，托叶鞘无缘毛，花紧密；丛枝蓼叶卵状披针形或卵形，托叶鞘缘毛粗壮，花稀疏。

红蓼 东方蓼 蓼科 蓼属

Persicaria orientalis

Kiss Me Over the Garden Gate | hóngliǎo

一年生草本；茎直立，粗壮，上部多分枝②，密被开展的长柔毛。叶宽卵形或卵状披针形①，顶端渐尖，基部圆形或近心形，微下延，全缘，密生缘毛；叶柄具开展的长柔毛；托叶鞘筒状，膜质，被长柔毛，具长缘毛，通常沿顶端具草质、绿色的翅③。总状花序呈穗状，顶生或腋生，长3~7厘米，苞片宽漏斗形，每苞内具3~5花；花被5深裂，椭圆形，淡红色④或白色；雄蕊7；花盘明显；花柱2，柱头头状。瘦果近球形，包于宿存花被内。

产全省大部分地区。生于荒地、沟边、湖畔、路旁及住宅附近。

红蓼为一年生草本，茎直立，叶宽卵形或卵状披针形，托叶鞘筒状，具绿色的翅，总状花序，花淡红色或白色。瘦果近球形，包于宿存花被内。

北水苦荬 水苦荬婆婆纳 车前科/玄参科 婆婆纳属
Veronica anagallis-aquatica

Water Speedwell | běishuǐkǔmǎi

多年生草本；茎、花序轴、花萼和蒴果上多少有大头针状腺毛，茎直立或基部倾斜。叶无柄，上部的半抱茎，多为椭圆形或长卵形，全缘或有疏而小的锯齿③。花序比叶长，多花，花梗在果期挺直，横叉开，与花序轴几乎成直角；花冠浅蓝色，裂片卵形①。蒴果近圆形，长宽近相等，顶端圆钝而微凹②。

产本溪、大连、阜新、朝阳、锦州。生于湿草地及水沟边。

相似种：水苦荬【*Veronica undulata*，车前科/玄参科 婆婆纳属】一年生至二年生草本；叶对生，卵状披针形，基部微心形④，边缘具微波状细锯齿。总状花序花萼4深裂，裂片卵状披针形，花冠淡蓝色。蒴果近扁球形⑤。产本溪、抚顺、大连、朝阳；生于水边及湿地。

北水苦荬茎、花序轴、花梗上有腺毛，花梗与花序轴几乎成直角；水苦荬茎、花序轴、花梗上几无毛，花梗与花序轴成锐角。

草本威灵仙 轮叶腹水草 车前科/玄参科 腹水草属
Veronicastrum sibiricum

Siberian Veronicastrum | cǎoběnwēilíngxiān

多年生草本；茎圆柱形。叶3～9枚轮生①，叶片矩圆形至宽条形。花序顶生，多花集成长尾状穗状花序，单一或分歧，苞片条形，顶端尖；花萼5深裂；花冠淡蓝紫色、紫色、淡紫色②、粉红色或白色，花冠比萼裂片长2～3倍，顶端4裂，裂片卵形；雄蕊2，外露。蒴果卵形或卵状椭圆形。

产丹东、本溪、抚顺、鞍山、锦州。生于河岸、沟谷、林缘草甸、湿草地及灌丛。

相似种：管花腹水草【*Veronicastrum tubiflorum*，车前科/玄参科 腹水草属】多年生草本；茎不分枝，上部被倒生细柔毛。叶互生③，无柄，条形，厚纸质。花序顶生，单枝，花序轴及花梗多少被细柔毛；花萼裂片披针形；花冠蓝色④或淡红色。蒴果卵形，顶端急尖。产锦州、阜新；生于湿草地及灌丛中。

草本威灵仙叶轮生，矩圆形至宽条形，花药黄色；管花腹水草叶互生，条形，花药蓝色。

细叶穗花　水蔓菁　车前科/玄参科　兔尾苗属

Pseudolysimachion linariifolium

Linearleaf Speedwell | xìyèsuìhuā

多年生草本；茎直立，通常不分枝①，被白色而多为卷曲的柔毛。叶全为互生，下部叶稀对生，叶片条形、线状披针形或长圆状披针形，下部叶全缘，上部叶粗疏牙齿，无毛或被白色的柔毛。总状花序顶生，长穗状②，花梗短，被柔毛；花萼4深裂，裂片披针形，有睫毛；花冠蓝色或紫色③，筒部长约为花冠长的1/3，喉部有柔毛，裂片不等，后方1枚圆形，其余3枚卵形。蒴果卵球形，稍扁，顶端微凹④。

产丹东、本溪、抚顺、铁岭、沈阳、鞍山、营口、大连、阜新、朝阳。生于林缘、草甸、山坡草地及灌丛。

细叶穗花为多年生草本，叶片条形、线状披针形或长圆状披针形，总状花序顶生，长穗状，花冠蓝色或紫色，蒴果卵球形，顶端微凹。

落新妇　红升麻　虎耳草科　落新妇属

Astilbe chinensis

Chinese Astilbe | luòxīnfù

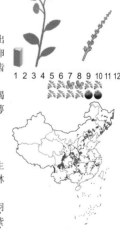

多年生草本；茎无毛②。基生叶为2～3回3出羽状复叶，顶生小叶片菱状椭圆形，侧生小叶片卵形至椭圆形，先端短渐尖至急尖，边缘有重锯齿③；茎生叶2～3，较小。圆锥花序，下部分枝长，通常与花序轴成15～30度角斜上①，花序轴密被褐色卷曲长柔毛；苞片卵形；几无花梗，花密集；萼片5，卵形，两面无毛，边缘中部以上生微腺毛；花瓣5，淡紫色至紫红色④，线形，单脉；心皮2，仅基部合生。

产丹东、本溪、抚顺、鞍山、大连、朝阳。生于山谷溪边、草甸子、针阔叶混交林下或杂木林缘。

落新妇为多年生草本，基生叶为2～3回3出羽状复叶，圆锥花序花密集，花瓣线形，淡紫色至紫红色。

蓝盆花 山萝卜 忍冬科/川续断科 蓝盆花属

Scabiosa comosa

North China Scabious | lánpénhuā

多年生草本；基生叶簇生①，叶片卵状披针形或窄卵形至椭圆形，先端急尖或钝，有疏钝锯齿或浅裂片；茎生叶对生，羽状深裂至全裂，侧裂片披针形②。头状花序在茎上部呈三出聚伞状，花时扁球形，总苞苞片10～14片，披针形，花托苞片披针形；小总苞果时方柱状，具8条肋；萼5裂，刚毛状④；边花花冠二唇形，蓝紫色③，裂片5，上唇2裂片较短，下唇3裂；雄蕊4，花开时伸出花冠筒外，花药长圆形。瘦果椭圆形，果脱落时花托呈长圆棒状。

产本溪、丹东、抚顺、铁岭、鞍山、营口、朝阳、葫芦岛。生于山坡、林缘、草地及灌丛中。

蓝盆花为多年生草本，茎生叶对生，羽状深裂至全裂，头状花序，边花花冠二唇形，蓝紫色，瘦果椭圆形。

箭头蓼 雀翘 蓼科 蓼属

Persicaria sagittata

Siebold's Knotweed | jiàntóuliǎo

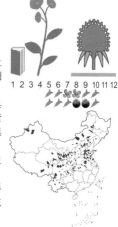

一年生草本；茎四棱形，沿棱具倒生皮刺②。叶宽披针形或长圆形，顶端急尖，基部箭形①，上面绿色，下面淡绿色，两面无毛，下面沿中脉具倒生短皮刺，边缘全缘，无缘毛；叶柄具倒生皮刺；托叶鞘膜质。花序头状，苞片椭圆形，每苞内具2～3花；花梗比苞片短；花被5深裂，白色或淡紫红色③，花被片长圆形。瘦果宽卵形，具3棱，黑色，无光泽，包于宿存花被内④。

产丹东、本溪、鞍山、大连、朝阳、锦州。生于山坡、草地、沟边、灌丛及湿草甸子。

箭头蓼为一年生草本，茎具皮刺，叶宽披针形或长圆形，基部箭形，花序头状，瘦果包于宿存花被内。

林泽兰 尖佩兰 菊科 泽兰属

Eupatorium lindleyanum

Lindley's Thoroughwort ｜ línzélán

　　多年生草本；茎直立②。下部茎叶花期脱落；中部茎叶长椭圆状披针形或线状披针形，不分裂或3全裂①，质厚，基部楔形，顶端急尖；自中部向上与向下的叶渐小，基出3脉，边缘有深或浅犬齿。头状花序多数在茎顶或枝端排成紧密的伞房花序③，花序枝及花梗紫红色或绿色，被白色密集的短柔毛，总苞钟状，5小花，苞片覆瓦状排列，约3层，外层短；花白色、粉红色或淡紫红色④。

　　产丹东、本溪、抚顺、铁岭、大连、营口、朝阳、阜新。生于山坡林缘、草地、草甸及河边湿草地。

　　林泽兰为多年生草本，叶长椭圆状披针形或线状披针形，边缘有犬齿，头状花序多数排成伞房花序，花白色、粉红色或淡紫红色。

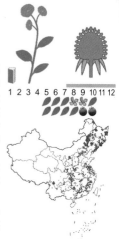

三脉紫菀 三脉马兰 菊科 紫菀属

Aster trinervius subsp. Ageratoides

Whiteweed-like Aster ｜ sānmàizǐwǎn

　　多年生草本；茎直立。叶椭圆形或长圆状披针形，中部以上急狭成楔形具宽翅的柄，边缘有3～7对浅锯齿或深锯齿；全部叶纸质，有离基3出脉①，侧脉3～4对。头状花序排列成伞房状，总苞倒锥状或半球状；总苞片3层，覆瓦状排列；舌状花十余朵，舌片线状长圆形，紫色②；管状花黄色，冠毛污白色。

　　产本溪、丹东、抚顺、鞍山、大连、营口及辽西山区。生于林下、林缘、灌丛及山谷湿地。

　　相似种：紫菀【Aster tataricus，菊科 紫菀属**】**多年生草本；下部叶匙状长圆形，中部叶长圆形，无柄③。头状花序多数，在茎和枝端排列成复伞房状，总苞半球形；总苞片3层；舌状花，舌片蓝紫色④；管状花黄色。产本溪、丹东、抚顺、沈阳、大连、锦州、朝阳、葫芦岛；生于山坡林缘、草甸及河边草地。

　　三脉紫菀茎下部叶小，无柄，具离基3出脉；紫菀茎下部叶大，有长柄，网状脉明显。

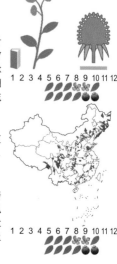

小红菊　菊科 菊属

Chrysanthemum chanetii

Chanet's Chrysanthemum ｜ xiǎohóngjú

多年生草本；中部茎叶肾形、半圆形、近圆形或宽卵形，通常3～5掌状或掌式羽状浅裂①。头状花序，3～12个排成疏松伞房花序，总苞片4～5层，外层边缘穗状撕裂，外面有稀疏的长柔毛；全部苞片边缘白色或褐色膜质；舌状花白色、粉红色或紫色，舌片顶端2～3齿裂②。

产朝阳、大连、丹东、本溪、鞍山、营口、葫芦岛、抚顺。生于山坡林缘、灌丛、河滩及沟边。

相似种：翠菊【*Callistephus chinensis*，菊科 翠菊属】一年生至二年生草本；中部茎叶卵形、菱状卵形、匙形或近圆形，边缘有不规则的粗锯齿③。头状花序单生于茎枝顶端，苞片3层，外层长椭圆状披针形或匙形；舌状花淡蓝紫色④；两性花黄色。产本溪、抚顺、鞍山、大连、营口、沈阳；生于干燥石质山坡、草丛、水边及灌丛。

小红菊中部茎叶常3～5掌状或掌式羽状浅裂，外层苞片边缘穗状撕裂；翠菊中部茎叶边缘有不规则的粗锯齿，外层苞片匙形。

1 2 3 4 5 6 7 8 9 10 11 12

兔儿伞　一把伞 菊科 兔儿伞属

Syneilesis aconitifolia

Shredded Umbrella Plant ｜ tùrsǎn

多年生草本；茎叶通常2，下部叶具长柄，叶片盾状圆形，掌状深裂②，裂片7～9，每裂片再次2～3浅裂，小裂片线状披针形；中部叶较小，裂片通常4～5；其余的叶呈苞片状，披针形，向上渐小。头状花序密集成复伞房状①，花序梗具数枚线形小苞片；总苞筒状，基部有3～4小苞片；总苞片1层；小花8～10，花冠淡粉白色③，花药变紫色，花柱分枝伸长④。瘦果圆柱形，冠毛污白色或变红色，糙毛状。

产全省各地。生于山坡、林缘、灌丛、草甸及草原。

兔儿伞为多年生草本，茎叶2，盾状圆形，头状花序密集成复伞房状，小花8～10，花冠淡粉白色，瘦果圆柱形。

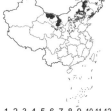

1 2 3 4 5 6 7 8 9 10 11 12

牛蒡 大力子 菊科 牛蒡属

Arctium lappa

Greater Burdock | niúbàng

　　二年生草本①；基生叶宽卵形，边缘有稀疏的浅波状凹齿或齿尖，基部心形，有长叶柄②；叶柄灰白色；茎生叶与基生叶同形或近同形，接花序下部的叶小，基部平截或浅心形。头状花序在枝端组成伞房花序，花序梗粗壮，总苞卵形或卵球形；总苞片多层，多数③，外层三角状或披针状钻形，中内层披针状或线状钻形，全部苞片近等长，顶端有软骨质钩刺；小花紫红色④。

　　全省广泛分布。生于山坡、山谷、林缘、林中、灌丛中、河边潮湿地、村庄路旁或荒地。

　　牛蒡为二年生草本，基生叶宽卵形，头状花序在枝端组成伞房花序，总苞片顶端有软骨质钩刺，小花紫红色。

阿尔泰狗娃花 阿尔泰紫菀 菊科 紫菀属

Aster altaicus

Altaic Aster | a'ěrtàigǒuwáhuā

　　多年生草本；茎斜升或直立，被上曲的短贴毛。下部叶条状披针形或近匙形①。头状花序单生于枝端或排成伞房状，总苞半球形，直径0.5～1.5厘米；总苞片2～3层，外层苞片张开，草质或边缘狭膜质，内层边缘宽膜质；舌状花花瓣浅蓝紫色②，矩圆状条形。瘦果扁，倒卵状矩圆形，上部有腺。

　　产本溪、丹东、抚顺、铁岭、大连及辽西大部分地区。生于山坡、林缘、荒地、路旁。

　　相似种：狗娃花【*Aster hispidus***，菊科 紫菀属】**一年生至二年生草本；茎单生，有时数个丛生；下部叶倒卵形，基部渐狭成长柄；上部叶小，条形③。头状花序，总苞半球形；总苞片2层，外层苞片贴伏；舌状花花瓣浅红色④或白色。产抚顺、铁岭、大连及辽西地区；生于荒地、路旁、林缘及草地。

　　阿尔泰狗娃花下部叶条状披针形或近匙形，外层苞片张开，花瓣淡蓝紫色；狗娃花下部叶倒卵形，外层苞片贴伏，花瓣浅红色或白色。

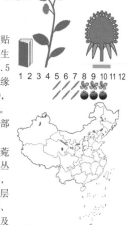

山马兰 山鸡儿肠 菊科 紫菀属
Aster lautureanus
Lauture's Aster | shānmǎlán

1 2 3 4 5 6 7 8 9 10 11 12

多年生草本；茎直立，具沟纹。叶厚，下部叶花期枯萎；中部叶披针形，有疏齿或羽状浅裂②，分枝上的叶条状披针形，全缘。头状花序单生于分枝顶端且排成伞房状①，总苞半球形；总苞片3层，覆瓦状排列，上部绿色，无毛，外层短于内层，顶端钝，边缘有膜质穗状边缘；舌状花淡蓝色；管状花黄色①。

产辽西山区及抚顺、铁岭、鞍山、大连。生于山坡、林缘、荒地及路旁。

相似种：全叶马兰【*Aster pekinensis*，菊科 紫菀属】多年生草本；植株密被灰色短柔毛，中部叶多而密，条状披针形，全缘③。头状花序单生枝端且排成疏伞房状，总苞片3层，覆瓦状排列；舌状花淡紫色④。产全省各地；生于山坡、林缘、荒地及路旁。

山马兰植株叶厚，下面绿色，中部叶有疏齿或羽状浅裂，两面疏生短糙毛或无毛；全叶马兰叶较薄，下面灰绿色，全缘，两面密被短柔毛。

丝毛飞廉 飞廉 菊科 飞廉属
Carduus crispus
Curly Plumeless Thistle | sīmáofēilián

1 2 3 4 5 6 7 8 9 10 11 12

二年生或多年生草本②；下部茎叶全形椭圆形、长椭圆形，羽状深裂或半裂③，侧裂片7～12对；中部茎叶与下部茎叶同形并等样分裂；全部茎叶两面明显异色，上面绿色，下面灰绿色或浅灰白色，被蛛丝状薄绵毛，两侧沿茎下延成茎翼，茎翼边缘齿裂。头状花序，花序梗极短，总苞卵形；总苞片多层，覆瓦状排列，向内层渐长；小花紫红色①。瘦果稍压扁，楔状椭圆形，冠毛污色，刚毛锯齿状④。

全省广泛分布。生于田间、路旁、山坡、荒地及河岸。

丝毛飞廉为多年生草本，叶羽状深裂或半裂，两面异色，沿茎下延成茎翼，总苞片多层，小花紫红色。

刺儿菜 小蓟 菊科 蓟属

Cirsium arvense var. *integrifolium*

Segetal Thistle | cìrcài

多年生草本；茎被蛛丝状绵毛，上部少分枝或不分枝。基生叶莲座状，披针形或长圆状披针形；茎生叶互生，叶片椭圆形或长圆形，不分裂①，全缘或波状缘，边缘有刺，两面密被蛛丝状绵毛。头状花序1至数个，单生于茎或枝顶，单性，异形，雌雄异株；总苞片多层；花冠紫红色②。

全省广泛分布。生于田间、荒地、林间、路旁。

相似种：泥胡菜【*Hemisteptia lyrata*，菊科 泥胡菜属】一年生至二年生草本；叶长椭圆形或倒披针形，大头羽状深裂或几全裂③，下部茎叶有长叶柄。头状花序在茎枝顶端排成疏松伞房花序；总苞宽钟状或半球形；总苞片多层；小花紫色或红色④。全省广泛分布；生于山坡、草地、路旁及住宅附近。

刺儿菜叶不分裂，无叶柄，边缘有刺，花序单生；泥胡菜叶羽状深裂，叶柄长，边缘无刺，花序多。

烟管蓟 菊科 蓟属

Cirsium pendulum

Hanging Thistle | yānguǎnjì

多年生草本；茎直立。基生叶及下部茎叶全形长椭圆形至椭圆形，下部渐狭成长或短翼柄，不规则二回羽状分裂①，一回为深裂，一回侧裂片5～7对，半长椭圆形或偏斜披针形，中部侧裂片较大；向上的叶渐小，无柄或扩大成耳状抱茎。头状花序下垂②，总苞钟状，小花紫色。

产丹东、本溪、铁岭、沈阳、葫芦岛、大连、阜新。生于河岸、草地、山坡及林缘。

相似种：绒背蓟【*Cirsium vlassovianum*，菊科 蓟属】多年生草本；全部茎枝被稀疏的多细胞长节毛。茎叶披针形，不分裂③，上面绿色，下面灰白色，被稠密的茸毛。头状花序，总苞长卵形，总苞片约7层，小花紫色④。产抚顺、鞍山、沈阳、大连、丹东、本溪、铁岭；生于山坡林中、林缘、河边及湿地。

烟管蓟叶羽状分裂，背面无毛，花序下垂；绒背蓟叶不分裂，背面被茸毛，花序不下垂。

漏芦 祁州漏芦 菊科 漏芦属

Rhaponticum uniflorum

Uniflower Swisscentaury | lòulú

多年生草本；茎直立，不分枝①，簇生或单生，灰白色，被绵毛②。基生叶及下部茎叶全形椭圆形，羽状深裂①，有长叶柄，侧裂片5~12对，倒披针形；中上部茎叶渐小，与基生叶及下部茎叶同形并等样分裂。头状花序单生茎顶，有少数钻形小叶，总苞半球形，总苞片约9层，覆瓦状排列，向内层渐长；全部苞片顶端有膜质附属物，附属物宽卵形或几圆形，浅褐色③；全部小花两性，管状，花冠紫红色。

全省广泛分布。生于林下、林缘、山坡砾质地。

漏芦为多年生草本，茎灰白色，被绵毛，叶羽状深裂，有长柄，苞片顶端有膜质附属物，花冠紫红色。

草地风毛菊 驴耳风毛菊 菊科 风毛菊属

Saussurea amara

Bitter Saussurea | cǎodìfēngmáojú

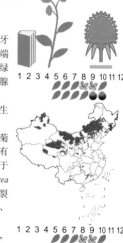

多年生草本；基生叶与下部茎叶不分裂，具牙齿或全缘，有长柄或短柄①。头状花序在茎枝顶端排成伞房状花序，总苞片狭筒形；全部苞片外面绿色或淡绿色②；全部苞片外面有少数金黄色小腺点。

产朝阳、锦州、沈阳、铁岭、大连、阜新。生于荒地、路边、山坡、河堤、水边。

相似种：美花风毛菊【*Saussurea pulchella***、菊科 风毛菊属】**叶片羽状深裂或全裂，总苞顶端有粉红色的膜质附片③。产丹东、鞍山、抚顺；生于草原、林缘、灌丛及草甸。**齿苞风毛菊【***Saussurea odontolepis***、菊科 风毛菊属】**叶片栉齿状羽状深裂至近全裂，总苞上部边缘具少数裂齿④。产抚顺、沈阳、鞍山、葫芦岛；生灌丛、路边、林下。

草地风毛菊叶不裂；美花风毛菊叶羽状分裂，总苞顶端有粉红色膜质附片；齿苞风毛菊叶羽状分裂，总苞上部边缘具少数栉齿状尖裂齿。

碱菀　菊科 碱菀属

Tripolium pannonicum

Common Sea Aster ｜ jiǎnwǎn

一年生盐生草本植物；茎单生或数枚丛生②，无毛，上部多分枝。基部叶在花期枯萎，下部叶条状或矩圆状披针形①，顶渐尖，全缘或有具小尖头的疏锯齿；中部叶渐狭，无柄，上部叶渐小，苞叶状；全部叶无毛，肉质。头状花序排成伞房状，有长花序梗；总苞近管状，疏覆瓦状排列，绿色，边缘常红色③，干后膜质，无毛，外层披针形或卵圆形，顶端钝，内层狭矩圆形；舌状花1层，紫堇色④。

产阜新、葫芦岛、锦州、盘锦、丹东、沈阳、营口、铁岭。生于海岸、湖滨、沼泽及盐碱地。

碱菀为一年生草本植物，茎单生，下部叶条状或矩圆状披针形，无毛，肉质，头状花序排成伞房状，总苞绿色，边缘常红色，舌状花紫堇色。

多花麻花头　菊科 麻花头属

Klasea centauroides subsp. *polycephala*

Many-flower Ragwort ｜ duōhuāmáhuātóu

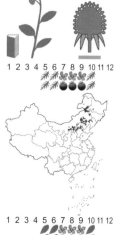

多年生草本；茎上部伞房状分枝。基部叶及下部茎叶长倒披针形或椭圆状披针形，下部有叶柄，羽状深裂①。头状花序多数在茎枝顶端排成伞房花序，总苞长卵形②，上部无收缢；总苞片8～9层；小花两性，花冠紫色或粉红色②。瘦果淡白色或褐色，楔状长椭圆形；冠毛褐色，冠毛刚毛锯齿状。

产朝阳、阜新、锦州、沈阳、大连。生于山坡、山谷、林缘、林中、灌丛。

相似种：钟苞麻花头【Klasea centauroides subsp. cupuliformis，菊科 麻花头属**】**多年生草本；基部叶与下部茎叶长椭圆形、倒披针形或椭圆形③；中部茎叶较小，与基生叶及下部茎叶同形，边缘全缘。头状花序单生茎顶或少数头状花序生茎枝顶端，总苞膨大成壳斗状④。产抚顺、朝阳、本溪；生于山坡、林间草地及河岸。

多花麻花头叶羽状深裂，总苞长卵形；钟苞麻花头叶不裂，总苞膨大成壳斗状。

辽细辛　细辛　马兜铃科　细辛属

Asarum heterotropoides* var. *mandshuricum

Manchurian Wild Ginger　｜　xìxīn

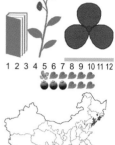

多年生草本；根状茎横走，根细长①。叶卵状心形或近肾形，先端急尖或钝，基部心形②，顶端圆形。花红棕色，稀紫绿色，花期在顶部成直角弯曲，果期直立；花被管壶状或半球状③，喉部稍缢缩，内壁有纵行脊皱，花被裂片三角状卵形，由基部向外反折④，贴靠于花被管上；雄蕊着生于子房中部，花丝常较花药稍短，药隔不伸出；子房半下位或几近上位，近球形；花柱6，顶端2裂，柱头侧生。果半球状。

产鞍山、本溪、丹东、大连、辽阳、葫芦岛、抚顺、沈阳、铁岭。生于针叶林及针阔叶混交林下腐殖质肥沃且排水良好的地方。

辽细辛为多年生草本，叶卵状心形，花紫棕色，花期在顶部成直角弯曲，果期直立。

石竹　洛阳花　石竹科　石竹属

Dianthus chinensis

Rainbow Pink　｜　shízhú

多年生草本；全株无毛，带粉绿色。茎由根颈生出，疏丛生，直立①，上部分枝。叶片线状披针形②，顶端渐尖，基部稍狭，全缘或有细小齿，中脉较显。花单生枝端或数花集成聚伞花序③，苞片4，卵形，顶端长渐尖；花萼圆筒形，有纵条纹；花瓣倒卵状三角形，紫红色或粉红色④，顶缘不整齐齿裂，喉部有斑纹，疏生髯毛；雄蕊露出喉部外，花药蓝色；子房长圆形；花柱线形。蒴果圆筒形，顶端4裂。

产全省各地。生于山坡、荒地、疏林下、草甸及高山苔原带上。

石竹为多年生草本，叶片线状披针形，花单生枝端，花瓣倒卵状三角形，紫红色或粉红色，蒴果圆筒形。

白薇　山烟根子　　夹竹桃科/萝藦科 鹅绒藤属

Cynanchum atratum

Darkened Swallow-wort ｜ báiwēi

多年生草本；根须状，有香气。叶卵形或卵状长圆形①，顶端渐尖或急尖，基部圆形，两面均被白色茸毛。聚伞花序，无总花梗，生在茎的四周②，着花8～10朵；花深红近紫色③；花萼外面有茸毛，内面基部有小腺体5个；花冠辐状，外面有短柔毛，并具缘毛；副花冠5裂，裂片盾状，圆形，与合蕊柱等长；花药顶端具1圆形的膜片。蓇葖果单生，向端部渐尖，基部钝形，中间膨大④。种子扁平，种毛白色。

产丹东、本溪、抚顺、铁岭、沈阳、鞍山、大连、锦州、葫芦岛、朝阳。生于山坡草地、林缘路旁、林下及灌丛间。

白薇为多年生草本，叶卵状长圆形，聚伞花序，着花8～10朵，花深红近紫色，蓇葖果中间膨大。

天仙子　　茄科 天仙子属

Hyoscyamus niger

Small Henbane ｜ tiānxiānzǐ

二年生草本；全体生腺毛，茎常不分枝。叶全部茎生，卵形或椭圆形①，顶端急尖或钝，边缘每边有1～3不对称排列的波状牙齿，上面近无毛或沿叶脉有疏柔毛，下面生腺毛，开花部分的叶无柄，基部半抱茎或宽楔形，茎下部的叶有柄。花单生于叶腋，在茎上端则单生于苞状叶腋内而聚集成顶生蝎尾式总状花序②；花萼被腺毛和长柔毛，果时呈卵圆状；花冠钟状，黄色而脉纹紫堇色，带红棕色斑点③。蒴果卵圆状。

产全省大部分地区。生于村舍、路边及田野。

天仙子为二年生草本，全体生腺毛，叶卵形，总状花序，花冠钟状，黄色而脉纹紫堇色，带红棕色斑点，蒴果卵圆状。

尖萼耧斗菜

毛茛科 耧斗菜属

Aquilegia oxysepala

Acute-sepal Columbine | jiān'èlóudǒucài

多年生草本①；基生叶数枚，为2回三出复叶②，中央小叶通常具短柄，楔状倒卵形，3浅裂或3深裂，叶柄被开展的白色柔毛或无毛，基部变宽，呈鞘状；茎生叶数枚，具短柄，向上渐变小。花3～5朵，较大而美丽，微下垂③，苞片3全裂；萼片紫红色，狭卵形；花瓣顶端近截形；距末端强烈内弯，呈钩状；雄蕊与瓣片近等长，花药黑色，被白色短柔毛。蓇葖果直立④。种子黑色。

产丹东、本溪、大连、锦州、朝阳、葫芦岛。生于山地杂木林下、林缘及林间草地。

尖萼耧斗菜为多年生草本，基生叶数枚，为二回三出复叶，花微下垂，萼片紫红色。

朝鲜当归

大当归 伞形科 当归属

Angelica gigas

Korean Angelica | cháoxiāndāngguī

多年生高大草本；根圆锥形，有支根数枚，灰褐色。茎粗壮，中空，紫色①。叶2～3回三出式羽状分裂，叶片轮廓近三角形，叶轴不呈翅状下延；茎中部叶柄基部渐成抱茎的狭鞘，末回裂片长圆状披针形；上部的叶简化成囊状膨大的叶鞘。复伞形花序近球形，伞辐20～45，总苞片1至数片，膨大成囊状②，深紫色；小伞形花序密集成小的球形；小总苞数片，紫色③；萼齿不明显；花瓣倒卵形，深红近紫色；雄蕊暗紫色④。

产本溪、丹东、大连。生于山地林内溪流旁及林缘草地等富含腐殖质的沙质土壤。

朝鲜当归为多年生高大草本，茎中空，叶2～3回三出式羽状分裂，复伞形花序，花深红近紫色。

毛穗藜芦
藜芦科/百合科 藜芦属

Veratrum maackii

False Hellebore | máosuìlílú

多年生草本，茎较纤细①。叶折扇状，长矩圆状披针形至狭长矩圆形，两面无毛②，叶柄长达10厘米。圆锥花序通常疏生较短的侧生花序，最下面的侧生花序偶尔再次分枝；总轴和枝轴密生绵状毛；花多数，疏生；花被片紫红色③，近倒卵状矩圆形，花梗长约为花被片的2倍，长可达1厘米或更长，在侧生花序上的花梗比顶生花序上的花梗短；小苞片背面和边缘生毛；雄蕊长约为花被片的一半；子房无毛。蒴果直立④。

产本溪、抚顺、鞍山、锦州。生于林下、灌丛、山坡、草甸。

毛穗藜芦为多年生草本，茎较纤细，叶长矩圆状披针形至狭长矩圆形，圆锥花序，总轴和支轴密生绵状毛，花紫红色，蒴果直立。

平贝母
百合科 贝母属

Fritillaria ussuriensis

Ussuri Fritillary | píngbèimǔ

多年生草本；地下鳞茎由2~3枚肉质鳞叶组成，茎直立。叶轮生或对生①，上部叶先端稍卷曲或不卷曲。花钟形②，1~3朵生于茎顶部，顶花常具4~6枚叶状苞片，苞片先端强烈卷曲；花被片6，离生，2轮排列，花被片外面淡紫褐色，内面淡紫红色，散生黄色方格状斑纹④，外花被片比内花被片稍长而宽，蜜腺窝在背面明显凸出；雄蕊6，着生于花被片基部。蒴果广倒卵圆形，具6棱③，有多数种子。

产丹东、本溪、抚顺、鞍山、辽阳。生于腐殖质湿润肥沃的林中、林缘及灌丛草甸中。

平贝母为多年生草本，叶轮生或对生，花钟形，散生黄色方格状斑纹，蒴果具6棱。

有斑百合 百合科 百合属

Lilium concolor var. *pulchellum*

Pretty Lily │ yǒubānbǎihé

多年生草本；鳞茎卵状球形，少数近基部带紫色，有小乳头状突起。叶散生，条形①，脉3～7条，边缘有小乳头状突起，两面无毛。花1～5朵排成近伞形或总状花序，花直立，星状开展，花瓣深红色，有斑点②，有光泽，花被片矩圆状披针形；雄蕊向中心靠拢。蒴果矩圆形。

产沈阳、鞍山、朝阳、锦州、铁岭、大连、葫芦岛。生于石质山坡、草地、灌丛及疏林下。

相似种：东北百合【*Lilium distichum*，百合科百合属】多年生草本；叶1轮，共7～20枚生于茎中部③，倒卵状披针形至矩圆状披针形。总状花序，花淡橙红色，具紫红色斑点，花被片稍反卷④。产本溪、鞍山、丹东、大连、辽阳；生于富含腐殖质的林下、林缘、草地及路旁。

有斑百合叶散生，条形，花瓣深红色，不下垂；东北百合叶轮生，倒卵状披针形至矩圆状披针形，花瓣橙红色，花下垂。

山丹 细叶百合 百合科 百合属

Lilium pumilum

Coral Lily │ shāndān

多年生草本；鳞茎卵形或圆锥形。叶散生于茎中部，条形①，中脉下面突出，边缘有乳头状突起。花单生或数朵排成总状花序，鲜红色，通常无斑点②，下垂；花被片反卷，蜜腺两边有乳头状突起；花丝无毛，花药长椭圆形，黄色，花粉近红色；子房圆柱形，柱头膨大，3裂。蒴果矩圆形。

产全省各地。生于干燥石质山坡、岩石缝中。

相似种：卷丹【*Lilium tigrinum*，百合科 百合属】多年生草本；叶散生，矩圆状披针形或披针形③，上部叶腋有珠芽。花3～6朵或更多，花梗紫色，有白色绵毛；花下垂，花被片披针形，反卷，橙红色，有紫黑色斑点②；雄蕊四面张开，花丝淡红色，无毛。产丹东、锦州、朝阳；生于山坡、草丛、溪边及林缘。

山丹叶条形，花瓣无斑点，叶腋无珠芽；卷丹叶披针形，花瓣有紫色斑点，上部叶腋有珠芽。

地黄 婆婆奶 列当科/玄参科 地黄属

Rehmannia glutinosa

Glutinous Rehmannia | dìhuáng

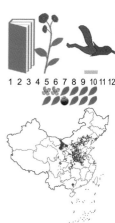

多年生草本；根茎肉质，鲜时黄色。叶通常在茎基部集成莲座状①，向上则强烈缩小成苞片，叶片卵形至长椭圆形。在茎顶部略排列成总状花序②，萼具10条隆起的脉，萼齿5枚；花冠筒多少弓曲，外面紫红色，被多细胞长柔毛，花冠裂片5枚，先端钝或微凹，内面黄紫色，外面紫红色③；雄蕊4枚，药室基部叉开；子房幼时2室，老时因隔膜撕裂而成1室；花柱顶部扩大成2枚片状柱头。蒴果卵形至长卵形④。

产朝阳、葫芦岛、锦州。生于山坡沙质地、荒地及路旁。

地黄为多年生草本，根鲜时黄色，叶片卵形至长椭圆形，花冠5裂，内面黄紫色，外面紫红色，蒴果卵形。

丹东玄参 广萼玄参 玄参科 玄参属

Scrophularia kakudensis

Kakuda Figwort | dāndōngxuánshēn

多年生草本；支根纺锤形膨大，茎四棱形③。叶片卵形至狭卵形①，基部近圆形、近截形至微心形，边缘具整齐锯齿。花序顶生和腋生，集成一大型圆锥花序，总梗和花梗均生腺毛；花萼裂片卵状椭圆形至宽卵形，顶端锐尖；花冠外面绿色而内带紫红色，花冠筒球状筒形②，上唇长于下唇，上唇裂片近圆形；雄蕊约与下唇等长，花丝扁，微毛状粗糙，退化雄蕊扇状圆形；花柱稍长于子房。蒴果宽卵形。

产丹东、本溪、鞍山。生于山坡灌丛中。

丹东玄参为多年生草本，茎四棱形，叶片卵形至狭卵形，花序顶生和腋生，花冠筒上唇长于下唇，蒴果宽卵形。

地榆　蔷薇科 地榆属
Sanguisorba officinalis
Official Burnet ｜ dìyú

　　多年生草本；根粗壮，多呈纺锤形。基生叶为羽状复叶②，有小叶4~6对，小叶片有短柄，卵形或长圆状卵形；茎生叶较少，小叶片几无柄，长圆形至长圆披针形①，狭长。穗状花序椭圆形、圆柱形或卵球形，直立，从花序顶端向下开放③；苞片膜质，披针形，顶端渐尖至尾尖，背面及边缘有柔毛；萼片4枚，紫红色，椭圆形至宽卵形；雄蕊4枚，花丝丝状，不扩大。果实包藏在宿存萼筒内，外面有斗棱④。

　　全省广泛分布。生于山坡、柞树林缘、草甸、灌丛及林间草地。

　　地榆为多年生草本，基生叶为羽状复叶，穗状花序椭圆形，直立，萼片4枚，紫红色。

老鸦谷　繁穗苋　苋科 苋属
Amaranthus cruentus
Paniculate Pigweed ｜ lǎoyāgǔ

　　一年生草本；茎直立，粗壮，稍具钝棱。叶片菱状卵形或椭圆状卵形①，先端锐尖或尖凹，有小凸尖，基部楔形，有柔毛。圆锥花序顶生及腋生，直立，或以下下垂，由多数穗状花序形成，顶生花穗较侧生者长；苞片及小苞片钻形，紫色，先端具芒尖；花被片紫红色②，有1淡绿色细中脉，先端急尖或尖凹，具小突尖。胞果扁卵形，环状横裂，包裹在宿存花被片内③。种子近球形，棕色或黑色。

　　原产北美，栽培于庭园或田间。现为半野生状态，产抚顺、本溪、营口、阜新、铁岭。

　　老鸦谷为一年生草本，茎粗壮，叶片菱状卵形或椭圆状卵形，圆锥花序顶生及腋生，苞片和花被均为紫红色。

独行菜 密花独行菜 十字花科 独行菜属

Lepidium apetalum

Apetalous Pepperweed | dúxíngcài

一年生或二年生草本；茎直立，有分枝。基生叶窄匙形，1回羽状浅裂或深裂；茎上部叶线形①，有疏齿或全缘。总状花序，萼片早落，卵形，外面有柔毛②；花瓣比萼片短；雄蕊2或4。短角果近圆形或宽椭圆形，扁平，顶端微缺，果梗弧形。

产全省各地。生于田野、路旁及住宅附近。

相似种：柱毛独行菜【*Lepidium ruderale*，十字花科 独行菜属】一年生至二年生草本；基生叶2~3回羽状全裂，裂片宽线形③，边缘有柱状腺毛；茎下部叶2回浅裂；茎上部叶无柄。总状花序顶生，萼片宽披针形，外面无毛；花瓣无④；雄蕊2。短角果上部有窄翅。产锦州、葫芦岛、沈阳、营口、阜新；生于沙地或草地。

独行菜基生叶1回羽状浅裂或深裂，边缘无毛；柱毛独行菜基生叶2回羽状分裂，叶缘有柱状腺毛。

五福花 五福花科 五福花属

Adoxa moschatellina

Moschatel | wǔfúhuā

多年生矮小草本；根状茎横生，末端加粗①。茎单一，纤细，无毛，有长匍匐枝。基生叶1~3枚，为1~2回三出复叶②，小叶片宽卵形或圆形；茎生叶2枚，对生，3深裂，裂片再3裂③。花序有限生长，5~7朵花成顶生聚伞形头状花序，花黄绿色④；花萼浅杯状，顶生花的花萼裂片2，侧生花的花萼裂片3；花冠幅状，管极短；子房半下位至下位，花柱在顶生花为4，侧生花为5，基部连合，柱头4~5，点状。核果。

产丹东、本溪、抚顺、鞍山、大连、锦州。生于林下、林缘或灌丛及溪边湿草地。

五福花为多年生矮小草本，茎单一，基生叶1~3枚，茎生叶2枚，花黄绿色，呈顶生聚伞形头状花序。

徐长卿

夹竹桃科/萝藦科 鹅绒藤属

Cynanchum paniculatum

Paniculate Swallow-wort | xúzhǎngqīng

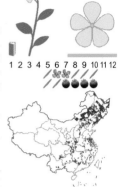

多年生直立草本；叶对生，纸质，披针形至线形①，两端锐尖，侧脉不明显。圆锥状聚伞花序生于顶端的叶腋内，着花10余朵，花冠黄绿色②，近辐状，副花冠裂片5，基部增厚，顶端钝；花粉块每室1个，下垂；子房椭圆形；柱头五角形，顶端略为突起。蓇葖果单生，披针形，向端部长渐尖。

分布于全省各地。生于干山坡、干草地、灌丛及杂木林中。

相似种：竹灵消【*Cynanchum inamoenum*，夹竹桃科/萝藦科 鹅绒藤属】多年生草本；叶薄膜质，广卵形③，有边毛。伞形聚伞花序，近顶部互生，花黄色④；花萼裂片披针形；花冠辐状，副花冠较厚，裂片三角形。蓇葖果双生，狭披针形，向端部长渐尖。产朝阳；生于山地疏林、灌丛中、山间多石质地及山坡草地上。

徐长卿叶窄披针形或线形，总花梗长，蓇葖果单生；竹灵消叶广卵形，总花梗短，蓇葖果双生。

兴安天门冬

天门冬科/百合科 天门冬属

Asparagus dauricus

Dahurian Asparagus | xīng'āntiānméndōng

直立草本；叶状枝每1～6枚成簇①，通常全部斜立，和分枝成锐角，呈稍扁的圆柱形，略有几条不明显的钝棱，伸直或稍弧曲，有时有软骨质齿。鳞片状叶基部无刺。花每2朵腋生，黄绿色②，雄花花梗和花被近等长；雌花极小，短于花梗，花梗关节位于上部。浆果球形，熟时红色①。

产大连、锦州、沈阳、阜新、葫芦岛、朝阳。生于沙丘、多沙坡地和干燥山坡上。

相似种：龙须菜【*Asparagus schoberioides*，天门冬科/百合科 天门冬属】多年生草本；叶状枝通常每3～4枚成簇，窄条形，镰刀状③。鳞片状叶近披针形，基部无刺。花每2～4朵腋生，黄绿色，花梗很短④，雌花和雄花近等大。浆果熟时红色。产沈阳、鞍山、本溪、抚顺、锦州、丹东；生于林下或草坡上。

兴安天门冬花每2朵腋生，花梗长于或等于花被；龙须菜花每2～4朵腋生，花梗很短。

白背牛尾菜　牛尾菜　菝葜科/百合科 菝葜属

Smilax nipponica

Japanese Greenbrier　│　báibèiniúwěicài

多年生草本；直立或稍攀缘。有根状茎，中空，有少量髓，干后凹瘪而具槽，无刺。叶卵形至矩圆形①，很少无毛；叶柄脱落点位于上部，如有卷须则位于基部至近中部。伞形花序通常有几十朵花，总花梗稍扁，有时很粗壮；花序托膨大，小苞片极小；花绿黄色或白色，盛开时花被片外折，花被片内外轮相似；雄蕊的花丝明显长于花药②；雌花与雄花大小相似，具6枚退化雄蕊③。浆果熟时黑色，有白色粉霜④。

产本溪、丹东、大连。生于林下、林缘、灌丛及草丛中。

白背牛尾菜为多年生草本，直立或稍攀缘，叶卵形至矩圆形，花绿黄色或白色，浆果熟时黑色。

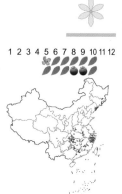

1 2 3 4 5 6 7 8 9 10 11 12

细毛火烧兰　兰科 火烧兰属

Epipactis papillosa

Papillose Helleborine　│　xìmáohuǒshāolán

多年生草本；根状茎短。茎明显具柔毛和棕色乳头状突起，基部具鞘。叶5～7枚，叶片椭圆状卵圆形到宽椭圆形①，先端短渐尖，上面及边缘具白色的毛状乳突。总状花序具多花，花苞片通常较长②；花平展或下垂，青绿色；萼片窄卵圆形，先端急尖；花瓣卵圆形，与萼片近等长，先端急尖；唇瓣淡绿色，与花瓣等长，近中部明显缩细，下唇圆形，呈兜状，上唇窄心形或三角形，先端急尖③；蕊柱与唇瓣下唇近等长，子房生于扭转的花梗上。蒴果椭圆状，具纵棱，有毛④。

产抚顺、本溪、鞍山、丹东、朝阳。生于山坡草甸及林下潮湿地上。

细毛火烧兰为多年生草本，茎上有柔毛，叶5～7枚，叶片椭圆状卵圆形，总状花序具多花，唇瓣淡绿色，蒴果椭圆状，有纵棱。

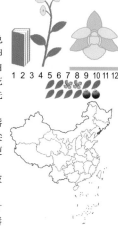

1 2 3 4 5 6 7 8 9 10 11 12

东北南星　山苞米　天南星科 天南星属

Arisaema amurense

Amur Arisaema　│　dōngběinánxīng

多年生草本；叶片鸟足状分裂，裂片5，倒卵形或椭圆形①。花序柄短于叶柄；佛焰苞管部漏斗状，白绿色，檐部直立，卵状披针形，渐尖，绿色或紫色，具白色条纹；肉穗花序单性，雄花序上部渐狭，花疏，雌花序短圆锥形，各附属器具短柄，棒状，雄花具梗，花药2～3；雌花子房倒卵形，柱头大。浆果，直径5～9毫米②，熟时红色。

产抚顺、本溪、丹东、锦州、大连。生于林间、林间空地、林缘、林下及沟谷。

相似种：天南星【*Arisaema heterophyllum*，天南星科 天南星属】多年生草本；叶倒披针形③。佛焰苞管部圆柱形，粉绿色；肉穗花序两性，雄花序单性；各种花序附属器苍白色，向上至佛焰苞喉部以外"之"字形上升④。产本溪、丹东、大连；生于林缘及灌丛中。

东北南星肉穗花序顶端附属器棒状，不超出佛焰苞；天南星肉穗花序顶端附属器长鞭状，超出佛焰苞。

车前　车轮草　车前科 车前属

Plantago asiatica

Chinese Plantain　│　chēqián

多年生草本；须根多数。叶基生，呈莲座状，叶片纸质，宽卵形至宽椭圆形①。花序直立或弓曲上升，穗状花序细圆柱状，下部间或间断；苞片狭卵状三角形或披针形；花具短梗；花药黄色②。

全省分布。生于山野、路旁、荒地及田边。

相似种：大车前【*Plantago major*，车前科 车前属】具须根。基生叶直立，叶片卵形或宽卵形，叶柄明显长于叶片。花茎直立，穗状花序，花密生，花药淡紫色③。全省广泛分布；生于草地、草甸、河滩、田边或荒地。**平车前**【*Plantago depressa*，车前科 车前属】直根长，具多数侧根。叶基生，呈莲座状，平卧、斜展或直立，叶椭圆形、椭圆状披针形④。全省广泛分布；生于山野、路旁、田埂及河边。

车前为须根系，植株较矮，花药黄色；大车前为须根系，花药紫色；平车前为直根系，叶柄短。

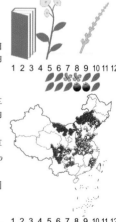

狭叶荨麻 螫麻子　荨麻科 荨麻属

Urtica angustifolia

Narrow-leaf Nettle　｜　xiáyèqiánmá

多年生草本；茎四棱形，疏生刺毛和稀疏的细糙毛。叶披针形至披针状条形①，先端长渐尖或锐尖，基部圆形，边缘有粗牙齿或锯齿，叶柄短，疏生刺毛和糙毛。雌雄异株，花序圆锥状，有时近穗状②，雄花近无梗，花被片4，在近中部合生。

产本溪、丹东、大连、鞍山、沈阳、抚顺。生于沟边、河岸、路旁、阴坡阔叶林内或林下。

相似种：宽叶荨麻【*Urtica laetevirens***，荨麻科荨麻属】**多年生草本；茎纤细，节间常较长。叶常近膜质，卵形，先端尾状渐尖，边缘有牙齿状锯齿③；叶柄纤细，疏生刺毛和细糙毛。雌雄同株，雄花序生上部叶腋，雌花序生下部叶腋，小团伞花簇生④。产丹东、本溪、抚顺、鞍山、大连；生于沟边、河岸、路旁及林下稍湿地。

狭叶荨麻雌雄异株，叶披针形；宽叶荨麻雌雄同株，叶常近膜质，卵形。

透茎冷水花 水荨麻　荨麻科 冷水花属

Pilea pumila

Canadian Clearweed　｜　tòujīnglěngshuǐhuā

一年生草本；茎肉质，直立。叶近膜质，同对的近等大，近平展，菱状卵形或宽卵形①，先端渐尖、锐尖或微钝，基部常宽楔形，有时钝圆；托叶卵状长圆形。花雌雄同株并常同序，雄花序蝎尾状②，密集，雌花在芽时倒卵形，花被2，近船形，有短角突起，雄蕊2～4；雌雄花被片3，条形。

产本溪、鞍山、沈阳、大连、锦州。生于山坡、林缘、林内、路旁等阴湿处。

相似种：蝎子草【*Girardinia diversifolia* subsp. *suborbiculata***，荨麻科 蝎子草属】**一年生草本；茎疏生刺毛和细糙伏毛。叶宽卵形或近圆形，先端短尾状或短渐尖③。雌雄同株，花序成对生于叶腋，雄花序穗状，雌花序短穗状④。产丹东、鞍山、锦州；生于林内石间、岩石上或林缘。

透茎冷水花叶对生，花序蝎尾状，全株无刺；蝎子草叶互生，花序穗状，茎上有刺毛。

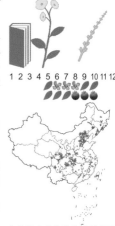

酸模 野菠菜 蓼科 酸模属

Rumex acetosa

Garden Sorrel ｜ suānmó

多年生草本；基生叶和茎下部叶箭形①，顶端急尖或圆钝，基部裂片急尖，全缘或微波状；茎上部叶较小，托叶鞘膜质，易破裂。花序狭圆锥状，顶生，分枝稀疏；花单性，雌雄异株；花梗中部具关节；花被片6，成2轮，雄花内花被片椭圆形，外花被片较小，雄蕊6；雌花内花被片果时增大，近圆形②。

产本溪、丹东、鞍山、大连、铁岭、沈阳。生于山坡、湿地、草甸、林缘、灌丛及路旁。

相似种：长刺酸模【*Rumex trisetifer*，蓼科 酸模属】一年生草本；茎下部叶长圆形或披针状长圆形③，顶端急尖，基部楔形；茎上部的叶较小，狭披针形；托叶鞘膜质，早落。总状花序，花两性，多花轮生，花被片6，黄绿色，外轮花被边缘具针刺④。产沈阳、大连、锦州；生于田边湿地、水边及山坡草地。

酸模雌雄异株，雌花内花被片果时增大，无刺；长刺酸模花两性，外轮花被边缘具针刺。

巴天酸模 土大黄 蓼科 酸模属

Rumex patientia

Patience Dock ｜ bātiānsuānmó

多年生草本；根肥厚；茎直立，粗壮，高90～150厘米，上部分枝，具深沟槽。基生叶长圆形或长圆状披针形，长15～30厘米，宽5～10厘米，边缘波状；叶柄粗壮；茎上部叶披针形，较小，近无柄；托叶鞘膜质，易破裂。花序圆锥状①，花两性，外花被片长圆形（①右上），内花被片果时增大，宽心形，具小瘤。瘦果卵形。

产全省各地。生于沟边湿地、田野、荒郊、草甸、住宅附近及水边。

相似种：波叶大黄【*Rheum rhabarbarum*，蓼科 大黄属】多年生草本；叶片三角状卵形或近卵形，顶端钝尖或钝急尖，基部心形②，边缘具强皱波；上部叶较小。大型圆锥花序，花白绿色②，花被片不展开。果实三角状卵形（②左上）。产阜新；生于多石的山脊、乱石堆中或河滩石砾地。

巴天酸模基生叶长圆状披针形，花被片展开；波叶大黄叶片三角状卵形或近卵形，花被片不展开。

猪毛菜　扎蓬棵　苋科/藜科 猪毛菜属

Kali collinum

Slender Russian Thistle　｜　zhūmáocài

一年生草本；叶片丝状圆柱形①，伸展或微弯曲，顶端有刺状尖，基部边缘膜质，稍扩展而下延。花序穗状，生枝条上部；苞片卵形，顶部延伸，有刺状尖，边缘膜质，背部有白色隆脊；小苞片狭披针形，顶端有刺状尖，苞片及小苞片与花序轴紧贴；花被片卵状披针形，膜质，果时变硬②。

全省广泛分布。生于村边、路旁、荒地和含盐碱的沙质土壤上。

相似种：刺沙蓬【*Kali tragus*，苋科/藜科 猪毛菜属】 一年生草本；叶片半圆柱形或圆柱形，顶端有刺状尖③，基部扩展。花序穗状，花被片长卵形，膜质，果时变硬，自背面中部生翅；翅肾形或倒卵形，膜质，无色或淡紫红色④。产阜新、沈阳、大连、盘锦；生于平原盐生荒漠、小沙堆及河漫滩沙地。

猪毛菜叶片丝状圆柱形，基部不扩展，果实无翅；刺沙蓬叶片半圆柱形或圆柱形，基部扩展，果实具膜质的翅。

轴藜　苋科/藜科 轴藜属

Axyris amaranthoides

Russian Pigweed　｜　zhóulí

一年生草本；茎直立，粗壮，分枝多集中于茎中部以上，纤细，劲直④。叶具短柄，顶部渐尖，具小尖头，基部渐狭，全缘，背部密被星状毛，后期秃净；基生叶大，披针形①，叶脉明显；枝生叶和苞叶较小，狭披针形或狭倒卵形②，边缘通常内卷。雄花序穗状③，花被裂片3，狭矩圆形，先端急尖，向内卷曲，雄蕊伸出花被外；雌花花被片3，白膜质，宽卵形，近苞片处的花被片较小。果实长椭圆状倒卵形④。

产丹东、本溪、抚顺、鞍山、葫芦岛、锦州。生于山坡、草地、荒地及河边。

轴藜为一年生草本，叶具短柄，全缘，基生叶大，枝生叶和苞叶较小，花序穗状，果实长椭圆状倒卵形。

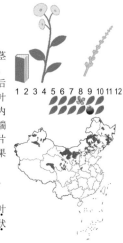

刺藜 刺穗藜 苋科/藜科 刺藜属
Teloxys aristata

Wormseed | cìlí

一年生草本；植物体通常呈圆锥形，秋后常带紫红色。茎直立，圆柱形或有棱，具色条，有多数分枝。叶条形至狭披针形①，全缘，先端渐尖，基部收缩成短柄，中脉黄白色。复二歧式聚伞花序生于枝端及叶腋，最末端的分枝针刺状②；花被裂片5，边缘膜质，果时开展。

产丹东、本溪、抚顺、沈阳。生于田间、荒地、路旁及村屯附近。

相似种：菊叶香藜【*Dysphania schraderiana***，苋科/藜科 腺毛藜属】**一年生草本；有强烈气味，全体有具节的疏生短柔毛。叶片矩圆形，边缘羽状深裂③。复二歧式聚伞花序腋生，花两性，花被5深裂，有狭膜质边缘，背面通常具具刺状突起的纵隆脊并有短柔毛和颗粒状腺体。胞果扁球形④。产阜新、锦州；生于林缘草地、河沿及村屯附近。

刺藜无气味，叶条形至狭披针形，全缘；菊叶香藜有强烈气味，叶羽状深裂。

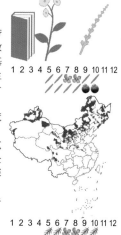

杂配藜 苋科/藜科 藜属
Chenopodium hybridum

Hybrid Goosefoot | zápèilí

一年生草本；茎直立，有条棱，上部有疏分枝。叶片宽卵形至卵状三角形，轮廓略呈五角形①，先端通常锐，叶片多呈三角状戟形，边缘具较少数的裂片状锯齿。花两性兼有雌性，在分枝上排列成开散的圆锥状花序，花被裂片5，狭卵形，先端钝，雄蕊5。胞果双凸镜状②。

产丹东、沈阳、鞍山、大连、锦州、朝阳。生于荒地、河岸、耕地、杂草地及林缘。

相似种：尖头叶藜【*Chenopodium acuminatum***，苋科/藜科 藜属】**一年生草本；叶片宽卵形至卵形，先端急尖或短渐尖，有一短尖头，全缘并具半透明的环边③。花两性，团伞花序，花被截球形，果时背面大多增厚并彼此合成五角星形④。产沈阳、铁岭、锦州、阜新；生于路旁湿地、河岸沙地、杂草地及沙碱地。

杂配藜叶片边缘有锯齿，无环边和尖头；尖头叶藜全缘并具半透明的环边，先端有一短尖头。

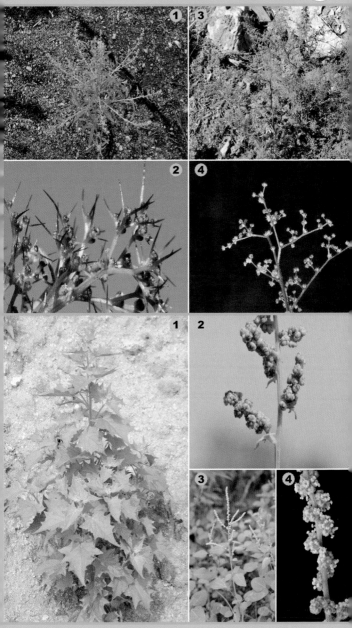

灰绿藜 苋科/藜科 藜属

Chenopodium glaucum

Oak-leaf Goosefoot | huīlǜlí

　　一年生草本；茎平卧或外倾。叶片矩圆状卵形至披针形①，肥厚，先端急尖或钝，基部渐狭，上面无粉，下面有粉而呈灰白色②，稍带紫红色，中脉明显，黄绿色。花两性兼有雌性，通常数花聚成团伞花序，花被裂片3～4，浅绿色①，先端通常钝。胞果顶端露出于花被外，果皮膜质，黄白色。

　　全省广泛分布。生于林缘、荒地及村屯附近。

　　相似种：小藜【Chenopodium serotinum，苋科/藜科 藜属**】**一年生草本；茎直立。叶片卵状矩圆形，通常3浅裂，中裂片两边近平行③，先端钝或急尖并具短尖头，边缘具深波状锯齿。花两性，数个团集，形成顶生圆锥状花序，花被近球形④。产本溪、沈阳、大连、营口、锦州；生于林缘、荒地、山坡及村屯附近。

　　灰绿藜茎平卧或外倾，叶下面有粉而呈灰白色，胞果顶端露出于花被外；小藜茎直立，叶下面无粉，胞果包在花被内。

滨藜 苋科/藜科 滨藜属

Atriplex patens

Patent Saltbush | bīnlí

　　一年生草本；茎直立，具绿色色条及条棱，通常上部分枝，枝细瘦。叶互生，叶片披针形至条形，两面均为绿色①。花序穗状，或有短分枝，通常紧密，雄花花被4～5裂；雌花的苞片果时菱形至卵状菱形，下半部边缘合生，上半部边缘通常具细锯齿，表面有粉，有时靠上部具疣状小突起②。

　　产营口、盘锦、锦州、葫芦岛。生于轻度盐碱性草地、海滨沙地上。

　　相似种：中亚滨藜【Atriplex centralasiatica，苋科/藜科 滨藜属**】**一年生草本；茎通常自基部分枝。叶片卵状三角形至菱状卵形③。花集成腋生团伞花序，雌花的苞片近半圆形至平面钟形，边缘近基部以下合生，表面具多数疣状或肉棘状附属物④。产盘锦、锦州、大连、营口；生于戈壁、荒地、海滨及盐土荒漠。

　　滨藜自上部分枝，叶片披针形至条形；中亚滨藜自基部分枝，叶片卵状三角形至菱状卵形。

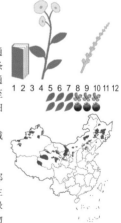

碱蓬 灰绿碱蓬 苋科/藜科 碱蓬属

Suaeda glauca

Glaucous Seepweed | jiǎnpéng

1 2 3 4 5 6 7 8 9 10 11 12

一年生草本；茎直立，有条棱，上部多分枝。叶丝状条形，半圆柱状，灰绿色①。花两性，单生或2～5朵团集，大多着生于叶的近基部处：两性花花被杯状，黄绿色②；雌花花被近球形，较肥厚，灰绿色，花被裂片卵状三角形，先端钝，使花被略呈五角星状①。胞果包在花被内。

产盘锦、丹东、大连、锦州、葫芦岛。生于海滨、荒地、渠岸、田边等含盐碱的土壤上。

相似种：盐地碱蓬【*Suaeda salsa*，苋科/藜科 碱蓬属】一年生草本；茎直立，圆柱状，黄褐色，有微条棱，无毛。叶条形，半圆柱状③。团伞花序通常含3～5花，腋生，在分枝上排列成有间断的穗状花序。胞果包在花被内④。产盘锦、丹东、大连、营口、锦州、铁岭、葫芦岛；生于盐碱土，在海滩及湖边常形成单种群落。

1 2 3 4 5 6 7 8 9 10 11 12

碱蓬果实通常单生，呈五角星状；盐地碱蓬果实2～5集生，圆球形。

反枝苋 苋科 苋属

Amaranthus retroflexus

Redroot Pigweed | fǎnzhīxiàn

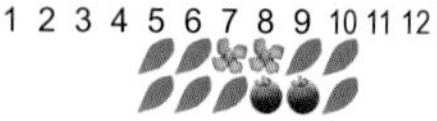
1 2 3 4 5 6 7 8 9 10 11 12

一年生草本；茎直立，单一或分枝。叶片菱状卵形或椭圆状卵形①，顶端锐尖，基部楔形，全缘或波状缘。圆锥花序顶生及腋生，顶生花穗较侧生者长；花被片矩圆形或矩圆状倒卵形，薄膜质，白色②，有1淡绿色细中脉，顶端急尖或尖凹，具凸尖。胞果扁卵形，包裹在宿存花被片内。

全省广泛分布。生于路旁、荒地、山坡、田边及住宅附近。

相似种：凹头苋【*Amaranthus blitum*，苋科 苋属】一年生草本；茎伏卧而上升。叶片卵形或菱状卵形，顶端凹缺③，基部宽楔形，全缘。花成腋生花簇，生在顶端者成直立穗状花序④，苞片及小苞片矩圆形，花被片矩圆形或披针形。产丹东、沈阳、锦州、盘锦；生于路旁、荒地、山坡、田边及住宅附近。

1 2 3 4 5 6 7 8 9 10 11 12

反枝苋茎直立，叶片椭圆状卵形，顶端锐尖；凹头苋茎伏卧而上升，叶片卵形或菱状卵形，顶端凹缺。

地肤 苋科/藜科 地肤属

Kochia scoparia

Burningbush | dìfū

一年生草本；茎直立，圆柱状，淡绿色或带紫红色，有条棱。叶披针形或条状披针形①。花两性或雌性，花下有时有锈色长柔毛；花被近球形，淡绿色，花被裂片近三角形，无毛或先端稍有毛；翅端附属物三角形至倒卵形，有时近扇形，膜质，脉不明显，边缘微波状或具缺刻；花丝丝状，花药淡黄色②。

全省广泛分布。生于路旁、山坡及住宅附近。

相似种：扫帚菜【*Kochia scoparia* f. *trichophylla*，苋科/藜科 地肤属】一年生草本；茎直立，多分枝，整个植株外形卵球形。叶披针形③，具3条主脉；茎部叶小，具1脉。花常1~3朵簇生于叶腋，构成穗状圆锥花序，花被近球形，淡绿色④。胞果扁球形，果皮膜质，与种子离生。全省广泛分布，栽培或野生；生于荒地、田边、路旁、果园、庭院。

地肤植株外形松散，果背部具翅状附属物；扫帚菜植株外形紧凑，呈卵球形，果上无附属物。

1 2 3 4 5 6 7 8 9 10 11 12

短星菊 菊科 联毛紫菀属

Symphyotrichum ciliatum

Rayless Alkali Aster | duǎnxīngjú

一年生草本；茎直立①，自基部分枝。叶较密集，基部叶花期常凋落，叶无柄，线形或线状披针形，顶端稍尖，基部半抱茎，全缘。头状花序，在茎或枝端排成总状圆锥花序，总苞半球状钟形③；总苞片2~3层，线形②；雌花多数，花冠细管状，无色，舌片短，上部及斜切口被微毛，两性花花冠管状，管部上端被微毛，无色或裂片淡粉色；花柱分枝披针形，花全部结实。瘦果长圆形，冠毛白色，2层④。

产沈阳、辽阳、鞍山、锦州。生于山坡荒野、山谷河滩或盐碱湿地上。

短星菊为一年生草本，叶线形或线状披针形，有糙缘毛，花序为总状圆锥花序，两性花花冠细管状，无色或裂片淡粉色，舌片短。

1 2 3 4 5 6 7 8 9 10 11 12

苍耳 卷耳 菊科 苍耳属

Xanthium strumarium

Siberian Cocklebur | cāng'ěr

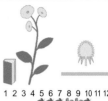

一年生草本；叶三角状卵形或心形，近全缘②，基部与叶柄连接处成相等的楔形，有3基出脉，侧脉弧形。雄性的头状花序球形①，总苞片长圆状披针形，花托柱状，托片倒披针形，有多数雄花③，花冠钟形，管部上端有5宽裂片，花药长圆状线形；雌性的头状花序椭圆形，外层总苞片小，披针形，内层总苞片结合成囊状，宽卵形或椭圆形。瘦果外面具钩状的刺，刺极细而直④，常有腺点。

产全省各地。生于田边、田间、路旁、荒地、山坡及村旁。

苍耳为一年生草本，叶三角状卵形或心形，头状花序，雌雄花形状不同，瘦果外面具钩状刺，常有腺点。

三裂叶豚草 菊科 豚草属

Ambrosia trifida

Great Ragweed | sānlièyètúncǎo

一年生粗壮草本；下部叶3～5裂①，上部叶3裂或不裂；叶柄基部膨大，边缘有窄翅。雄性头状花序多数，圆形，有细花序梗，在枝端密集成总状花序②；总苞浅碟形，总苞片结合，边缘有圆齿；小花黄色，花冠钟形，上端5裂，外面有5紫色条纹。

原产北美，为入侵植物。分布于沈阳、大连、锦州、葫芦岛、铁岭、本溪、丹东、朝阳。

相似种：豚草【*Ambrosia artemisiifolia***，菊科豚草属】**一年生草本；茎上部有圆锥状分枝。下部叶对生，具短叶柄，二次羽状分裂，裂片狭小③。雄性头状花序具短梗，下垂，在枝端密集成总状花序④；总苞宽半球形或碟形；花冠淡黄色，上部钟状，有宽裂片。原产北美，为入侵植物，分布于沈阳、大连、葫芦岛、铁岭、丹东；生于田野、路旁或河边的湿地。

三裂叶豚草下部叶3～5裂，叶柄较长；豚草下部叶二次羽状分裂，叶柄很短。

大籽蒿 蓬蒿 菊科 蒿属

Artemisia sieversiana

Sievers's Wormwood | dàzǐhāo

一年生或二年生草本；茎、枝被灰白色微柔毛①。下部叶与中部叶宽卵形，2～3回羽状全裂，两面被微柔毛，小裂片线形或线状披针形①。头状花序大，半球形，在分枝上排成总状花序，而在茎上组成开展或略狭窄的圆锥花序；总苞片3～4层；花序托凸起，半球形②；两性花多层，花冠管状，花柱与花冠等长。

产全省各地。生于山坡、草地、田野、路旁及住宅附近。

相似种：黄花蒿【*Artemisia annua***，菊科 蒿属】**一年生至二年生草本；茎单生。叶纸质，茎下部叶宽卵形或三角状卵形，3～4回栉齿状羽状深裂③；上部叶与苞片叶1～2回栉齿状羽状深裂。头状花序球形，下垂或倾斜，在分枝上排成总状或复总状花序④。全省广泛分布；生于山坡、林缘、撂荒地及沙质河岸。

大籽蒿茎叶被白色微柔毛，叶2～3回羽状全裂，头状花序半球形，较大；黄花蒿茎枝绿色无毛，叶栉齿状羽状深裂，头状花序球形，花小。

菴闾 菴芦 菊科 蒿属

Artemisia keiskeana

Keiske's Wormwood | ānlú

半灌木状草本；茎常成丛。基生叶排列成莲座状，倒卵形或宽楔形；中部以上边缘具数枚粗而尖的浅锯齿，基部楔形，渐狭成柄①；上部叶小，卵形或椭圆形。头状花序近球形，具细梗，在分枝上排成总状或复总状花序，花后头状花序下垂②；雌花6～10朵；两性花13～18朵，花冠管状，花柱略短于花冠。

产丹东、本溪、抚顺、鞍山、大连。生于山坡、灌丛、草地及疏林下。

相似种：茵陈蒿【*Artemisia capillaris***，菊科 蒿属】**一年生至二年生草本；基生叶常呈莲座状，叶卵圆形或卵状椭圆形，2～3回羽状全裂，小裂片狭线形或狭线状披针形③。头状花序卵球形④，总苞片3～4层，花冠管状，花药线形，花柱短，2裂。产全省各地；生于山坡、草地、路旁及住宅附近。

菴闾上部叶卵形或椭圆形，头状花序近球形；茵陈蒿上部叶狭线形，头状花序卵球形。

毛莲蒿　菊科 蒿属

Artemisia vestita

Dressed Wormwood | máoliánhāo

半灌木状草本或为小灌木状；植株有浓烈的香气，根木质，稍粗，根状茎粗短。中部叶片卵形、椭圆状卵形或近圆形，2～3回栉齿状羽状分裂①，苞叶分裂或不分裂。头状花序多数，球形或半球形，花序托小，凸起②，雌花花冠狭管状；两性花花冠管状，花药线形，花柱与花冠管近等长。

产全省各地。生于干草原、多石质山坡、空旷地或杂木林中。

相似种：南牡蒿【*Artemisia eriopoda*，菊科 蒿属】叶片通常羽状深裂，宽倒卵形③，基部楔形，先端又掌状分裂；全部叶上面无毛，下面被微柔毛。头状花序小，卵球形，下垂④，在茎顶或枝端排成复总状花序。全省广泛分布；生于林缘、路旁、草坡、灌丛、溪边、疏林内或林中空地。

毛莲蒿半灌木状，叶2～3回羽状深裂；南牡蒿为草本，叶片宽倒卵形，1回羽状深裂。

宽叶山蒿　菊科 蒿属

Artemisia stolonifera

Mugwort | kuānyèshānhāo

多年生草本；叶厚纸质，叶面暗绿色，背面密生茸毛；中部叶椭圆形倒卵形、长卵形或卵形①，先端尖，全缘或中部以上边缘具2～3枚浅裂齿或深裂齿，叶下半部楔形。头状花序多数，长圆形，下倾，有小苞叶②，在分枝上密集排成穗状的总状花序，而在茎上组成狭窄的圆锥花序。

产锦州、沈阳、辽阳、鞍山、葫芦岛。生于低海拔湿润地区的林缘、疏林下、路旁及荒地。

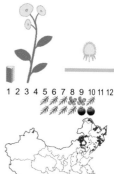

相似种：蒌蒿【*Artemisia selengensis*，菊科 蒿属】植株具清香气味。茎下部叶宽卵形或卵形，近掌状或指状，5或3全裂或深裂，上部叶与苞片叶指状3深裂③。头状花序在分枝上排成密穗状花序④，总苞片3～4层，两性花10～15朵，花冠管状，花柱先端微叉开。产全省各地；生于河岸水边及湿草甸。

宽叶山蒿叶卵形，齿状浅裂或深裂，边缘粗锯齿；蒌蒿叶羽状深裂，指状或掌状深裂，边缘有细锯齿。

石胡荽　鹅不食草　菊科 石胡荽属

Centipeda minima

Spreading Sneezeweed　｜ shíhúsuī

一年生小草本；茎多分枝，匍匐状①。叶互生，楔状倒披针形，顶端钝，基部楔形，边缘有少数锯齿②。头状花序小，扁球形，单生于叶腋，无花序梗或极短；总苞半球形，总苞片2层，椭圆状披针形，绿色，边缘透明膜质，外层较大；边缘花雌性，多层，花冠细管状，淡绿黄色，顶端2~3微裂；盘花两性，花冠管状，顶端4深裂，淡紫红色③。瘦果椭圆形，具4棱，棱上有长毛，无冠状冠毛。

产抚顺、本溪、沈阳、锦州、盘锦。生于杂草地、耕地及阴湿地。

石胡荽为一年生小草本，茎匍匐状，叶楔状倒披针形，头状花序小，扁球形，淡绿黄色，瘦果椭圆形。

展枝唐松草　毛茛科 唐松草属

Thalictrum squarrosum

Meadow-rue　｜ zhǎnzhītángsōngcǎo

多年生草本；茎下部及中部叶有短柄，为2~3回羽状复叶①；顶生小叶楔状倒卵形、宽倒卵形或圆卵形。花序圆锥状，近二歧状分枝；花梗细，在结果时稍增长；萼片4，淡黄绿色，狭卵形；雄蕊5~14，花药长圆形②，有短尖头，花丝丝形。瘦果狭倒卵球形或近纺锤形，稍斜。

产丹东、本溪、阜新、锦州、朝阳、葫芦岛。生于山坡、林缘、疏林下、草甸及灌丛中。

相似种: 箭头唐松草【 *Thalictrum simplex*，**毛茛科 唐松草属】**多年生草本；茎生叶向上，2回羽状复叶；茎下部的叶较大，小叶菱状卵形或倒卵形③，上部叶渐变小。圆锥花序④，萼片4，早落。瘦果狭椭圆球形，有8条纵肋。产丹东、本溪、铁岭、大连、沈阳、阜新。生于林缘、灌丛及草甸。

展枝唐松草常自中部近二歧状分枝，花序松散，瘦果狭倒卵球形；箭头唐松草不分枝或下部分枝，花序紧凑，瘦果狭椭圆球形。

大麻 大麻科/桑科 大麻属

Cannabis sativa

Cannabis | dàmá

一年生直立草本；叶掌状全裂，裂片披针形或线状披针形①，中裂片最长，先端渐尖，基部狭楔形，表面深绿，微被糙毛，背面幼时密被灰白色贴状毛，后变无毛，边缘具向内弯的粗锯齿，中脉及侧脉在表面微下陷；叶柄密被灰白色贴伏毛；托叶线形。雄花序长，花黄绿色③，花被5，膜质，外面被俯伏贴毛，雄蕊5，花丝极短，花药长圆形②；雌花绿色，花被1，紧包子房，子房近球形，外面包于苞片④。瘦果为黄褐色宿存苞片所包，表面具细网纹。

原产南亚和中亚，现逸为野生，全省分布。生于农田、路旁、荒野及村屯附近。

大麻为一年生直立草本，叶掌状全裂，雄花序长，花黄绿色，雌花绿色，花被1，紧包子房，瘦果表面具细网纹。

扯根菜 水泽兰 扯根菜科/虎耳草科 扯根菜属

Penthorum chinense

Chinese Ditch Stonecrop | chěgēncài

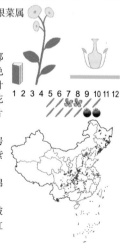

多年生草本；根状茎分枝，茎不分枝，稀基部分枝。具多数叶，中下部无毛，上部疏生黑褐色腺毛；叶互生，无柄或近无柄，披针形至狭披针形①，先端渐尖，边缘具细重锯齿，无毛。聚伞花序具多花②，花序分枝与花梗均被褐色腺毛；苞片小，卵形至狭卵形；花小型，黄白色③，萼片5，革质，三角形，无花瓣；雄蕊10，下部合生；子房5～6室，胚珠多数，花柱5～6，较粗。蒴果红紫色。

产丹东、本溪、抚顺、铁岭、沈阳、大连、锦州。生于湿草地、沟谷、溪流旁及河边。

扯根菜为多年生草本，叶互生，披针形至狭披针形，聚伞花序具多花，花小型，黄白色，蒴果红紫色。

萹蓄 萹蓄蓼 蓼科 萹蓄属
Polygonum aviculare
Prostrate Knotweed | biānxù

一年生草本；茎平卧，具纵棱。叶椭圆形、狭椭圆形或披针形，全缘①，两面无毛，叶柄短或近无柄，托叶鞘膜质。花单生或数朵簇生于叶腋，遍布于植株；苞片薄膜质；花梗细，顶部具节；花被5深裂，花被片椭圆形，绿色，边缘白色或淡红色②；雄蕊8，花丝基部扩展；花柱3，柱头头状。瘦果卵形。

产全省各地。生于田野、路旁及住宅旁。

相似种：普通萹蓄【*Polygonum humifusum*，蓼科 萹蓄属】一年生草本；叶椭圆形或倒披针形，中脉明显，叶柄极短，具关节③，托叶鞘膜质，具3～4脉。花2～5朵，生于叶腋，花被5深裂，开裂至2/3，花被片长圆形，边缘白色或淡红色④。产抚顺、沈阳、朝阳、葫芦岛、锦州、丹东、大连；生田边路旁、河岸沙地。

萹蓄托叶鞘无脉，花被绿色；普通萹蓄托叶鞘具3～4脉；花被淡红色。

蜜甘草 东北油柑 叶下珠科/大戟科 叶下珠属
Phyllanthus ussuriensis
Ussuri Chamberbitter | mìgāncǎo

一年生草本；小枝具棱，全株无毛②。叶片纸质，椭圆形至长圆形，下面白绿色；侧脉每边5～6条；叶柄极短或几乎无叶柄③；托叶卵状披针形。花雌雄同株，单生或数朵簇生于叶腋④；花梗长约2毫米，丝状，基部有数枚苞片；雄花：萼片4，宽卵形，花盘腺体4，分离，与萼片互生，雄蕊2，花丝分离，药室纵裂；雌花：萼片6，花盘腺体6，子房3室，花柱3，顶端2裂。蒴果扁球状，平滑①，果梗短。

产本溪、抚顺、丹东、营口、大连、锦州、盘锦。生于多砾石山坡、林缘湿地及河岸岩石缝间。

蜜甘草为一年生草本，小枝具棱，叶片纸质，椭圆形至长圆形，花生于叶腋，蒴果扁球状。

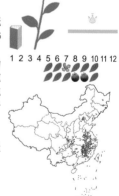

地锦草　大戟科 大戟属

Euphorbia humifusa

Humifuse Sandmat ｜ dìjǐncǎo

　　一年生草本；茎匍匐，自基部以上多分枝，茎常红色或淡红色。叶对生，矩圆形或椭圆形，先端钝圆，基部偏斜①，边缘常于中部以上具细锯齿。花序单生于叶腋，总苞陀螺状，花瓣边缘具白色或淡红色附属物②；雄花数枚，雌花1枚，子房柄伸出至总苞边缘，花柱3。蒴果三棱状卵球形，光滑无毛。

　　产全省。生于田野、草地、荒地及住宅附近。

　　相似种：斑地锦草【Euphorbia maculata，大戟科 大戟属】叶对生，长椭圆形，基部偏斜，叶面绿色，中部常有一个长圆形的紫色斑点③。花序单生于叶腋，总苞狭杯状，雄花4～5，雌花1，子房柄伸出总苞外。蒴果三角状卵形，被稀疏柔毛④。产大连、营口、锦州；生于田野、路旁、草地及住宅附近。

　　地锦草叶面无斑点，蒴果无毛；斑地锦草叶面中部具紫色斑点，蒴果被稀疏柔毛。

乳浆大戟　猫眼草 大戟科 大戟属

Euphorbia esula

Leafy Spurge ｜ rǔjiāngdàjǐ

　　多年生草本；茎单生或丛生，单生时自基部多分枝。叶线形至卵形，无叶柄①；不育枝叶常为松针状；总苞叶3～5枚，与茎生叶同形；苞叶2枚，常为肾形。花序单生于二歧分枝的顶端，总苞钟状，腺体4，新月形，两端具角，褐色；雄花多枚，苞片宽线形；雌花1枚，子房柄明显伸出总苞之外②。

　　产全省各地。生于路旁、杂草丛、山坡、林下、河沟边、荒山、沙丘及海边沙地。

　　相似种：林大戟【Euphorbia lucorum，大戟科 大戟属】多年生草本；茎单一或数个，顶部多分枝。叶互生，长椭圆形③；总苞叶5枚，次级苞叶3枚，苞叶2枚。花序单生二歧聚伞分枝的顶端，雄花多数，雌花1枚，子房除沟外长瘤④。产丹东、本溪、抚顺、朝阳、锦州；生于林缘、路旁、山坡、灌丛及河岸附近。

　　乳浆大戟叶线形，全缘，蒴果光滑无瘤；林大戟叶长椭圆形，具微锯齿，蒴果有瘤。

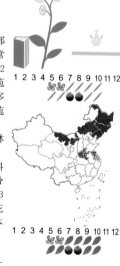

齿裂大戟

大戟科 大戟属

Euphorbia dentata

Toothed Spurge | chǐlièdàjǐ

多年生草本；根状茎匍匐。叶常近膜质，卵形或披针形，先端短渐尖至尾状渐尖①，基部圆形或宽楔形，边缘有牙齿状锯齿。雌雄同株，雄花序近穗状，生上部叶腋①；雌花序近穗状，生下部叶腋，小团伞花簇生，雄花被片4，在近中部合生，裂片卵形，内凹。瘦果卵形，双凸透镜状②。

产丹东、本溪、抚顺、铁岭、鞍山、大连。生于沟边、河岸、路旁及林下稍湿地。

相似种：大地锦草【*Euphorbia nutans*，大戟科大戟属】一年生草本；茎斜上或近直立。叶对生，长椭圆状镰形，两侧明显不对称③，边缘中部以上有微锯齿。杯状聚伞花序顶生，腺体附属物白色带红色④。蒴果平滑、无毛。原产北美，归化植物，朝阳、锦州有分布；生于杂草丛、路旁及沟边。

齿裂大戟茎直立，叶不偏斜，基部楔形；大地锦草茎斜上或近直立，叶偏斜，基部圆形。

铁苋菜

海蚌含珠　大戟科 铁苋菜属

Acalypha australis

Asian Copperleaf | tiěxiàncài

一年生草本；小枝细长。叶膜质，近菱状卵形或阔披针形①，边缘具圆锯齿；托叶披针形。雌雄花同序，腋生②，雌花苞片1~4枚，卵形心形②，花后增大，边缘具三角形齿，苞腋具雌花1~3朵；花梗无；雄花生于花序上部，雄花苞片卵形，苞腋具雄花5~7朵③，簇生；雄花：花蕾时近球形，花萼裂片4枚，卵形，雄蕊7~8枚；雌花：萼片3枚，长卵形，花柱3枚，柱头撕裂成5~7条。蒴果具3个分果爿④。

全省广泛分布。生于田野、路旁、荒地及住宅附近。

铁苋菜为一年生草本，叶近菱状卵形或阔披针形，雌雄花同序，腋生，雌花苞片卵状心形，蒴果具3个分果爿。

卷柏 还魂草　卷柏科 卷柏属

Selaginella tamariscina

Tamarisk-like Spikemoss ｜ juǎnbǎi

多年生土生或石生植物；呈垫状。主茎自中部开始羽状分枝或不等二叉分枝，禾秆色或棕色，不分枝的主茎卵圆柱形；侧枝2～5对，2～3回羽状分枝①。叶全部交互排列，二型，叶质厚，主茎上的叶较小枝上的略大②。孢子叶穗紧密，四棱柱形，单生于小枝末端；大孢子叶在孢子叶穗上下两面不规则排列。

产全省各地。生于向阳岩石或石缝中。

相似种:旱生卷柏【*Selaginella stauntoniana***，卷柏科　卷柏属】**多年生草本；茎直立，具一横走的地下根状茎，上部分枝红色或褐色，侧枝3～5对，2～3回羽状分枝③。叶交互排列，二型。小枝上的叶卵状椭圆形，覆瓦状排列④。孢子叶穗紧密，孢子叶一型，卵状三角形。产本溪、丹东、朝阳、葫芦岛；生于岩石上或岩缝中。

卷柏主茎禾秆色或棕色，枝密生呈莲座状；旱生卷柏主茎分枝红色或褐色，枝散生不呈莲座状。

中华卷柏 卷柏科 卷柏属

Selaginella sinensis

Chinese Spikemoss ｜ zhōnghuájuǎnbǎi

多年生土生或旱生植物；匍匐，根托在主茎上断续着生。主茎通体羽状分枝①，禾秆色，茎圆柱状；侧枝10～20根，1～2次或2～3次分叉，小枝稀疏。叶全部交互排列，略二型，纸质，表面光滑。小枝上的叶卵状椭圆形，侧叶多少不对称。孢子叶穗紧密，四棱柱形②；孢子叶一型。

产全省各地。生于山坡岩石上或阳坡岩石缝隙中。

相似种:红枝卷柏【*Selaginella sanguinolenta***，卷柏科　卷柏属】**多年生草本；主茎全部分枝，红褐色或褐色。侧枝3～4回羽状分枝。叶覆瓦状排列③；孢子叶一型，阔卵形，大、小孢子叶在孢子叶穗下侧间隔排列。大孢子浅黄色；小孢子橘黄色④。产大连、锦州、辽阳、葫芦岛；生于岩石上或岩缝中。

中华卷柏主茎呈羽状分枝，禾秆色，叶交互排列；红枝卷柏不呈羽状分枝，红褐色，叶覆瓦状排列。

问荆 问荆木贼 木贼科 木贼属

Equisetum arvense

Field Horsetail | wènjīng

多年生中小型植物；根茎斜升，直立和横走。枝二型。能育枝春季先萌发，黄棕色①；鞘齿9～12枚，孢子散后能育枝枯萎。不育枝后萌发，绿色，轮生分枝多①。脊的背部弧形，无棱，有横纹，无小瘤；鞘筒狭长，绿色，鞘齿三角形，5～6枚。孢子囊穗圆柱形②，顶端钝，成熟时柄伸长。

产全省各地。生于草地、河边、沟渠旁、耕地、撂荒地等沙质土壤中。

相似种：木贼【*Equisetum hyemale*，木贼科 木贼属】地上枝多年生；枝一型，绿色，不分枝或枝基部有少数直立的侧枝③。地上枝有脊16～22条，脊的背部弧形或近方形；鞘筒黑棕色。孢子囊穗卵状④。产丹东、本溪、抚顺、鞍山、营口、朝阳；生于针阔叶混交林、针叶林下阴湿地及潮湿的林间草地。

问荆枝二型，不育枝分枝多，孢子穗圆柱形；木贼枝一型，不分枝或少量分枝，孢子穗卵形。

溪洞碗蕨 魏氏碗蕨 碗蕨科 碗蕨属

Dennstaedtia wilfordii

Hayscented Fern | xīdòngwǎnjué

多年生土生植物；叶二列疏生；叶柄基部栗黑色。叶片长圆披针形，先端渐尖或尾尖，2～3回羽状深裂①；羽片卵状阔披针形或披针形，羽柄互生，斜向上；末回羽片先端为2～3叉的短尖头，边缘全缘。叶薄草质，叶轴上面有沟，通体光滑无毛。孢子囊群圆形，生末回羽片的腋中②。

产丹东、本溪、抚顺、鞍山、大连、锦州、朝阳。生于灌丛、砾石地及溪边湿地。

相似种：细毛碗蕨【*Dennstaedtia hirsuta*，碗蕨科 碗蕨属】多年生草本；叶近生或几为簇生，叶片长圆披针形，先端渐尖，2回羽状，长圆形或阔披针形③。叶草质，两面密被灰色节状长毛。孢子囊群圆形，生于小裂片腋中④。产沈阳、大连、葫芦岛、朝阳、锦州；生于山地阴处石缝中。

溪洞碗蕨通体光滑无毛，孢子囊群生于末回羽片的腋中；细毛碗蕨密被灰色节状长毛，孢子囊群生于小裂片腋中。

银粉背蕨　五角叶粉背蕨　凤尾蕨科/中国蕨科 粉背蕨属

Aleuritopteris argentea

Silvery Aleuritopteris　|　yínfěnbèijué

多年生岩生植物；根状茎直立或斜升。叶簇生
①；叶柄红棕色，有光泽；叶片五角形，长宽几相
等，先端渐尖，羽片3～5对②；基部三回羽裂，中
部二回羽裂，上部一回羽裂；基部一对羽片直角三
角形，小羽片3～4对，以圆缺刻分开，基部以狭翅
相连，基部下侧一片最大；裂片三角形或镰刀形。
叶下面被乳白色或淡黄色粉末③。孢子囊群较多，
囊群盖连续，狭，膜质，黄绿色，全缘④，孢子极
面观为钝三角形。

产丹东、本溪、鞍山、营口、大连、葫芦岛、
朝阳。生于石灰质山坡或岩石缝隙中。

银粉背蕨为多年生岩生植物，叶簇生，叶柄红
棕色，有光泽，叶片五角形，孢子囊群盖连续。

日本安蕨　华东蹄盖蕨　蹄盖蕨科 安蕨属

Anisocampium niponicum

Japanese Lady Fern　|　rìběn'ānjué

多年生土生植物；叶簇生，叶片卵状长圆形，
先端急狭缩，基部阔圆形，中部以上2～3回羽状
①；急狭缩部以下有羽片5～14对，互生，斜展；
小羽片8～15对，互生，斜展或平展，有短柄，常
为阔披针形或长圆状披针形。叶脉下面明显，在裂
片上为羽状。孢子囊群长圆形或马蹄形②。

产丹东、大连、沈阳。生于林下及沟谷中。

相似种：禾秆蹄盖蕨【*Athyrium yokoscense*,
蹄盖蕨科 蹄盖蕨属】多年生草本；叶簇生，叶柄
基部深褐色，向上禾秆色；叶片长圆状披针形，一
回羽状，羽片深羽裂至二回羽状③；小羽片无柄。
孢子囊群近圆形或椭圆形，囊群盖椭圆形或马蹄形
④。产丹东、本溪、大连、辽阳；生于石缝、疏林
及灌丛中。

日本安蕨叶先端急狭缩，小羽片有柄；禾秆蹄
盖蕨叶先端渐尖，小羽片无柄。

鞭叶耳蕨　鳞毛蕨科 耳蕨属

Polystichum craspedosorum

Fringed-sori Polystichum ｜ biānyè'ěrjué

1 2 3 4 5 6 7 8 9 10 11 12

多年生岩生植物；叶簇生，叶片线状披针形，一回羽状，羽片14～26对，下部的对生，向上为互生；小叶柄极短，矩圆形或狭矩圆形，先端钝或圆形，基部偏斜①；叶纸质，叶轴腹面有纵沟，基部边缘有纤毛状的鳞片，先端延伸成鞭状，顶端有芽孢能萌发新植株。孢子囊群通常位于羽片上侧边缘，排成一行②。

产丹东、本溪、鞍山、大连、锦州、朝阳。生于林中阴湿处的钙质岩石上。

相似种：东亚岩蕨【*Woodsia intermedia***，岩蕨科 岩蕨属】**多年生草本；叶簇生，叶片线状披针形，1～2回羽状分裂，羽片约16对，长圆状披针形至卵状长圆形，基部上侧多少呈耳状③，基部下侧楔形。孢子囊群近圆形④。产丹东、本溪、抚顺、鞍山、锦州、大连、朝阳；生于林中裸露岩石薄土上或石缝中。

鞭叶耳蕨叶轴顶端有芽孢，能萌发新植株；东亚岩蕨叶轴顶端没有芽孢，不能萌发新植株。

过山蕨　马蹬草 铁角蕨科 铁角蕨属

Asplenium ruprechtii

Siberian Walking Fern ｜ guòshānjué

1 2 3 4 5 6 7 8 9 10 11 12

多年生岩生植物；叶簇生，基生叶不育，较小①，叶片椭圆形；能育叶较大，叶片披针形②，全缘或略呈波状，基部楔形或圆楔形，以狭翅下延于叶柄，先端渐尖③；叶脉网状，仅上面隐约可见，有网眼1～3行，靠近主脉的1行网眼狭长；叶草质，干后暗绿色，无毛。孢子囊群线形或椭圆形，在主脉两侧各形成不整齐的1～3行，通常靠近主脉的1行较长④；囊群盖向主脉开口，囊群盖狭，膜质，灰绿色或浅棕色。

产丹东、本溪、抚顺、铁岭、鞍山、大连、锦州、朝阳。生于湿润的岩石缝隙中。

过山蕨为多年生岩生植物，叶簇生，基生叶椭圆形，能育叶披针形，叶脉网状，孢子囊群线形。

球子蕨　间断球子蕨　球子蕨科　球子蕨属
Onoclea sensibilis
Sensitive Fern ｜ qiúzǐjué

多年生土生植物；叶疏生，二型：不育叶略呈三角形，向上深禾秆色①，圆柱形，叶片阔卵状三角形或阔卵形，长宽相等或长略过于宽，先端羽状半裂，向下为一回羽状，羽片5～8对，披针形，基部一对或下部1～2对较大，有短柄，边缘波状浅裂，向上的无柄，基部与叶轴合生，边缘波状或近全缘，叶轴两侧具狭翅，叶脉明显②；能育叶低于不育叶，叶片二回羽状，羽片狭线形，孢子囊群圆形③，囊群盖膜质。

产丹东、本溪、抚顺、鞍山、大连、阜新、锦州。生于草甸或湿灌丛中。

球子蕨为多年生土生植物，叶疏生，二型：不育叶一回羽状，能育叶二回羽状，孢子囊群圆形。

荚果蕨　球子蕨科　荚果蕨属
Matteuccia struthiopteris
Ostrich Fern ｜ jiáguǒjué

多年生土生植物；叶簇生①，二型：不育叶叶柄褐棕色，叶片椭圆披针形至倒披针形，二回深羽裂②，羽片40～60对，互生或近对生，斜展，下部的向基部逐渐缩小成小耳形③，中部羽片最大，披针形或线状披针形；能育叶较不育叶短，有粗壮的长柄，叶片倒披针形，一回羽状，羽片线形，两侧强度反卷成荚果状，呈念珠形，深褐色④，包裹孢子囊群，小脉先端形成囊托，孢子囊群圆形，成熟时连接而成为线形。

产东西部山区。生于林下溪流旁、灌丛中、林间草地及林缘等肥沃阴湿处。

荚果蕨为多年生土生植物，叶簇生，二型：不育叶二回深羽裂，能育叶一回羽状，孢子囊群圆形。

有柄石韦 长柄石韦 水龙骨科 石韦属
Pyrrosia petiolosa
Petiolate Pyrrosia | yǒubǐngshíwéi

1 2 3 4 5 6 7 8 9 10 11 12

多年生岩生或附生植物；根状茎细长横走，幼时密被披针形棕色鳞片。叶远生，一型，具长柄，基部被鳞片，向上被星状毛，棕色或灰棕色；叶片椭圆形①，急尖短钝头，基部楔形，干后厚革质，上面灰淡棕色，有洼点，疏被星状毛，下面被厚层星状毛。孢子囊群布满叶片下面②，成熟时扩散并汇合。

产东西部山区。生于向阳干燥的岩石或石缝中。

相似种：乌苏里瓦韦【*Lepisorus ussuriensis***，水龙骨科 瓦韦属】**多年生草本；根状茎细长横走，密被鳞片。叶着生，叶柄禾秆色；叶片线状披针形③，向两端渐变狭。孢子囊群圆形④。产丹东、本溪、抚顺；生于岩石上、石缝中或枯木及树皮上。

有柄石韦叶片椭圆形，孢子囊群布满叶片下面；乌苏里瓦韦叶片线状披针形，孢子囊群位于主脉和叶边之间。

槐叶蘋 蜈蚣萍 槐叶蘋科 槐叶蘋属
Salvinia natans
Floating Watermoss | huáiyèpín

1 2 3 4 5 6 7 8 9 10 11 12

小型漂浮植物；茎细长而横走，被褐色节状毛②。三叶轮生，上面二叶漂浮水面，形如槐叶，长圆形，全缘①，叶脉斜出，在主脉两侧有小脉15～20对，每条小脉上面有5～8束白色刚毛③，叶草质，上面深绿色，下面密被棕色茸毛；下面一叶悬垂水中，细裂成线状，被细毛，形如须根，起根的作用④。孢子果4～8个簇生于沉水叶的基部，表面疏生成束的短毛，小孢子果表面淡黄色，大孢子果表面淡棕色④。

广布全省各地水域。生于池沼、稻田、水坑及静水河溪内。

槐叶蘋为小型漂浮植物，三叶轮生，上面二叶形如槐叶，下面一叶细裂如根，孢子果生于沉水叶基部。

水烛 香蒲科 香蒲属

Typha angustifolia

Narrow-leaf Cattail | shuǐzhú

多年生水生或沼生草本；地上茎粗壮。叶片长54～120厘米，宽0.4～0.9厘米①，叶鞘抱茎。雌雄花序相距2.5～6.9厘米②，雄花序轴具褐色扁柔毛，叶状苞片1～3枚②；雌花序长15～30厘米，基部具1枚叶状苞片。雄花由3枚雄蕊合生，花药长矩圆形，花丝短；雌花具小苞片，柱头窄条形。

分布于全省各地水域。生于湖泊、河流、沼泽、沟渠及池塘浅水处。

相似种：小香蒲【Typha minima，香蒲科 香蒲属】多年生草本；地上茎细弱，矮小。叶通常基生，长15～40厘米，宽约1～2毫米，短于花葶③。雌雄花序远离，雄花序长3～8厘米，雌花序长1.6～4.5厘米④，叶状苞片明显宽于叶片。产丹东、本溪、抚顺、鞍山、阜新、营口；生于池塘、水坑、水沟边浅水处。

水烛粗壮，叶片高于花葶，果序圆柱形；小香蒲细弱，矮小，叶片短于花葶，果序椭圆形。

乳头灯芯草 灯芯草科 灯芯草属

Juncus papillosus

Papillose Rush | rǔtóudēngxīncǎo

多年生草本。植株屡有细小乳状突起。茎直立，圆柱形，基生叶2～3枚，茎生叶通常2枚；叶片细长圆柱形，中空，有明显的横隔，顶端近针形；叶鞘松弛抱茎，边缘膜质，其顶端具狭窄的叶耳。复聚伞花序顶生①，较紧密，分枝直立，由多数小头状花序组成②；小头状花序常呈倒圆锥形，通常含2～4朵花。蒴果三棱状披针形，顶端长渐尖。

产沈阳、大连、抚顺、丹东、锦州、铁岭。生于湿润草甸。

相似种：扁茎灯芯草【Juncus gracillimus，灯芯草科 灯芯草属】多年生草本，茎丛生，圆柱形或稍扁。叶基生和茎生，叶片线形③。顶生复聚伞花序；叶状总苞片通常1枚，常超出花序；花单生，小苞片2枚，花被片披针形或长圆状披针形，顶端钝圆，外轮者稍长，内轮者具宽膜质边缘④。产沈阳、大连、阜新、辽阳、铁岭、朝阳、葫芦岛。生于河岸、塘边、塘边、沼泽及草原湿地。

乳头灯芯草植株常有细小乳状突起，由头状花序组成顶生聚伞花序，分枝常3个；扁茎灯芯草植株无乳状突起，聚伞花序为假侧生，含多花。

头状穗莎草　聚穗莎草　莎草科　莎草属

Cyperus glomeratus

Glomerate Flatsedge　|　tóuzhuàngsuìsuōcǎo

一年生草本；秆粗壮，钝三棱形，平滑，基部稍膨大，具少数叶。叶边缘不粗糙，叶鞘长，红棕色；叶状苞片3～4枚，较花序长，边缘粗糙①。复出长侧枝聚伞花序具3～8个辐射枝，辐射枝长短不等；穗状花序无总花梗，具极多数小穗，小穗多列，排列极密②，线状披针形或线形，稍扁平。

全省分布。生于水边及阴湿的草丛中。

相似种：无刺鳞水蜈蚣【*Kyllinga brevifolia* var. *leiolepis*，莎草科　水蜈蚣属】一年生草本；秆成列地散生，细弱，扁三棱形，叶柔弱③。叶状苞片3枚，穗状花序单个，球形或卵球形，具极多数密生的小穗④。产沈阳、本溪、丹东、大连、抚顺、盘锦；生于路旁、草坡、溪边、浅水中以及海边湿地上。

头状穗莎草秆粗壮，聚伞花序具极多数小穗，小穗线状披针形；无刺鳞水蜈蚣秆细弱，穗状花序单个，球形。

水莎草　莎草科　水莎草属

Juncellus serotinus

Tidalmarsh Flatsedge　|　shuǐsuōcǎo

多年生草本；茎粗壮，扁三棱形①。叶片少，平滑，基部折合，上面平张。苞片常3枚，叶状；复出长侧枝聚伞花序具4～7根第一次辐射枝，每一辐射枝上具1～3个穗状花序，每一穗状花序具5～17个小穗，小穗排列稍松，小穗轴具白色透明的翅；鳞片两侧红褐色或暗红褐色②。

产阜新、沈阳、朝阳、盘锦、营口、大连。多生于浅水中、水边沙土上。

相似种：褐穗莎草【*Cyperus fuscus*，莎草科　莎草属】一年生草本；秆丛生，细弱。叶短于秆，苞片2～3枚，叶状，长于花序。长侧枝聚伞花序复出，具3～5枚第一次辐射枝，小穗密聚成近头状花序③，小穗轴无翅；鳞片两侧深紫褐色或褐色④。产葫芦岛、沈阳、朝阳、锦州；生于稻田中、沟边及水旁。

水莎草茎粗壮，花序大型松散，小穗轴具白色透明的翅，鳞片暗红褐色；褐穗莎草秆细弱，花序密聚成近头状，小穗轴无翅，鳞片深紫褐色。

红鳞扁莎 莎草科 扁莎属

Pycreus sanguinolentus

Asian Flatsedge | hónglínbiǎnsuō

秆密丛生，扁三棱形，平滑。叶常短于秆①；苞片3～4枚，叶状。聚伞花序具3～5个辐射枝，小穗辐射展开，长圆形、线状长圆形或长圆状披针形，具6～24朵花；小穗轴直，四棱形，无翅；鳞片稍疏松地覆瓦状排列，膜质，卵形，顶端钝，背面中间部分黄绿色，边缘暗血红色或暗褐红色②。

产全省各地。生于山谷、田边、河旁潮湿处，或长于浅水处，多在向阳的地方。

相似种：球穗扁莎【*Pycreus flavidus*，莎草科扁莎属】一年生草本；秆丛生，细弱。聚伞花序具1～6个辐射枝，小穗密聚于辐射枝上端，呈球形③、极压扁；鳞片稍疏松排列，具3条脉，两侧黄褐色、红褐色或为暗紫红色，具白色透明的狭边④。产阜新、沈阳、朝阳、营口、抚顺；生于田边或溪边湿润的沙土上。

红鳞扁莎小穗长圆形，鳞片中间部分黄绿色、边缘暗红色；球穗扁莎小穗线形，鳞片两侧红褐色，具白色透明狭边。

翼果薹草 莎草科 薹草属

Carex neurocarpa

Wing-fruit Sedge | yìguǒtáicǎo

根状茎短，木质。秆丛生，全株密生锈色点线。下部的苞片叶状，显著长于花序①，无鞘，上部的苞片刚毛状。穗状花序紧密，呈尖塔状圆柱形②；雄花鳞片长圆形，锈黄色；雌花鳞片卵形至长圆状椭圆形。果囊长于鳞片，卵形或宽卵形。

产锦州、沈阳、本溪、丹东、大连。生于水边湿地或草丛中。

相似种：尖嘴薹草【*Carex leiorhyncha*，莎草科 薹草属】叶短于秆，苞片刚毛状③，下部1～2枚叶状。小穗卵形。产铁岭、锦州、沈阳、本溪、鞍山；生于山坡草地、林缘或路旁。**假尖嘴薹草**【*Carex laevissima*，莎草科 薹草属】秆丛生，苞片鳞片状，卵形或长圆形，顶端呈短刚毛状。小穗多数，卵形，穗状花序圆柱形，上部紧密，下部稍稀疏④。产铁岭、鞍山、锦州；生于草甸和林缘。

翼果薹草苞片叶状，显著长于花序；尖嘴薹草苞片刚毛状，不超过花序；假尖嘴薹草苞片不明显。

异穗薹草
莎草科 薹草属

Carex heterostachya

Dwarf Sedge | yìsuìtáicǎo

　　根状茎具长的地下匍匐茎。秆三棱形，基部具红褐色无叶片的鞘。叶短于秆。小穗3～4个①，常较集中生于秆的上端，间距较短，上端1～2个为雄小穗，其余为雌小穗，密生多数花。雄花鳞片卵形，褐色，具白色透明的边缘，具3条脉；雌花鳞片圆卵形或卵形，具短尖。果囊斜展，褐色，有光泽②。小坚果较紧地包于果囊内，宽倒卵形。

　　产西部山区。生于干燥的山坡或草地。

　　相似种：白颖薹草【*Carex duriuscula* subsp. *rigescens*，莎草科　薹草属】多年生草本；叶短于秆，平张③，边缘稍粗糙。苞片鳞片状。穗状花序，小穗3～6个，卵形，密生，具少数花。雌花鳞片宽卵形或椭圆形，锈褐色，具宽的白色膜质边缘④，顶端锐尖。产全省各地；生山坡、半干旱地区或草原上。

　　异穗薹草雌花鳞片不具白色膜质，小穗离生；白颖薹草雌花鳞片具白色膜质，小穗紧密。

豌豆形薹草
莎草科 薹草属

Carex pisiformis

Pisiformis Sedge | wāndòuxíngtáicǎo

　　根状茎短或具匍匐茎，秆丛生，纤细。叶短于或长于秆①，平张，边缘粗糙。下部的苞片叶状，上部的苞片刚毛状，短于或等长于花序，具鞘。小穗2～4个，远离，顶生小穗雄性，侧生小穗雌性，小穗柄内藏于苞鞘或稍伸出②；雌花鳞片倒卵形，向顶端延伸成芒尖。果囊卵状椭圆形，钝三棱形，淡黄绿色。

　　产沈阳、大连、锦州。生于山坡林下、路边。

　　相似种：青绿薹草【*Carex breviculmis*，莎草科　薹草属】多年生草本；叶短于秆，苞片最下部的叶状，具短鞘③。小穗2～5个，顶生小穗雄性，紧靠近其下面的雌性小穗④，侧生小穗雌性；雌花鳞片长圆形，具3条脉，向顶端延伸成长芒。果囊倒卵形，淡绿色。产丹东、抚顺、沈阳；生于山坡草地、路边及山谷沟边。

　　豌豆形薹草小穗远离，小穗柄藏于苞鞘内；青绿薹草小穗近无柄，顶生小穗与侧生小穗靠近。

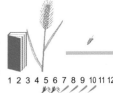

宽叶薹草 莎草科 薹草属

Carex siderosticta

Broad-leaf Sedge | kuānyètáicǎo

多年生草本；营养茎和花茎有间距，花茎近基部的叶鞘无叶片，淡棕褐色，营养茎的叶长圆状披针形①；花茎苞鞘上部膨大似佛焰苞状。小穗3～10个，单生或孪生于各节，雄雌顺序，线状圆柱形，具疏生的花②。果囊倒卵形或椭圆形，具多条明显凸起的细脉，基部具很短的柄。

产山区各市县。生于针阔叶混交林或阔叶林下或林缘。

相似种：溪水薹草【*Carex forficula*，莎草科 薹草属】多年生草本；秆紧密丛生，三棱形。叶线形，与秆等长或稍长于秆③，平张，边缘反卷，绿色。苞片叶状，短于花序，基部无鞘。小穗3～5个④，顶生1个雄性，线形，侧生小穗雌性，狭圆柱形。产锦州、鞍山、丹东、本溪、沈阳；生于林下、溪边或潮湿处。

宽叶薹草叶长圆状披针形，苞鞘上部膨大似佛焰苞状；溪水薹草叶线形，苞片基部无鞘。

水葱 葱蒲 莎草科 水葱属

Schoenoplectus tabernaemontani

Softstem Bulrush | shuǐcōng

多年生草本；匍匐根状茎粗壮。秆高大，圆柱状，平滑①。基部具3～4个叶鞘，最上面一个叶鞘具叶片，叶片线形；苞片1枚，为秆的延长，直立，常短于花序，极少数稍长于花序。长侧枝聚伞花序简单或复出，假侧生，具4～13或更多辐射枝②；小穗单生或2～3个簇生于辐射枝顶端，具多数花。

产抚顺、沈阳、大连、盘锦、阜新、锦州。生于沼泽、湖边、池塘及浅水中。

相似种：三棱水葱【*Schoenoplectus triqueter*，莎草科 水葱属】多年生草本；秆散生，粗壮，三棱形。叶片扁平③，苞片1枚，长于花序。长侧枝聚伞花序假侧生，每辐射枝顶端有1～8个簇生的小穗④；小穗卵形，密生许多花。产丹东、沈阳、营口、大连、锦州；生于水沟、水塘、山溪边及沼泽地。

水葱秆圆柱状，苞片短于花序，具4～13或更多辐射枝；三棱水葱秆三棱形，苞片长于花序，有1～8个簇生的小穗。

龙常草 禾本科 龙常草属

Diarrhena mandshurica

Manchurian Diarrhena | lóngchángcǎo

多年生草本；秆直立，具5~6节。叶鞘密生微毛，叶舌长约1毫米，顶端截平或有齿裂，叶片线状披针形，质地较薄①，上面密生短毛，下面粗糙。圆锥花序有角棱，基部主枝贴生主轴，直伸，通常单纯而不分枝；各枝具2~5枚小穗，小穗轴节间被微毛，小穗含2~3枚小花②。颖果成熟时肿胀，黑褐色。

产全省各地。生长于低山带林缘或灌丛中及草地上。

相似种：画眉草【*Eragrostis pilosa***，禾本科 画眉草属】**一年生草本；秆直立或斜上升，通常具4节，光滑③。叶鞘稍压扁，鞘口常具长柔毛。圆锥花序较开展，分枝腋间具长柔毛，小穗成熟后，暗绿色或带紫黑色④。产全省各地；生于荒芜田野草地。

龙常草圆锥花序直伸，通常不分枝，小穗含2~3枚小花；画眉草圆锥花序较开展，分枝簇生或轮生，小穗有4~14朵小花。

京芒草 禾本科 芨芨草属

Achnatherum pekinense

Beijing Speargrass | jīngmángcǎo

多年生草本；秆直立，光滑。叶鞘光滑无毛，叶片扁平或边缘稍内卷。圆锥花序开展①，分枝细弱，2~4枚簇生，小穗草绿色或变紫色；颖膜质，几等长或第一颖稍长，披针形，先端渐尖，背部平滑，具3脉；外稃顶端具2微齿，背部被柔毛②，具3脉，脉于顶端会合，基盘较钝，二回膝曲，芒柱扭转且具微毛。

产全省各地。生于山坡草地、林下、河滩及路旁。

相似种：细柄草【*Capillipedium parviflorum***，禾本科 细柄草属】**多年生簇生草本；秆直立或基部稍倾斜。叶鞘边缘具短纤毛，叶片线形。圆锥花序长圆形③，分枝簇生，纤细，光滑无毛，枝腋间具细柔毛；有柄小穗无芒，无柄小穗具芒④。产锦州、葫芦岛、朝阳、沈阳；生于山坡草地、河边、灌丛中。

京芒草叶鞘光滑无毛，小穗均具芒；细柄草叶鞘边缘具短纤毛，仅无柄小穗具芒。

芦苇 禾本科 芦苇属

Phragmites australis

Umbrose Jerusalem Sage | lúwěi

多年生草本；根状茎十分发达。秆直立，具20多节，第4~6节间长，其他较短，节下被蜡粉。叶片披针状线形①。圆锥花序大型，分枝多数，着生稠密下垂的小穗；小穗柄无毛，小穗含4花，颖具3脉，顶端长渐尖，基盘延长，两侧密生丝状柔毛，与无毛的小穗轴相连接处具明显关节，雄蕊3，花药黄色②。

全省广泛分布。生于江河沿岸、湖泽、池塘。

相似种：日本苇【*Phragmites japonica***，禾本科芦苇属】**多年生草本；地面具发达的匍匐茎③。叶鞘与节间等长，叶片顶端渐尖③，边缘具锯齿状粗糙。圆锥花序主轴与花序以下秆的部分贴生柔毛，小穗柄基部具柔毛；小穗含3~4小花，花药紫色④。产丹东、锦州、沈阳；生于水中或沼泽地。

芦苇不具匍匐茎，小穗柄无毛，花药黄色；日本苇地面具匍匐茎，小穗柄基部具柔毛，花药紫色。

1 2 3 4 5 6 7 8 9 10 11 12

虎尾草 刷子头 禾本科 虎尾草属

Chloris virgata

Feather Fingergrass | hǔwěicǎo

一年生草本；秆直立或基部膝曲。叶片线形①。穗状花序指状着生于秆顶，小穗无柄，第一小花两性，外稃纸质，两侧压扁，呈倒卵状披针形，3脉，两侧边缘具白色柔毛，顶端尖或有时呈2微齿，芒自背部顶端稍下方伸出②；内稃膜质，顶端截平或略凹，芒自背部边缘稍下方伸出。

全省广泛分布。生于田野、荒地、路旁及住宅附近。

相似种：臭草【*Melica scabrosa***，禾本科臭草属】**多年生草本；秆丛生。叶片质较薄③。圆锥花序狭窄，分枝直立或斜向上升，小穗柄短，纤细，上部弯曲，小穗淡绿色或乳白色④。产沈阳、鞍山、营口、大连；生于山坡草地、荒芜田野及渠边路旁。

虎尾草穗状花序指状着生于秆顶，小穗无柄；臭草圆锥花序狭窄，分枝直立或斜向上升，小穗柄短。

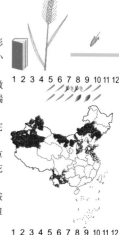

1 2 3 4 5 6 7 8 9 10 11 12

冰草 野麦子 禾本科 冰草属

Agropyron cristatum

Crested Wheatgrass │ bīngcǎo

多年生草本；秆成疏丛，上部紧接花序部分被短柔毛或无毛。叶片线形①，质较硬而粗糙，常内卷，上面叶脉强烈隆起成纵沟，脉上密被微小短硬毛。穗状花序较粗壮，矩圆形或两端微窄，小穗紧密平行排列成两行②，整齐，呈篦齿状，含3~7小花，颖舟形，脊上连同背部脉间被长柔毛。

产锦州、阜新、朝阳。生于干燥草地、山坡、丘陵以及沙地。

相似种：荩草【*Arthraxon hispidus*，禾本科 荩草属】一年生草本；秆细弱，基部倾斜。叶片卵状披针形③，基部心形，抱茎。总状花序细弱，无柄小穗卵状披针形，灰绿色④或带紫；第一颖草质，包住第二颖2/3，先端锐尖，第二颖近膜质。产本溪、抚顺、鞍山、锦州、大连；生于路边、沟边、湿地及水田埂上。

冰草叶片线形，穗状花序较粗壮；荩草叶片卵状披针形，总状花序细弱。

光稃茅香 禾本科 黄花茅属

Anthoxanthum glabrum

Glabrous Sweetgrass │ guāngfūmáoxiāng

多年生草本；根茎细长，秆具2~3节，上部裸露。叶鞘密生微毛，叶片披针形①，质较厚，上面被微毛。圆锥花序，小穗平展，黄褐色，有光泽；颖膜质②，具1~3脉，等长或第一颖稍短；雄花外稃等长或较长于颖片，背部向上渐被微毛或几乎无毛，边缘具纤毛；两性花外稃锐尖，上部被短毛。

产全省各地。生于山坡及湿润草地。

相似种：野古草【*Arundinella hirta*，禾本科 野古草属】多年生草本；秆疏丛生，质硬，节黑褐色，具髯毛或无毛。叶舌具纤毛，叶片常无毛或仅背面边缘疏生一列疣毛。圆锥花序③，小穗成对，主轴与分枝具棱，斜向上；第一小花雄性，约等长于第二颖，花药紫色④。产全省各地；生于海拔山坡、山谷及溪边。

光稃茅香叶片披针形，小穗与主轴几成直角，颖膜质；野古草叶片长条形，小穗与主轴成锐角，颖不为膜质。

荻 禾本科 芒属

Miscanthus sacchariflorus

Silver Banner Grass │ dí

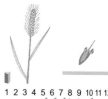

多年生草本；秆直立，具10多节。叶鞘无毛，叶舌短，具纤毛，叶片扁平，宽线形①。圆锥花序疏展成伞房状①，主轴无毛，具10～20枚较细弱的分枝；总状花序轴间具短柔毛；小穗柄顶端稍膨大，小穗线状披针形，成熟后带褐色；第二颖具纤毛，有3脉；第一外稃具纤毛；雄蕊3枚，花药紫黑色②。

产丹东、抚顺、大连、沈阳、锦州。生于山坡、路旁、田边、河岸稍湿地。

相似种：大油芒【*Spodiopogon sibiricus*，禾本科大油芒属】多年生草本；秆直立，具5～9节。叶舌干膜质，叶片线状披针形③。圆锥花序，主轴无毛，腋间生柔毛；总状花序具2～4节；小穗宽披针形，草黄色或稍带紫色；第二小花两性，芒中部膝曲，芒柱栗色④。产全省各地；生于山坡、林缘、路边及沟边。

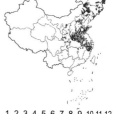

荻的圆锥花序为伞房状，小穗有纤毛，无芒；大油芒圆锥花序为椭圆形，小穗无纤毛，有芒。

羊草 碱草 禾本科 赖草属

Leymus chinensis

Chinese Wildrye │ yángcǎo

多年生草本；秆具4～5节。叶片粗糙，呈粉绿色①。穗状花序直立，穗轴边缘具细小睫毛，最基部的节下面比较平滑；小穗含5～10小花，通常2枚生于1节，粉绿色；小穗轴节间光滑，颖锥状，等于或短于第一小花，不覆盖第一外稃的基部，外稃披针形，顶端渐尖或形成芒状小尖头②。

产辽西。生于盐碱地、沙地、草地。

相似种：黄背草【*Themeda triandra*，禾本科菅属】多年生草本；叶鞘背部具脊，黄白色或褐色，叶片线形③，中脉显著。大型伪圆锥花序多回复出，由具佛焰苞的总状花序组成④；无柄小穗两性，纺锤状圆柱形，第二外稃退化为芒的基部。产辽西及丹东、抚顺、大连；生于干燥山坡、草地、路旁、林缘。

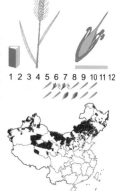

羊草全草呈粉绿色，穗状花序直立；黄背草秆与叶鞘呈黄白色或褐色，大型伪圆锥花序多回复出。

升马唐 毛马唐 禾本科 马唐属

Digitaria ciliaris

Southern Crabgrass | shēngmǎtáng

一年生草本；秆基部倾卧，具分枝。叶鞘多短于其节间，常具柔毛①，叶片线状披针形，两面多少生柔毛，边缘微粗糙。总状花序呈指状排列①，中肋白色，两侧之绿色翼缘具细刺状粗糙；小穗披针形，小穗柄粗糙；第一外稃具7脉，间脉与边脉间具柔毛及疣基刚毛，成熟后，两种毛均平展张开②。

产抚顺、沈阳、大连、营口、朝阳。生于路旁、荒野、荒坡。

相似种：马唐【*Digitaria sanguinalis*，禾本科马唐属】一年生草本；秆膝曲上升。叶片线状披针形，基部圆形③，边缘较厚。总状花序呈指状着生于主轴上；小穗椭圆状披针形，第一外稃具7脉，中脉平滑，边脉上具小刺状粗糙④，脉间及边缘生柔毛。全省各地广泛分布；生于路边、田野、山坡、荒地、田间。

升马唐秆基部倾卧，叶鞘上有柔毛，果实上有毛；马唐秆膝曲上升，叶鞘、果实均无毛。

稗 禾本科 稗属

Echinochloa crus-galli

Barnyard Grass | bài

一年生草本；秆光滑无毛，基部倾斜或膝曲。叶鞘疏松裹秆，叶舌缺，叶片扁平，线形①，边缘粗糙。圆锥花序直立，近尖塔形，主轴具棱，分枝斜上举或贴向主轴，穗轴粗糙或生疣基长刚毛；小穗卵形，脉上密被疣基刺毛②，具短柄或近无柄；第一小花中性，芒粗壮，第二外稃椭圆形，光亮。

全省广泛分布。生于沼泽地、沟边及水稻田中。

相似种：野青茅【*Deyeuxia pyramidalis*，禾本科 野青茅属】多年生草本；秆直立，其节膝曲，丛生，基部具被鳞片的芽。叶鞘疏松裹茎，叶片扁平或边缘内卷。圆锥花序紧缩似穗状③，小穗披针形，先端尖；芒自外稃近基部伸出④，近中部膝曲，芒柱扭转。产全省各地；生于山坡草地、林缘、灌丛、山谷溪旁。

稗小穗卵形，脉上密被疣基刺毛，芒粗壮；野青茅小穗披针形，脉上无刺毛，芒柱细弱。

拂子茅

禾本科 拂子茅属

Calamagrostis epigeios

Chee Reedgrass | fúzǐmáo

多年生草本；秆直立。叶鞘平滑或稍粗糙，叶舌膜质，叶片扁平或边缘内卷①，上面及边缘粗糙，下面较平滑。圆锥花序紧密，圆筒形，劲直，具间断；小穗淡绿色或带淡紫色；两颖近等长或第二颖微短，先端渐尖，主脉粗糙；芒自秆体背中部附近伸出；小穗轴不延伸于内稃之后；雄蕊3，花药黄色②。

产全省各地。生于潮湿地及河岸沟渠旁。

相似种：白羊草【*Bothriochloa ischaemum***，禾本科 孔颖草属】**多年生草本；秆丛生，直立或基部倾斜。叶舌膜质，具纤毛，叶片线形③，顶生者常缩短。总状花序4至多数丛生于秆顶，呈指状，纤细，灰绿色或带紫褐色④。产全省各地；生于山坡草地和荒地。

拂子茅叶舌无纤毛，圆锥花序紧密，劲直；白羊草叶舌具纤毛，总状花序生于秆顶，呈指状，纤细。

狼尾草

小芒草 禾本科 狼尾草属

Pennisetum alopecuroides

Chinese Fountaingrass | lángwěicǎo

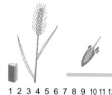

多年生草本；秆直立，丛生。叶片线形，先端长渐尖，基部生疣毛①。圆锥花序直立，主轴密生柔毛，刚毛粗糙，淡绿色或紫色②；小穗通常单生，线状披针形；第一颖微小或缺，膜质；第二颖卵状披针形，先端短尖，具3~5脉；第一小花中性；第一外稃与小穗等长，第二外稃具5~7脉。颖果长圆形。

产大连、营口、葫芦岛、锦州。生于田岸、荒地、道旁及小山坡上。

相似种：看麦娘【*Alopecurus aequalis***，禾本科 看麦娘属】**一年生草本；秆少数丛生，细瘦，光滑，节处常膝曲。叶鞘光滑，叶舌膜质，叶片扁平④。圆锥状花序圆柱状，灰绿色；小穗椭圆形或卵状矩圆形；颖膜质，具3脉；外稃膜质，内稃缺；花药橙黄色③。产全省各地；生于海拔较低之田边及潮湿之地。

狼尾草叶片线形，较长，花序密生淡绿色或紫色刚毛；看麦娘叶披针形，较短，花序无毛。

狗尾草　禾本科 狗尾草属

Setaria viridis

Green Bristlegrass　｜　gǒuwěicǎo

1 2 3 4 5 6 7 8 9 10 11 12

　　一年生草本；秆直立或基部膝曲。叶鞘松弛，边缘具较长的密绵毛状纤毛，叶片扁平，长三角状狭披针形①，边缘粗糙。圆锥花序紧密，呈圆柱状，直立或弯曲，主轴被较长柔毛，刚毛通常绿色或褐黄到紫红或紫色②；小穗2～5个簇生于主轴上或更多的小穗着生在短小枝上，椭圆形，先端钝，铅绿色。

　　全省广泛分布。生于路边、田野、住宅附近。

　　相似种：金色狗尾草【*Setaria pumila***，禾本科 狗尾草属】**一年生草本；秆直立，光滑无毛。叶鞘光滑无纤毛。叶舌具一圈纤毛，叶片线状披针形③。圆锥花序紧密，呈圆柱状，刚毛金黄色或稍带褐黄④，粗糙；通常在一簇中仅具一个发育的小穗，第一小花雄性或中性，外稃革质。全省广泛分布；生于田间、路旁、山坡。

　　狗尾草刚毛绿色或紫红色，小穗2～5个簇生；金色狗尾草刚毛金黄色，仅发育一个小穗。

菵草　水稗子　禾本科 菵草属

Beckmannia syzigachne

American Sloughgrass　｜　wǎngcǎo

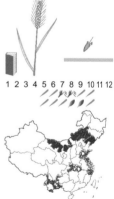

1 2 3 4 5 6 7 8 9 10 11 12

　　一年生或二年生草本；秆直立，疏丛型。叶舌透明，叶鞘无毛，叶片扁平①，两面粗糙。圆锥花序，分枝稀疏；小穗扁平，近圆形，灰绿色，通常含1小花；颖草质，边缘质薄，白色，背部灰绿色，具淡色的横纹；外稃披针形，常具伸出颖外之短尖头②；花药黄色。颖果黄褐色，长圆形先端具丛生短毛。

　　分布于全省各地。生于沟边、湿地及沼泽。

　　相似种：野黍【*Eriochloa villosa***，禾本科 野黍属】**一年生草本；秆直立，基部分枝。叶片扁平④，表面具微毛，背面光滑，边缘粗糙。圆锥花序狭长，总状花序密生柔毛，常排列于主轴之一侧③；小穗卵状椭圆形，小穗柄极短，密生长柔毛。产本溪、铁岭、大连、阜新；生于山坡、路旁及潮湿地。

　　菵草小穗柄无毛，近圆形，颖半圆形，泡状膨大；野黍小穗柄密生长柔毛，颖膜质，不呈泡状膨大。

牛筋草 蟋蟀草 禾本科 䅟属

Eleusine indica

Indian Goosegrass | niújīncǎo

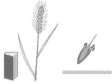

一年生草本；秆丛生，直立或基部膝曲。叶鞘两侧压扁而具脊①，松弛，无毛或疏生疣毛，叶片平展，线形，无毛或上面被疣基柔毛。穗状花序2～7个呈指状着生于秆顶，很少单生；小穗含3～6小花，颖披针形②，具脊，脊粗糙。囊果卵形，基部下凹，具明显的波状皱纹；鳞被2，折叠，具5脉。

产沈阳、朝阳、鞍山、营口、大连。生于田野、荒地、路旁、山坡、丘陵及住宅附近。

相似种：牛鞭草【*Hemarthria sibirica*，禾本科牛鞭草属】多年生草本；有长而横走的根茎，秆单生，一侧有槽。叶鞘边缘膜质，鞘口具纤毛，叶片线形③，两面无毛。总状花序单生，无柄小穗卵状披针形，背面扁平，具7～9脉，两侧具脊④。产盘锦、沈阳、抚顺、锦州、朝阳；多生于田地、水沟、河滩等湿润处。

牛筋草秆丛生，穗状花序2～7个呈指状着生于秆顶；牛鞭草秆单生，总状花序单生或簇生。

野稷 禾本科 黍属

Panicum miliaceum var. *ruderale*

Wild Proso Millet | yějì

一年生草本；秆粗壮，单生或少数丛生，节密被髭毛。叶鞘松弛，被疣基毛；叶片线形。圆锥花序直立①，分枝开展；小穗卵状椭圆形，颖纸质，无毛②，第一颖正三角形，第二颖通常具11脉，顶端渐会合呈喙状；第一外稃较原变种稍狭；内稃透明膜质，短小。胚乳长为谷粒的1/2，种脐点状，黑色。

产朝阳、锦州、沈阳。生于干沙丘地。

相似种：乱子草【*Muhlenbergia huegelii*，禾本科 乱子草属】一年生草本；秆直立。叶鞘疏松，叶舌膜质，叶片扁平，狭披针形③，深绿色。圆锥花序稍疏松开展，小穗灰绿色，有时带紫色，披针形④；颖薄膜质，白色透明，部分稍带紫色，芒灰绿色或紫色；花药黄色。产全省各地；生于河边湿地、林下和灌丛中。

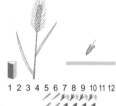

野稷植株高大，叶鞘被疣基毛，小穗无芒；乱子草植株矮小，叶鞘平滑无毛，有灰绿色或紫色的芒。

中文名索引
Index to Chinese names

学名（拉丁名）索引
Index to scientific names

按科排列的物种列表
Species checklist order by families

阿福花科 Asphodelaceae
 萱草 Hemerocallis fulva
 北黄花菜 Hemerocallis lilioasphodelus
安息香科 Styracaceae
 玉铃花 Styrax obassia
菝葜科 Smilacaceae
 白背牛尾菜 Smilax nipponica
 牛尾菜 Smilax riparia
百合科 Liliaceae
 平贝母 Fritillaria ussuriensis
 顶冰花 Gagea nakaiana
 有斑百合 Lilium concolor var. pulchellum
 东北百合 Lilium distichum
 山丹 Lilium pumilum
 卷丹 Lilium tigrinum
柏科 Cupressaceae
 圆柏 Juniperus chinensis
 杜松 Juniperus rigida
 侧柏 Platycladus orientalis
报春花科 Primulaceae
 东北点地梅 Androsace filiformis
 点地梅 Androsace umbellata
 矮桃 Lysimachia clethroides
 黄连花 Lysimachia davurica
 狭叶珍珠菜 Lysimachia pentapetala
 肾叶报春 Primula loeseneri
 岩生报春 Primula saxatilis
车前科 Plantaginaceae
 车前 Plantago asiatica
 平车前 Plantago depressa
 大车前 Plantago major
 细叶穗花 Pseudolysimachion linariifolium
 北水苦荬 Veronica anagallis-aquatica
 水苦荬 Veronica undulata
 草本威灵仙 Veronicastrum sibiricum
 管花腹水草 Veronicastrum tubiflorum
扯根菜科 Penthoraceae
 扯根菜 Penthorum chinense
唇形科 Lamiaceae
 藿香 Agastache rugosa
 多花筋骨草 Ajuga multiflora
 水棘针 Amethystea caerulea
 海州常山 Clerodendrum trichotomum
 香青兰 Dracocephalum moldavica
 香薷 Elsholtzia ciliata
 海州香薷 Elsholtzia splendens
 活血丹 Glechoma longituba
 尾叶香茶菜 Isodon excisus
 毛叶香茶菜 Isodon japonicus
 夏至草 Lagopsis supina
 野芝麻 Lamium barbatum
 益母草 Leonurus japonicus
 大花益母草 Leonurus macranthus
 细叶益母草 Leonurus sibiricus
 薄荷 Mentha canadensis
 糙苏 Phlomoides umbrosa
 丹参 Salvia miltiorrhiza
 荔枝草 Salvia plebeia
 黄芩 Scutellaria baicalensis
 京黄芩 Scutellaria pekinensis
 华水苏 Stachys chinensis
 甘露子 Stachys sieboldii

 地椒 Thymus quinquecostatus
 荆条 Vitex negundo var. heterophylla
酢浆草科 Oxalidaceae
 酢浆草 Oxalis corniculata
大戟科 Euphorbiaceae
 铁苋菜 Acalypha australis
 齿裂大戟 Euphorbia dentata
 乳浆大戟 Euphorbia esula
 地锦草 Euphorbia humifusa
 林大戟 Euphorbia lucorum
 斑地锦草 Euphorbia maculata
 大地锦草 Euphorbia nutans
大麻科 Cannabaceae
 大麻 Cannabis sativa
 黑弹树 Celtis bungeana
 大叶朴 Celtis koraiensis
 葎草 Humulus scandens
灯芯草科 Juncaceae
 扁茎灯芯草 Juncus gracillimus
 乳头灯芯草 Juncus papillosus
豆科 Fabaceae
 合萌 Aeschynomene indica
 合欢 Albizia julibrissin
 紫穗槐 Amorpha fruticosa
 两型豆 Amphicarpaea edgeworthii
 华黄芪 Astragalus chinensis
 达乌里黄芪 Astragalus dahuricus
 草木樨状黄芪 Astragalus melilotoides
 糙叶黄芪 Astragalus scaberrimus
 树锦鸡儿 Caragana arborescens
 小叶锦鸡儿 Caragana microphylla
 红花锦鸡儿 Caragana rosea
 豆茶山扁豆 Chamaecrista nomame
 农吉利 Crotalaria sessiliflora
 山皂荚 Gleditsia japonica
 野皂荚 Gleditsia microphylla
 野大豆 Glycine soja
 刺果甘草 Glycyrrhiza pallidiflora
 甘草 Glycyrrhiza uralensis
 米口袋 Gueldenstaedtia verna
 河北木蓝 Indigofera bungeana
 花木蓝 Indigofera kirilowii
 长萼鸡眼草 Kummerowia stipulacea
 鸡眼草 Kummerowia striata
 大山黧豆 Lathyrus davidii
 胡枝子 Lespedeza bicolor
 短梗胡枝子 Lespedeza cyrtobotrya
 兴安胡枝子 Lespedeza davurica
 多花胡枝子 Lespedeza floribunda
 阴山胡枝子 Lespedeza inschanica
 尖叶铁扫帚 Lespedeza juncea
 绒毛胡枝子 Lespedeza tomentosa
 朝鲜槐 Maackia amurensis
 天蓝苜蓿 Medicago lupulina
 花苜蓿 Medicago ruthenica
 紫苜蓿 Medicago sativa
 白花草木樨 Melilotus albus
 草木樨 Melilotus officinalis
 硬毛棘豆 Oxytropis hirta
 刺槐 Robinia pseudoacacia
 苦参 Sophora flavescens
 野火球 Trifolium lupinaster

山野豌豆 *Vicia amoena*
大花野豌豆 *Vicia bungei*
广布野豌豆 *Vicia cracca*
歪头菜 *Vicia unijuga*
杜鹃花科 Ericaceae
照山白 *Rhododendron micranthum*
迎红杜鹃 *Rhododendron mucronulatum*
大字杜鹃 *Rhododendron schlippenbachii*
红果越橘 *Vaccinium koreanum*
防己科 Menispermaceae
木防己 *Cocculus orbiculatus*
蝙蝠葛 *Menispermum dauricum*
凤尾蕨科 Pteridaceae
银粉背蕨 *Aleuritopteris argentea*
凤仙花科 Balsaminaceae
水金凤 *Impatiens noli-tangere*
禾本科 Poaceae
京芒草 *Achnatherum pekinense*
冰草 *Agropyron cristatum*
看麦娘 *Alopecurus aequalis*
光稃茅香 *Anthoxanthum glabrum*
荩草 *Arthraxon hispidus*
野古草 *Arundinella hirta*
菵草 *Beckmannia syzigachne*
白羊草 *Bothriochloa ischaemum*
拂子茅 *Calamagrostis epigeios*
细柄草 *Capillipedium parviflorum*
虎尾草 *Chloris virgata*
野青茅 *Deyeuxia pyramidalis*
龙常草 *Diarrhena mandshurica*
升马唐 *Digitaria ciliaris*
马唐 *Digitaria sanguinalis*
稗 *Echinochloa crus-galli*
牛筋草 *Eleusine indica*
画眉草 *Eragrostis pilosa*
野黍 *Eriochloa villosa*
牛鞭草 *Hemarthria sibirica*
羊草 *Leymus chinensis*
臭草 *Melica scabrosa*
荻 *Miscanthus sacchariflorus*
乱子草 *Muhlenbergia huegelii*
野稷 *Panicum miliaceum var. ruderale*
狼尾草 *Pennisetum alopecuroides*
芦苇 *Phragmites australis*
日本苇 *Phragmites japonica*
金色狗尾草 *Setaria pumila*
狗尾草 *Setaria viridis*
大油芒 *Spodiopogon sibiricus*
黄背草 *Themeda triandra*
胡桃科 Juglandaceae
胡桃楸 *Juglans mandshurica*
胡桃 *Juglans regia*
枫杨 *Pterocarya stenoptera*
胡颓子科 Elaeagnaceae
牛奶子 *Elaeagnus umbellata*
中国沙棘 *Hippophae rhamnoides subsp. sinensis*
葫芦科 Cucurbitaceae
盒子草 *Actinostemma tenerum*
假贝母 *Bolbostemma paniculatum*
赤瓟 *Thladiantha dubia*
虎耳草科 Saxifragaceae
落新妇 *Astilbe chinensis*
槭叶草 *Mukdenia rossii*
独根草 *Oresitrophe rupifraga*
镜叶虎耳草 *Saxifraga fortunei var. koraiensis*
花蔺科 Butomaceae
花蔺 *Butomus umbellatus*

桦木科 Betulaceae
辽东桤木 *Alnus hirsuta*
坚桦 *Betula chinensis*
黑桦 *Betula dahurica*
白桦 *Betula platyphylla*
鹅耳枥 *Carpinus turczaninowii*
榛 *Corylus heterophylla*
毛榛 *Corylus mandshurica*
虎榛子 *Ostryopsis davidiana*
槐叶蘋科 Salviniaceae
槐叶蘋 *Salvinia natans*
蒺藜科 Zygophyllaceae
蒺藜 *Tribulus terrestris*
夹竹桃科 Apocynaceae
罗布麻 *Apocynum venetum*
潮风草 *Cynanchum ascyrifolium*
白薇 *Cynanchum atratum*
白首乌 *Cynanchum bungei*
鹅绒藤 *Cynanchum chinense*
竹灵消 *Cynanchum inamoenum*
徐长卿 *Cynanchum paniculatum*
地梢瓜 *Cynanchum thesioides*
变色白前 *Cynanchum versicolor*
萝藦 *Metaplexis japonica*
杠柳 *Periploca sepium*
金丝桃科 Hypericaceae
黄海棠 *Hypericum ascyron*
赶山鞭 *Hypericum attenuatum*
金粟兰科 Chloranthaceae
银线草 *Chloranthus japonicus*
堇菜科 Violaceae
鸡腿堇菜 *Viola acuminata*
球果堇菜 *Viola collina*
裂叶堇菜 *Viola dissecta*
东北堇菜 *Viola mandshurica*
蒙古堇菜 *Viola mongolica*
茜堇菜 *Viola phalacrocarpa*
早开堇菜 *Viola prionantha*
锦葵科 Malvaceae
苘麻 *Abutilon theophrasti*
小花扁担杆 *Grewia biloba var. parviflora*
野西瓜苗 *Hibiscus trionum*
锦葵 *Malva cathayensis*
野葵 *Malva verticillata*
紫椴 *Tilia amurensis*
辽椴 *Tilia mandshurica*
蒙椴 *Tilia mongolica*
景天科 Crassulaceae
长药八宝 *Hylotelephium spectabile*
狼爪瓦松 *Orostachys cartilaginea*
费菜 *Phedimus aizoon*
桔梗科 Campanulaceae
石沙参 *Adenophora polyantha*
薄叶荠苨 *Adenophora remotiflora*
轮叶沙参 *Adenophora tetraphylla*
荠苨 *Adenophora trachelioides*
聚花风铃草 *Campanula glomerata subsp. speciosa*
紫斑风铃草 *Campanula punctata*
羊乳 *Codonopsis lanceolata*
桔梗 *Platycodon grandiflorus*
菊科 Asteraceae
豚草 *Ambrosia artemisiifolia*
三裂叶豚草 *Ambrosia trifida*
牛蒡 *Arctium lappa*
黄花蒿 *Artemisia annua*
茵陈蒿 *Artemisia capillaris*
南牡蒿 *Artemisia eriopoda*

辽细辛 Asarum heterotropoides var. mandshuricum
牻牛儿苗科 Geraniaceae
　牻牛儿苗 Erodium stephanianum
　突节老鹳草 Geranium krameri
　鼠掌老鹳草 Geranium sibiricum
　老鹳草 Geranium wilfordii
毛茛科 Ranunculaceae
　黄花乌头 Aconitum coreanum
　北乌头 Aconitum kusnezoffii
　类叶升麻 Actaea asiatica
　侧金盏花 Adonis amurensis
　黑水银莲花 Anemone amurensis
　多被银莲花 Anemone raddeana
　尖萼耧斗菜 Aquilegia oxysepala
　华北耧斗菜 Aquilegia yabeana
　驴蹄草 Caltha palustris
　膜叶驴蹄草 Caltha palustris var. membranacea
　大三叶升麻 Cimicifuga heracleifolia
　短尾铁线莲 Clematis brevicaudata
　褐毛铁线莲 Clematis fusca
　大叶铁线莲 Clematis heracleifolia
　棉团铁线莲 Clematis hexapetala
　辣蓼铁线莲 Clematis terniflora var. mandshurica
　翠雀 Delphinium grandiflorum
　宽苞翠雀花 Delphinium maackianum
　菟葵 Eranthis stellata
　碱毛茛 Halerpestes sarmentosa
　獐耳细辛 Hepatica nobilis var. asiatica
　朝鲜白头翁 Pulsatilla cernua
　白头翁 Pulsatilla chinensis
　茴茴蒜 Ranunculus chinensis
　毛茛 Ranunculus japonicus
　箭头唐松草 Thalictrum simplex
　展枝唐松草 Thalictrum squarrosum
　长瓣金莲花 Trollius macropetalus
猕猴桃科 Actinidiaceae
　软枣猕猴桃 Actinidia arguta
　狗枣猕猴桃 Actinidia kolomikta
母草科 Linderniaceae
　陌上菜 Lindernia procumbens
木兰科 Magnoliaceae
　天女花 Oyama sieboldii
木樨科 Oleaceae
　雪柳 Fontanesia phillireoides var. fortunei
　东北连翘 Forsythia mandschurica
　连翘 Forsythia suspensa
　小叶梣 Fraxinus bungeana
　花曲柳 Fraxinus chinensis subsp. rhynchophylla
　辽东水蜡树 Ligustrum obtusifolium subsp. suave
　紫丁香 Syringa oblata
　小叶巧玲花 Syringa pubescens subsp. microphylla
　暴马丁香 Syringa reticulata subsp. amurensis
木贼科 Equisetaceae
　问荆 Equisetum arvense
　木贼 Equisetum hyemale
葡萄科 Vitaceae
　葎叶蛇葡萄 Ampelopsis humulifolia
　五叶地锦 Parthenocissus quinquefolia
　地锦 Parthenocissus tricuspidata
　山葡萄 Vitis amurensis
漆树科 Anacardiaceae
　盐麸木 Rhus chinensis
千屈菜科 Lythraceae
　千屈菜 Lythrum salicaria
荨麻科 Urticaceae
　蝎子草 Girardinia diversifolia subsp. suborbiculata
　透茎冷水花 Pilea pumila

狭叶荨麻 Urtica angustifolia
宽叶荨麻 Urtica laetevirens
茜草科 Rubiaceae
　异叶轮草 Galium maximoviczii
　蓬子菜 Galium verum
　茜草 Rubia cordifolia
蔷薇科 Rosaceae
　龙牙草 Agrimonia pilosa
　山桃 Amygdalus davidiana
　榆叶梅 Amygdalus triloba
　山杏 Armeniaca sibirica
　欧李 Cerasus humilis
　毛樱桃 Cerasus tomentosa
　地蔷薇 Chamaerhodos erecta
　山楂 Crataegus pinnatifida
　蛇莓 Duchesnea indica
　齿叶白鹃梅 Exochorda serratifolia
　蚊子草 Filipendula palmata
　路边青 Geum aleppicum
　山荆子 Malus baccata
　稠李 Padus avium
　斑叶稠李 Padus maackii
　风箱果 Physocarpus amurensis
　蕨麻 Potentilla anserina
　白萼委陵菜 Potentilla betonicifolia
　委陵菜 Potentilla chinensis
　翻白草 Potentilla discolor
　匍枝委陵菜 Potentilla flagellaris
　莓叶委陵菜 Potentilla fragarioides
　蛇含委陵菜 Potentilla kleiniana
　朝天委陵菜 Potentilla supina
　菊叶委陵菜 Potentilla tanacetifolia
　东北扁核木 Prinsepia sinensis
　秋子梨 Pyrus ussuriensis
　刺蔷薇 Rosa acicularis
　山刺玫 Rosa davurica
　伞花蔷薇 Rosa maximowicziana
　玫瑰 Rosa rugosa
　牛叠肚 Rubus crataegifolius
　茅莓 Rubus parvifolius
　地榆 Sanguisorba officinalis
　华北珍珠梅 Sorbaria kirilowii
　珍珠梅 Sorbaria sorbifolia
　水榆花楸 Sorbus alnifolia
　花楸树 Sorbus pohuashanensis
　华北绣线菊 Spiraea fritschiana
　土庄绣线菊 Spiraea pubescens
　绣线菊 Spiraea salicifolia
　三裂绣线菊 Spiraea trilobata
　小米空木 Stephanandra incisa
茄科 Solanaceae
　曼陀罗 Datura stramonium
　天仙子 Hyoscyamus niger
　枸杞 Lycium chinense
　假酸浆 Nicandra physalodes
　日本散血丹 Physaliastrum echinatum
　挂金灯 Physalis alkekengi var. franchetii
　毛酸浆 Physalis philadelphica
　龙葵 Solanum nigrum
　黄花刺茄 Solanum rostratum
　青杞 Solanum septemlobum
秋海棠科 Begoniaceae
　中华秋海棠 Begonia grandis subsp. sinensis
秋水仙科 Colchicaceae
　少花万寿竹 Disporum uniflorum
　宝珠草 Disporum viridescens
球子蕨科 Onocleaceae

荚果蕨 *Matteuccia struthiopteris*
球子蕨 *Onoclea sensibilis*
忍冬科 Caprifoliaceae
金花忍冬 *Lonicera chrysantha*
金银忍冬 *Lonicera maackii*
墓头回 *Patrinia heterophylla*
败酱 *Patrinia scabiosifolia*
蓝盆花 *Scabiosa comosa*
腋花莛子藨 *Triosteum sinuatum*
缬草 *Valeriana officinalis*
锦带花 *Weigela florida*
伞形科 Apiaceae
朝鲜当归 *Angelica gigas*
拐芹 *Angelica polymorpha*
北柴胡 *Bupleurum chinense*
红柴胡 *Bupleurum scorzonerifolium*
田葛缕子 *Carum buriaticum*
毒芹 *Cicuta virosa*
蛇床 *Cnidium monnieri*
鸭儿芹 *Cryptotaenia japonica*
柳叶芹 *Czernaevia laevigata*
绒果芹 *Eriocycla albescens*
珊瑚菜 *Glehnia littoralis*
短毛独活 *Heracleum moellendorffii*
香芹 *Libanotis seseloides*
水芹 *Oenanthe javanica*
石防风 *Peucedanum terebinthaceum*
防风 *Saposhnikovia divaricata*
泽芹 *Sium suave*
小窃衣 *Torilis japonica*
桑寄生科 Loranthaceae
北桑寄生 *Loranthus tanakae*
桑科 Moraceae
桑 *Morus alba*
蒙桑 *Morus mongolica*
莎草科 Cyperaceae
青绿薹草 *Carex breviculmis*
白颖薹草 *Carex duriuscula* subsp. *rigescens*
溪水薹草 *Carex forficula*
异穗薹草 *Carex heterostachya*
假尖嘴薹草 *Carex laevissima*
尖嘴薹草 *Carex leiorhyncha*
翼果薹草 *Carex neurocarpa*
豌豆形薹草 *Carex pisiformis*
宽叶薹草 *Carex siderosticta*
褐穗莎草 *Cyperus fuscus*
头状穗莎草 *Cyperus glomeratus*
水莎草 *Juncellus serotinus*
无刺鳞水蜈蚣 *Kyllinga brevifolia* var. *leiolepis*
球穗扁莎 *Pycreus flavidus*
红鳞扁莎 *Pycreus sanguinolentus*
水葱 *Schoenoplectus tabernaemontani*
三棱水葱 *Schoenoplectus triqueter*
山矾科 Symplocaceae
白檀 *Symplocos tanakana*
山茱萸科 Cornaceae
瓜木 *Alangium platanifolium*
红瑞木 *Cornus alba*
灯台树 *Cornus controversa*
芍药科 Paeoniaceae
芍药 *Paeonia lactiflora*
省沽油科 Staphyleaceae
省沽油 *Staphylea bumalda*
十字花科 Brassicaceae
垂果南芥 *Arabis pendula*
荠 *Capsella bursa-pastoris*
弯曲碎米荠 *Cardamine flexuosa*

白花碎米荠 *Cardamine leucantha*
花旗杆 *Dontostemon dentatus*
葶苈 *Draba nemorosa*
独行菜 *Lepidium apetalum*
柱毛独行菜 *Lepidium ruderale*
诸葛菜 *Orychophragmus violaceus*
风花菜 *Rorippa globosa*
沼生薤菜 *Rorippa palustris*
石蒜科 Amaryllidaceae
薤白 *Allium macrostemon*
长梗韭 *Allium neriniflorum*
山韭 *Allium senescens*
球序韭 *Allium thunbergii*
石竹科 Caryophyllaceae
毛蕊卷耳 *Cerastium pauciflorum* var. *oxalidiflorum*
石竹 *Dianthus chinensis*
长蕊石头花 *Gypsophila oldhamiana*
种阜草 *Moehringia lateriflora*
鹅肠菜 *Myosoton aquaticum*
蔓孩儿参 *Pseudostellaria davidii*
孩儿参 *Pseudostellaria heterophylla*
女娄菜 *Silene aprica*
坚硬女娄菜 *Silene firma*
雀舌草 *Stellaria alsine*
叉歧繁缕 *Stellaria dichotoma*
繁缕 *Stellaria media*
鼠李科 Rhamnaceae
锐齿鼠李 *Rhamnus arguta*
小叶鼠李 *Rhamnus parvifolia*
乌苏里鼠李 *Rhamnus ussuriensis*
酸枣 *Ziziphus jujuba* var. *spinosa*
薯蓣科 Dioscoreaceae
穿龙薯蓣 *Dioscorea nipponica*
薯蓣 *Dioscorea polystachya*
水鳖科 Hydrocharitaceae
水鳖 *Hydrocharis dubia*
水龙骨科 Polypodiaceae
乌苏里瓦韦 *Lepisorus ussuriensis*
有柄石韦 *Pyrrosia petiolosa*
睡菜科 Menyanthaceae
荇菜 *Nymphoides peltata*
睡莲科 Nymphaeaceae
芡 *Euryale ferox*
松科 Pinaceae
臭冷杉 *Abies nephrolepis*
华北落叶松 *Larix gmelinii* var. *principis-rupprechtii*
黄花落叶松 *Larix olgensis*
红皮云杉 *Picea koraiensis*
赤松 *Pinus densiflora*
红松 *Pinus koraiensis*
樟子松 *Pinus sylvestris* var. *mongolica*
油松 *Pinus tabuliformis*
檀香科 Santalaceae
长梗百蕊草 *Thesium chinense* var. *longipedunculatum*
槲寄生 *Viscum coloratum*
蹄盖蕨科 Athyriaceae
日本安蕨 *Anisocampium niponicum*
禾秆蹄盖蕨 *Athyrium yokoscense*
天门冬科 Asparagaceae
知母 *Anemarrhena asphodeloides*
兴安天门冬 *Asparagus dauricus*
龙须菜 *Asparagus schoberioides*
绵枣儿 *Barnardia japonica*
铃兰 *Convallaria keiskei*
鹿药 *Maianthemum japonicum*
二苞黄精 *Polygonatum involucratum*
热河黄精 *Polygonatum macropodum*

玉竹 *Polygonatum odoratum*
黄精 *Polygonatum sibiricum*
天南星科 Araceae
　东北南星 *Arisaema amurense*
　天南星 *Arisaema heterophyllum*
铁角蕨科 Aspleniaceae
　过山蕨 *Asplenium ruprechtii*
通泉草科 Mazaceae
　通泉草 *Mazus pumilus*
　弹刀子菜 *Mazus stachydifolius*
碗蕨科 Dennstaedtiaceae
　细毛碗蕨 *Dennstaedtia hirsuta*
　溪洞碗蕨 *Dennstaedtia wilfordii*
卫矛科 Celastraceae
　刺苞南蛇藤 *Celastrus flagellaris*
　南蛇藤 *Celastrus orbiculatus*
　卫矛 *Euonymus alatus*
　白杜 *Euonymus maackii*
无患子科 Sapindaceae
　紫花槭 *Acer pseudosieboldianum*
　茶条槭 *Acer tataricum* subsp. *ginnala*
　青楷槭 *Acer tegmentosum*
　元宝槭 *Acer truncatum*
　文冠果 *Xanthoceras sorbifolium*
五福花科 Adoxaceae
　五福花 *Adoxa moschatellina*
　接骨木 *Sambucus williamsii*
　鸡树条 *Viburnum opulus* subsp. *calvescens*
五加科 Araliaceae
　辽东楤木 *Aralia elata* var. *glabrescens*
　刺五加 *Eleutherococcus senticosus*
　无梗五加 *Eleutherococcus sessiliflorus*
五味子科 Schisandraceae
　五味子 *Schisandra chinensis*
苋科 Amaranthaceae
　凹头苋 *Amaranthus blitum*
　老枪谷 *Amaranthus cruentus*
　反枝苋 *Amaranthus retroflexus*
　中亚滨藜 *Atriplex centralasiatica*
　滨藜 *Atriplex patens*
　轴藜 *Axyris amaranthoides*
　尖头叶藜 *Chenopodium acuminatum*
　灰绿藜 *Chenopodium glaucum*
　杂配藜 *Chenopodium hybridum*
　小藜 *Chenopodium serotinum*
　菊叶香藜 *Dysphania schraderiana*
　猪毛菜 *Kali collinum*
　刺沙蓬 *Kali tragus*
　地肤 *Kochia scoparia*
　扫帚菜 *Kochia scoparia* f. *trichophylla*
　碱蓬 *Suaeda glauca*
　盐地碱蓬 *Suaeda salsa*
　刺藜 *Teloxys aristata*
香蒲科 Typhaceae
　水烛 *Typha angustifolia*
　小香蒲 *Typha minima*
小檗科 Berberidaceae
　黄芦木 *Berberis amurensis*
　细叶小檗 *Berberis poiretii*
　牡丹草 *Gymnospermium microrrhynchum*
绣球花科 Hydrangeaceae
　钩齿溲疏 *Deutzia baroniana*
　光萼溲疏 *Deutzia glabrata*
　大花溲疏 *Deutzia grandiflora*
　东北溲疏 *Deutzia parviflora* var. *amurensis*
　太平花 *Philadelphus pekinensis*
　东北山梅花 *Philadelphus schrenkii*

千山山梅花 *Philadelphus tsianschanensis*
玄参科 Scrophulariaceae
　水苦草 *Limosella aquatica*
　丹东玄参 *Scrophularia kakudensis*
旋花科 Convolvulaceae
　打碗花 *Calystegia hederacea*
　藤长苗 *Calystegia pellita*
　肾叶打碗花 *Calystegia soldanella*
　田旋花 *Convolvulus arvensis*
　菟丝子 *Cuscuta chinensis*
　金灯藤 *Cuscuta japonica*
　牵牛 *Ipomoea nil*
　圆叶牵牛 *Ipomoea purpurea*
　北鱼黄草 *Merremia sibirica*
鸭跖草科 Commelinaceae
　鸭跖草 *Commelina communis*
　疣草 *Murdannia keisak*
　竹叶子 *Streptolirion volubile*
亚麻科 Linaceae
　野亚麻 *Linum stelleroides*
　亚麻 *Linum usitatissimum*
岩蕨科 Woodsiaceae
　东亚岩蕨 *Woodsia intermedia*
杨柳科 Salicaceae
　钻天柳 *Chosenia arbutifolia*
　山杨 *Populus davidiana*
　小叶杨 *Populus simonii*
　崖柳 *Salix floderusii*
　杞柳 *Salix integra*
　尖叶紫柳 *Salix koriyanagi*
　旱柳 *Salix matsudana*
叶下珠科 Phyllanthaceae
　一叶萩 *Flueggea suffruticosa*
　雀儿舌头 *Leptopus chinensis*
　蜜甘草 *Phyllanthus ussuriensis*
罂粟科 Papaveraceae
　白屈菜 *Chelidonium majus*
　地丁草 *Corydalis bungeana*
　堇叶延胡索 *Corydalis fumariifolia*
　小黄紫堇 *Corydalis raddeana*
　珠果黄堇 *Corydalis speciosa*
　齿瓣延胡索 *Corydalis turtschaninovii*
　荷青花 *Hylomecon japonica*
榆科 Ulmaceae
　刺榆 *Hemiptelea davidii*
　春榆 *Ulmus davidiana* var. *japonica*
　大果榆 *Ulmus macrocarpa*
　榆树 *Ulmus pumila*
雨久花科 Pontederiaceae
　雨久花 *Monochoria korsakowii*
　鸭舌草 *Monochoria vaginalis*
鸢尾科 Iridaceae
　野鸢尾 *Iris dichotoma*
　马蔺 *Iris lactea*
　紫苞鸢尾 *Iris ruthenica*
　粗根鸢尾 *Iris tigridia*
远志科 Polygalaceae
　瓜子金 *Polygala japonica*
　西伯利亚远志 *Polygala sibirica*
　远志 *Polygala tenuifolia*
芸香科 Rutaceae
　臭檀吴萸 *Evodia daniellii*
　白鲜 *Dictamnus dasycarpus*
　黄檗 *Phellodendron amurense*
　花椒 *Zanthoxylum bungeanum*
　青花椒 *Zanthoxylum schinifolium*
泽泻科 Alismataceae

后记 Postscript

我们是自然保护区的工作人员，也是狂热的植物发烧友。由于工作需要，从2010年起开始关注本地区的植物。随着拍摄植物种类增多，范围不断扩大，学习植物分类学的渴望也就愈加强烈，就这样在不断地拍摄和学习中，一路走下来，不知不觉已有十余年的光景。

2015年，在同事和朋友们帮助下，试着编写了《辽宁医巫闾山地区野生植物原色图鉴》，又在2018年斗胆尝试编写了《中国药用植物》丛书的第21册、27册和28册三本，但总是感觉难以突破一种固定的思维模式。直到有一天周繇老师问我们想不想写一本《中国常见植物野外识别手册·辽宁册》时，著书的热情又一次被点燃了，内心虽然有些忐忑，但还是愿意尽力一试。参与这个项目是我们向往已久的事情，在编写《辽宁册》的同时，自己也从各方面得到了提高和锻炼。由衷地赞叹本书的设计者，用很小的篇幅，图文并茂地表达了更加丰富的内容，不仅增强了对每一种植物的再认识过程，也尝试了用一种全新的表达方式把植物学知识介绍给读者。

按照编写要求，分类系统除蕨类植物和裸子植物外，被子植物采用了基于分子系统学最新的APG Ⅳ分类系统，文字部分参考了《中国植物志》，所有植物的中文名称、科名、属名与"中国植物图像库"保持一致。

在编写之初承蒙肖翠老师的指导，感谢刘博老师和郑宝江老师在确定植物种类方面给予指导，感谢周繇、白瑞兴、肇瓊老师提供高质量的照片，感谢毛云中、冯小娟、李聪颖、邢艳苹、吴杰、刘学军、张玉志、于广深、李忠宇等老师在考察植物过程中给予指导和帮助，感谢刘冰、曹伟、于俊林老师对本书编制过程的指导，感谢叶吉、张淑梅、曲波老师等在植物分类方面的指导，感谢张艳杰老师提供植物分布方面的信息，感谢金冬梅、王思琦等编辑的精心制作以及编写过程中耐心细致的沟通。

感谢辽宁省辛勤的植物工作者们，他们编写的植物学著作对本书的出版有着非常重要的指导和借鉴意义，主要有《辽宁植物志》上、下册，庞善元老师的《生态千山》《千山植物》《辽宁常见野菜》，王雷老师的《丹东地区野生植物原色图鉴》一、二册，白瑞兴老师的《辽宁青龙河国家级自然保护区植物图谱》，尚百晓老师的《铁岭常见植物图鉴》。在编写的格式、内容方面，特别参考了《中国常见植物野外识别手册·北京册》，在此一并致谢。

因为篇幅所限，本书收录的植物种数仅占辽宁省全部植物的三分之一，所以选择植物种类也费了不少心思，原则上是选择分布广泛的常见种，兼顾本省的一些特色植物，且尽量避免与《大兴安岭册》《吉林册》重复。但愿本书能让读者大致了解辽宁植物的风貌，起到抛砖引玉的作用。由于水平有限，书中的疏漏之处在所难免，恳请读者批评指正。

编　者

2020年10月10日